マーク・W・カーシュナー／ジョン・C・ゲルハルト

ダーウィンのジレンマを解く

新規性の進化発生理論

滋賀陽子訳
赤坂甲治監訳

みすず書房

THE PLAUSIBILITY OF LIFE

Resolving Darwin's Dilemma

by

Marc W. Kirschner and John C. Gerhart

First published by Yale University Press, London, 2005

フィリスとマリアンヌに

ダーウィンのジレンマを解く　**目次**

まえがき　1
序章　ヒース荒野の時計　7
第一章　変異の起源……18
ダーウィン進化論の三本の柱　19
変異はどれほどランダムか？　24
方向づけられた遺伝的変異に対する反証　29
進化の総合説　39
新規性、時間、ランダムな変異　44
促進的表現型変異理論に向かって　47
第二章　保存された細胞、多様な生物……52
細胞の視点からの進化　54
ＤＮＡの視点からの進化　56
遺伝子から見た生物の歴史　60
保存と多様化の二元性　86

第三章　生理的な適応能力と進化……91
生理的な変異と進化　92
シュマルハウゼンとボールドウィンの効果　97
発生の可塑性　107
環境および染色体による性決定　114
ヘモグロビン　121
——生理と進化の間の分子レベルの架け橋
体細胞適応と進化　132
第四章　弱い調節的な連係……136
遺伝子機能の制御　140
シグナルに対する細胞の応答　151
タンパク質の機能の仕組み　159
弱い連係と進化　175
第五章　探索的挙動……177
細胞が形をつくる仕組み　183

挙動の変異と選択　188
生理的プロセスと発生プロセスの互換性　205
進化のステップ　213

第六章　見えない構造……216

胚の中の地図　221
区画の発見　225
驚くべき区画の保存　237
進化における区画の役割　242
形態の多様化　244
探索的プロセスと区画　249
初期発生の拘束解除　252
拘束と拘束解除　257
区画の考察を拡げると　260

第七章　促進的変異……265

進化可能性における変異の要素　267

進化の理論と促進的変異　279
証拠のありか　287
促進的変異がなかった場合の生命　293

第八章　進化論の合理性……………………………………295

促進的変異を自然選択説に組み込む　297
進化可能性の選択　300
コア・プロセスの起源　305
移動する進化の最前線　310
他の種類の複雑な系との関連　314
創造説とインテリジェント・デザイン　319
ふたたびヒースの荒地で　328

監訳者あとがき　331
訳者あとがき　334
用語解説
原　注
索　引

まえがき

進化の過程でまったく新しいもの（**新規性**＊）がどのようにして生じるのか。これが本書のテーマである。脳、眼、手、いずれも非常に洗練された機能をもつ身体器官であり、その特質を決定づけるのがデザインであろう。いかにしてこうしたものが発生しえたのだろうか。細菌から菌類、植物、動物に至るじつにさまざまな生物が、それぞれ異なるデザインでできているが、どのようにこうしたことが起こったのか。生物以外では見られないことだ。生物の世界ではすべてが新規である。しかも、新規性という言葉は元来、無からの創造という意味であるはずだ。新規性を説明することは、昔から非常に難しかった。チャールズ・ダーウィンが変異と選択を柱とする進化論を提唱して、選択の概念を説明したことは彼の偉業であるが、もう一方の柱である変異に対し納得のいく説明をすることはできなかった。ダーウィンのジレンマである。彼には、選択の力が作用する対象として変異が必要であり、ひとつの選択の力に注目すると変異はランダムであるということがわかっていた

＊訳注　以下、語義をよく押さえておくことが本書の議論をたどるうえで役立つ重要語については、用語の導入の箇所において太字で強調している。巻末の「用語解説」にもこれらの用語の簡単な解説がある。

にすぎない。遺伝学の発展により、変異が遺伝子の変化に依存すること、とりわけ変異が遺伝する仕組みを解明する重要な手がかりがもたらされた。しかし、生物学者たちの手に負えなかった問題こそがじつは最も重要だった。それは、小さくランダムな遺伝子の変化が、どのようにして複合的で有益な革新につながるのかという疑問であり、これが本書の中心的な課題である。

進化における新規性を理解するには、生物の個々の構成要素やその作用メカニズムまで深く理解しなければならない。というのは、それらこそが変化を被る対象だからだ。こうした構成要素に対する知見が得られるようになったのは、ここ数年のことである。新規性を理論的に扱うことは、二〇世紀末までできなかった。実験的証拠が不十分なため、生物が細胞内あるいは分子のメカニズムを利用して卵から成体をつくりあげる仕組みも、遺伝情報を機能に結びつける仕組みも明らかではなかった。新規性についての情報不足こそが進化に対する懐疑の根底にある。したがって、ダーウィンの理論を完成させるためには新規性の起源の解明が必要となる。

この一五〇年、ダーウィンに対する評価は大きく揺れて、ときに正当と見なされ、あるいは誤りとされ、ときには疑問視され無視され、また悪魔呼ばわりもされたかと思えば偶像視もされた。だが、最終的にはダーウィンの業績の真価が理解されるようになるだろう。ダーウィンの変異と選択のアイディアは卓越したものだった。彼は鋭い観察を通してその証明を試みた。科学でもこの分野は最もわかりやすく、いちばん純粋な科学だとさえいえるかもしれない。ダーウィンは、観察で得られた証拠から変異と選択の理論の正当性を確信していたため、それを具体的に説明するメカニズムを考案するのには熱心ではなかった。今日、生物学者がこの問題に対してとるべき方向性がますます鮮明になってきている。それはダーウィンの卓越したアイディアの基礎を説明しうるメカニズムを解明することである。

選択と進化の道筋に関する証拠を得ようと、進化生物学者や古生物学者が努力を続け、かなりのことがわかってきているが、まだ解明できていないことも多い。遺伝学者は二〇世紀の終盤に生物の遺伝のメカニズムの解明に素晴らしい成功を収めたが、現代の遺伝学の手法を駆使すれば、今後もさらなる成果が期待できる。

発生生物学者、細胞生物学者、生化学者に、いまはゲノム学者も加わり、おびただしい数の遺伝子の変化を、選択作用の対象である変異に結びつけるという骨の折れる仕事を開始している。本書には彼らが得た知見を記した。生物の体の形態・生理機能・挙動〔behavior　細胞から個体までのさまざまな主体による内的・外的反応、ふるまいのすべてを含む意味で「挙動」という訳語を当てている〕と、遺伝子の間の関係が解明されれば、新規性の説明が可能になるだろう。新規性が容易に生じることがわかれば、生物が進化によって出来上がったとすることが合理的かどうかがわかるはずだ。

筆者らは本書で革新的な科学理論を提唱する。有益な変異を生み出す方法に関する**促進的変異理論**である。変異がいかに生じるかということを考察していくうちに、進化は容易に起きるはずだという認識に至った。この促進的変異理論は、科学者だけではなく、最先端の生物理論に興味をもつ一般の方々にも向けて提起したものである。幅広い読者に語りかけることは非常に困難なので、ここで双方の方々にもう少し説明をしておきたい。

科学者の方々へ——専門用語や科学書でよく使われる特別な言い回しをできるだけ避けたことをお許しいただきたい。しかし、原稿を読んでくれた科学者仲間の多くが、内容を譲歩しなければ、言葉はこのまま平易でよいと励ましてくれた。筆者らがプロの生物学者だけに向けて書いたとしても、やはり問題は生じていただろう。細分化された専門領域のどこに照準を合わせたらいいのだろうか。分子生物学の研究者だけを読者に想定すれば、自然史の研究者にはなじみのない内容になっただろうし、進化学者にのみ照準を合わせてしまうと、分子生物学者をないがしろにするものになり、珍妙な問いや風変わりな例の羅列と受け取られるだろう。そこで筆者らは、科学者全体に語りかけるには、明快な普通の言葉を用いるべきだと確信するに至った。科学者だけではなく一般の読者に語りかけるためには、さらに努力が必要だったが、案ずるより産むが易かった。

科学を専門としない方々へ——みなさんは進化に深い興味を抱き、自分自身も生物として進化に大いに影響を受けていると感じているのだと思う。かつてないほどその種の本は売れ、博物館が賑わい、珍しい動植物の生息地へ人が訪れ、進化論の講義や討論も活況を呈するようになった。ジャーナリストらが一般向けにわかりやすく科学を紹介した本が、知的好奇心を満たしてくれてはいたと思う。しかし、分子科学を理解することは難しく、それが一般読者にとっては障壁となっており、科学者にとっても事情はさして変わらない。人間の真理の探求の歴史の中で最も意味のあるドラマを鑑賞するのに、劇場の後方で見ることを余儀なくされることは、非常に残念なことだ。それが避けられるものならばなおさらだ。一九世紀に進化学上の発見が相次ぎ、博物館にはたくさんの巨大な恐竜の骨が収められ、子供にも大人にも大いに人気を博した。動物園や植物園や動物をテーマとしたテレビ番組は、地球上の多様な生き物を紹介して、多くの人々を興奮させてきた。

筆者らは本書で分子や細胞について解明された知見を述べるが、それでうまく生物の多様性を説明することができるかどうか確信はない。しかし経験からすると、進行中のドラマの方が、後からわかりやすく書き直した記録よりずっと人の心を捉えるものだ。専門用語はできるだけ使わず、普遍的な概念を強調し、進化の歴史を忠実に追い、また巻末に用語解説をつけ、現在の理論を紹介するなど、できるだけの努力をした。しかし、概念を不鮮明にしたり、確かでない議論や証明を確かであると言うようなことはしなかった。読者の理解を助けるために手を尽くしたが、手っ取り早く理解する方法はないことも事実である。本書が、意義深い進化理論を明確に伝えつつ、広範囲の読者に興味をもっていただけるとしたら幸いである。

本書は進化論に独創的で包括的な改良を加える試みであり、そのため伝えるべき内容は多岐にわたる。ハイライトはいくつかある――進化の歴史と分子・細胞・発生生物学の融合、進化で新規性が生じた仕組み、細胞の基本的なメカニズムが保存されている一方で生物が驚くべきほど多様であるという矛盾、ある「拘束」〔用語解説参照〕がかかるのと引き換えに他の「拘束」が解除されることにもとづく進化のメカニズムの新たな特徴、ダーウィンの変異と選択の独創的な理論が、選択だけでなく変異についても成り立つという新証拠と、それによるダーウィン理論の完成、である。専門家であれ一般の人であれ、あらゆる読者が創造の新理論に興味をもってくださると嬉しい。

本書の内容は、分子から始まって細胞、生物、生物の多様性にまで至る旅である。本書に盛られた四〇億年に近い生命の歴史をタイムトラベルするのは読者のみなさんだ。分子科学・最先端の化学・細胞生物学・発生生物学・生化学・遺伝学の最新の成果を取り入れて進化生物学を論じた。

生命の「理解」とは、征服することではなく、徐々に真価を認めていく作業と言える。筆者らの得た知識の大部分は既存の知見にもとづいている。自ら考え出したのはほんのわずかでしかなく、本書にもほとんど書かれていない。私たち科学者は、生物がいかにつくられるかという謎の解明に努力してきたし、これからも努力を続ける。あらゆる生物体に保存と多様性が同居するという驚くべき事実に、私たちはつねに接している。生命が保存してきたプロセスを研究しつづけてきた筆者らは、進化における新規性の起源の問題にいやでも直面せざるをえなかった。新規性という言葉は、定義からしても、予期せぬことという意味であるが、まったく予期できないようなものであれば、生じる可能性はゼロである。生命の可能性は、新規性を生む可能性にもとづいており、それはまた生物学で新たに解明されるであろうメカニズムにもとづいている。

最後に、原稿を通して読んでアドバイスをしてくれた以下の方々に感謝を申し上げる。Spyros Artavanis-Tsakonas, Jean Thomson Black, Walter Fontana, Peter Gray, Saori Haigo, Daniel Kirschner, Elliot Kirschner, Donald Lamm, Richard Lewontin, Christopher Lowe, Charles Murtaugh, Clifford Tabin, David Wake, Rebecca Ward, Mary Jane West-Eberhard の諸氏である。このプロジェクトを通していつも励まし、賢明なアドバイスをしてくれた Donald Lamm、また、文章に関するアドバイスをしてくれた Jean Thomson Black、丹念に編集作業をしてくれた Vivian Wheeler に心から感謝する。洗練されたデザインは John Norton の手になるもので、プロジェクトを最後まで支えてくれたのは Yolanda Villarreal Bauer である。彼らに対してもお礼を言いたい。最後に、Phyllis Kirschner とMarianne Gerhart が環境を整えて執筆に専念させてくれたことは、非常にありがたかったと言い添えておく。

序章　ヒース荒野の時計

生命は多くの複雑なデザインで構成されていて、その創造は万物の創造主である神の御業に違いないと、ウィリアム・ペイリー師が自らの信念を表明したのが一八〇二年である。有名な話であるが、師がヒース荒野をさ迷い歩いていると、真鍮の時計につまずいた。そしてふと、時計というものがどうして存在するのかと考え始めた彼は、もし靴に当たったのが石だったなら説明はまったく別物になっていただろうと気づいた。石であれば「永久にそこにころがったままで」何も説明が要らないのだが、時計には、丹精なつくりの歯車、ばね、針、楕円形のガラスの蓋といった時を刻むのに最適な装置が備わり、誰か非常に腕のよいデザイナーが設計したものだろうと推測される。たとえ時計が壊れていても、あるいはすべての部品の仕組みを理解できなくても、デザイナーがいるはずだという考えは揺らぐことはないだろう。ペイリーは言う。時計の「いちばん簡単な」部品であっても、やみくもに試行錯誤を繰り返しただけで、そのすぐれたデザインをつくりだすことが出来るとはとうてい信じられないと。(1)

ペイリーは説教の中で、生命の創造には創造主である神の存在が必要だということを示そうとした。「時計で、さまざまな観察をおこなったが……、眼、動物、植物、すなわち自然界で生命のあるものすべてについても、同様にきわめて正確に観察をおこなわなくてはならない」。これらは、時計よりはるかに精巧である。人間のみが時計をデザインすることができるが、人間は生命そのものの創造はできない。それゆえ、はるかに偉大な生命の創造主が存在するか、過去に存在したかのいずれかであると考えるのが合理的であると。(2)

ペイリーは、つくり手の力量の尺度として、時計と生命の複雑さを比較した。時計は彼には理解できるものであり、生命は一八〇二年の時点では彼の理解を超えるものだったが、今日の見地に立つと様相は一転する。ペイリーはミミズとヒバリを見て、それぞれが固有の複雑なデザインだと考えただろう。しかし、今日なら、この二つが似通った基盤をもつことに気づく。遺伝の仕方が同じであり、遺伝暗号、細胞の組成・成分が同じであり、代謝もよく似ていて、胚の発生プロセスもかなり共通している。ペイリーは明快に石と時計を区別したが、時計と、ヒバリ・ミミズ・眼との比較ができたわけではなかった。ヒバリ・ミミズ・眼はそれぞれがもちろん別個のものとして創造されていると彼は考えていた。彼が共通点として注目したのは、それらの複雑さであり、複雑さの中味ではなかったが、じつはこの中味こそが進化の概念を受け入れるか、あるいはペイリーの選んだ理神論を受け入れるかの分かれ道を決定するのである。

その五〇年後、チャールズ・ダーウィンは申し分のない理論を考えついた。一八五〇年代には、細胞の存在と連続性といった生物の要素についての知識が少しだけ増えていた。ダーウィンは想像力を駆使し、創造主である神に代わるものとして自然によって引き起こされる進化の過程を据えた。彼の理論によれば、生物の集団中に、デザイン上の微小な変異、しかも遺伝する変異がランダムに各世代に生じ、希少な変異をもつものが選択条件下でたまたま繁殖に有利になることがあるという。

すなわち適者生存である。他のデザインが排除されると、生き残った変異デザインが存続することになる。**進化的適応**とは、生物のデザインの改良である。

本書でよく使われるデザインという言葉は、機能の観点から見た構造という意味であり、人間のデザイナーあるいは神というデザイナーを念頭においたものではない。生物学ではよく使われる用語である。ダーウィンによれば、小さな新規性が次々と選択（**自然選択**）されて積み重なり、その結果、長い間に大いなる新規なデザインが生じたことになる。その過程が繰り返しおこなわれ（系統が何度も枝分かれし）、一つの原始的な細胞からヒトを含む地球上のあらゆる生物が生じた。そこには長い時間が必要であり、個々の生物はその過程に少しずつ貢献しつつ死んでいく。しかし、同じ目的あるいは新たな目的に向かって、より優れた適応が、それ以前に起こった適応に少しずつ改良がほどこされることで生じてくる(3)。

ペイリーもダーウィンも、生命の出現を直接観察したわけではない。神による創造論も変異と選択による進化論もどちらも机上の理論だった。ダーウィン没後一五〇年間に、海洋や森林や不毛の土地を渉猟し新種の生物や化石を探し出した生物学者は、自然選択説を支持する証拠を蓄積していった。だが、自然選択説で地球上の生物の多様性を完全に説明できるだろうか。ダーウィン自身、新規性の出現に対して、変異と選択のどちらの重要性が勝るのかについては、要領を得なかった。変異は稀で、特定の方向性をもつのだろうか。それとも、変異は頻発し、どんな形質もある頻度で生じるのだろうか。

ダーウィンははじめ、変異は頻発し、それゆえ選択が進化の唯一の推進力だと考えた。変異は必要であるが、発生する多数の微小な変化を生物の見事なデザインに仕上げるのは、選択の力であるとした。このように見ると、変異は選択に較べてさほど重要でないことになる。しかし、ダーウィンは後年、進化の過程での変異の重要性をある程度認めるようになり、環境が生物に対して直接はたらきかけて変化を誘導し、そこで生じた変化が遺伝するというメカニズムを提唱した。そして、環境の条件に左右されず変異がランダムに発生するという理論は取り下げた。環境が直接、変異の性質の決定に重要な役割を果たすとすればするほど、選択を通じた創造の推進力としての環境の重要性は失われていった。

はじめのうち、このその場しのぎの理論は、進化論に次ぐダーウィンの第二の偉大な業績とされたが、実際には完全な誤りだった。『種の起源』で博物学者ダーウィンの直観は冴えわたっていたが、細胞のメカニズムと遺伝の解明ではうまくいかなかった。ダーウィン没後には、彼の元の理論が復活した。変異はふたたびランダムに起きるとみなされ、選択の作用する対象として不可欠なものと考えられるようになった。変異が新規性の源であり、環境そのものが選択の過程で新しいものを生み出すことはありえないというものであった。

しかし、ランダムな変異が新規性を生む唯一の原動力であると考えると、それはそれでいくつかの問題が生じる。眼のような複雑な器官の扱いにダーウィンは窮した。最初の役に立つ眼が出現するには、それ以前に複数の部品が独立して進化していなければならない。視覚機能をもつには、像を結ばせるレンズ、それを受け取る網膜の光受容体、その信号を網膜から脳の特定部位に伝達する長い神経が必要である。未完成の時計は役に立たないが、未完成な眼には何らかの機能がありえたのだろうか。未完成な眼に機能がないならば、新たな部品が徐々に加わって選択に耐えるものができ上がるまでの長期間、どのように生き残ることができたのだろうか？　高等な生物には、複雑な要請に応える先見性と計画性が必要であるが、ランダムな変異と選択の作用のみでそれを達成するのは難しい。

このように見ていくと、進化における新規性の由来を問うことは、そもそも眼の形成がどのようにして可能だったのか、脳、翼、肺、手足は……という問題に置き換えられる。将来の選択の過程で優位になるように、ひとつひとつの部品が組み立てられていったのだろうか。このようにダーウィンの理論が新規性を十分説明できない点に、創造説信奉者は難癖をつけている。かたや、進化生物学者たちは、変異のみで十分だと主張する。しかし、それでは新規の複雑な構造の発生について説明ができない。こうした問いに対する答えが、進化による生物出現の合理性を左右するのである。

ダーウィンの時代、科学は変異の性質について十分説明を果たすことができなかった。ダーウィンの生命創造の理論もペイリーのものと同様に、教理問答のようなものだった。ダーウィンの理論は、遺伝性の変異が何らかの方法で生じ、そこに選択の力がかかり、繁殖上最も適した変異体が生存するというものだった。これは、自然現象や自然法則に立脚した現代的な解釈だと考えられるが、進化の起源を説明するより、その過程を説明するのに適した解釈である。変化の速度や起きやすさについても、生物が生み出す変異が進化の方向性を決定するのかどうかも何ら説明がなされない。今日に至るまで、新規性は生命体の中に謎として残されている。ペイリーは躊躇することなく、創造主という究極の答えを選択した。創造主を登場させれば、創造の手段など人間が知る由もない。

二〇世紀のある期間、遺伝子とその突然変異の概念で進化が説明できるのではないかと考えられた。遺伝子に突然変異が生じると子孫がその変化を受け継ぐことになり、その変化の性質いかんで子孫の形態、生理、あるいは挙動の形質に違いが生じるというものである。この概念は答えの一部、すなわち変異が遺伝するには遺伝子の変化が必要であるということを示したにすぎないと現代では考えられている。変化が遺伝することや、ある形質に選択の力がかかっているときに、必要な遺伝子が繁殖集団の中で普及することは遺伝学でうまく説明できるが、遺伝子の変化からいかに生物体の複雑な変化が生じるかの説明はできない。そうした事象の細胞内のメカニズムや発生のメカニズムが明らかになってきたのはわずかこの二〇〜三〇年であるが、これらの知見は新規性の起源の問題にも正面から答えてくれることになるだろう。

現代はこうした問題を考える上で条件の整った時代であることを理解して頂くために、二一世紀のペイリーの末裔の女性に登場してもらおう。時計の説教から二〇〇年以上経過した現在、彼女はヒース荒野をさまよいながら、動植物の起源について思索しつづけている。遺伝学、細胞生物学、発生生物学、進化学等の現代生物学の教育を受けた彼女は、真鍮の時計（ますます希少になっている）につまずくという幸運には巡り合わないが、生命そのものや、ヒースやヒースにとまっているハエや足元のねずみについて哲学的な思索を巡らせている。

名高いご先祖に似て、彼女も、時間を測ることに関心がある。日が昇る直前に花の根元の茎が伸びる。もっと長い時間で捉えると、まだ日が短い早春に開花する植物もあれば、日の長い夏の盛りに開花する植物もある。また、自分にも、一日の中で睡眠と活動の周期があるし、最近経験した時差ぼけから、体内時計があることにも気がついている。そのような体内時計は、ほとんどの動植物、それに菌類や細菌でさえももっている。彼女は実験的にこうしたことを確かめたくて、光による昼夜の区別のできない真っ暗な場所でマウスを飼って、二四時間ごとの睡眠と活動の周期が何日も続くのを発見するかもしれない。正確な時計、特に震動のある場所や高温・低温で正確に時を刻む装置をつくるのは以前には難しかったことを、探究心旺盛な彼女は知っているだろう。ところが、生物時計は、その生物が走ったり飛び上がったり泳いだりしても、また、寒暖の別なく正確にはたらくのだ。

また、一七三六年ごろにつくられた人類史上初の正確なクロノメーターは三三キログラムの重量があったが、(4)私たちの体内細胞はそれぞれが一オンス（約二八グラム）の一〇億分の一に満たない重さでありながら、ほぼすべてが温度補正機能の備わった正確なクロノメーターをもっているという情報に、ペイリーの末裔はきっと感動するだろう。

ここまでくると、ペイリーの末裔は生物時計の優秀さを目の当たりにして、彼女の先祖よりもっと、創造主に頼りたくなるかもしれない。しかし、現代生物学の知識を有し、二一世紀に生きる彼女は、先祖には不可能だった方法で生物時計の仕組みを検証することができる。利用できる手段は、電子顕微鏡、さまざまな分子生物学の手法、遺伝学者が集積した時間測定のさまざまな面に欠損のある動植物の突然変異体群、多数の動植物のゲノムの塩基配列、世界中で利用できるコンピューターのデータベースである。

彼女は机上ですばやく、ヒト、マウス、ハエ、菌類、植物の生物時計をつくりあげてみる。この時計は、体内時計あるいは概日時計（circadian clock）として知られているが、circadian という言葉は、「大体」という意味の circa と、「日」を意味する dies というラテン語を組み合わせた語である。体内時計は、どのようにつくられているのだろうか。未知の特殊な素材でできているのだろうか。理解を超えるようなシステムで動くのか。それぞれの体内時計は独自につくられてすべて異なっているのだろうか。体内時計のデザインからデザイナーに関する情報の糸口が得られるのだろうか。

それらの時計は想像をはるかに超えた独自性・複雑さ・完成度をもっている。変異とそれに続く選択によって各部品がランダムに影響を受けて、徐々に改良されて生じることなどまずありえないように思われる。それとも、そこには自然による創造の合理性を窺わせる、予期もしなかった驚くべき秘訣があるのだろうか。

人間のつくった時計は、生物時計と同様に、連続の過程を反復の過程に置き換えることによってはたらく。この原則は各時計で共通であるが、内部の作用機序はそれぞれ大きく異なる。一一世紀の中国の水時計では、一定の速さの水の流れで水車が動き、水車のへりに取り付けられた容器に水が満たされては排水されるということが繰り返されて、時が刻まれる。おじいさんの時計の振り子は、落下する錘による弱い力が推進力になって、動きつづける。真鍮時計は、巻かれたばねが元に戻ろうとする力によって動く。クオーツ時計は、結晶に電流を流して生じる特定の周波数の振動を利用する。すべて、連続の過程を反復の過程に置き換えるが、内部の時を刻む装置には共通の部品がほとんどない(5)。

人間のつくった時計と異なり、体内時計は、生物の違いを超えてデザインや素材に共通性が多い。現代のペイリーは、時計の構成成分に着目し、それらのほとんどが生物時計とはまったく無関係の場所でも他の目的で利用されていることに気づくだろう。ひとつひとつに独自性があるわけではない。これらはすべてタンパク質でできており、そのタンパク質のほとんどが別の種類のタンパク質に似ている。さらに、ショウジョウバエとマウスの体内時計を比較すると、両者で異なる利用のされ方をしている構成成分もあるが、多くの構成成分は同じである。それぞれの時計の構成成分間の相互作用は完全に同じではないが、それでも周期的な動きをつくりだすことができる。マウスやハエの時計では、遺伝子やそこにコードされているタンパク質が、集積回路のいろいろな配線に適合する個々のトランジスターとして作用しているかのようだ。

このように体内時計は、各成分が一つの目的のためだけにつくられている真鍮の時計とは異なる。人間が設計する時計では、同じ機能をつくりだすために、さまざまな技術を駆使するが、体内時計は共通の一式の技術を用いる。人間のつくる時計の新規性はそのたびに発明が必要だが、生物時計の新規性は共通の起源からのたび重なる改良に向いているようだ。

神経系、胚、細胞の挙動など、どれに目を向けても、若きペイリーは同じ成分がさまざまな多数の用途に繰り返し利用されていることに気づくだろう。成分の性質により、再利用や新たな利用や奔放な新案が生まれる。至上の創造主を頼らざるをえないような、まったく別個の無数の物質が複雑なはたらきをしているのではない。創造主に頼ろうという気持ちは、彼女には毛頭起きないだろう。というのは、限られた細胞成分を巧みに駆使する生物の能力に、彼女は魅了されているからだ。

ヒトの全ゲノムの「大まかな」塩基配列が公表された二〇〇〇年は、生物学者の多くにとっても内省せざるをえない時となった。ヒトの遺伝子はわずか二万二五〇〇個であり、自由生活をする既知の生物中で最も単純な細菌のもつ遺伝子の六倍にすぎないことがわかったのである。ヒトの複雑さは、こんなに少ない遺伝子からいかにして生じるのだろうか。それから数年のうちに、細菌、菌類、植物、魚、マウスのゲノムの塩基配列が解明され、比較対照された。その結果、多くの遺伝子が種を超えて保存されていることが明らかになり、遠い祖先のものが保存されていることが示唆された。遺伝子の多くにこれほど類似性があるのに、形態、生理、挙動の違いをどのように説明したらよいのだろうか。

その答えは、種を超えて保存されている多機能の成分がいろいろに利用されることにあると、若きペイリーは推論する。注目すべきは時計そのものではなく、多機能のタンパク質成分と、これらのタンパク質をさまざまな目的に合わせていろいろな方法で容易に結びつける調節システムである。構成成分の数やその相互作用の種類という点では、生物は真鍮の時計より複雑であるが、少々毛色の変わった複雑さである。各々の成分が唯一の方法で利用されるのではなく、多様で融通性のある方法で利用される。彼女は、生物時計は人間のデザイナーや創造主である神が創り出したものではなく、何か別のものだと結論づける。それは、自然の力による生物の新規性の創造と言えるかもしれない。

ヒース荒野をさまよう二人の物語から、この本の主題に迫ることができる。私たちは、若きペイリーが思索をやめたところ、すなわち、複雑な生物の起源への問いから出発する。生物時計だけでなく、この二〇〜三〇年の間に世界の生物学者によって得られた生命活動の知見をもう一度問うことにする。これらは生物の化学成分、その活性や相互作用といったレベルでの知見であり、その進化の側面も窺い知ることができる。

生物の構成成分は有限である。この材料で、遺伝性の複雑な変異がいかに生み出されるのかということが、進化の主要な問題である。進化生物学者は選択には大きな関心を寄せてきたが、変異や新規性の起源の研究はなおざりにされてきた。遺伝性の変異を生み出す生物の能力は、自然選択の作用に必要とされるだけの十分な変異体を次々と送り出せたのだろうか？　体内時計、いや、もっと高度なヒトという生き物を単細胞の祖先からつくりあげることができたのだろうか？　それも地球誕生以来という限られた時間の中で。遺伝性の変異には、ゲノムの突然変異が必要だが、それは物語の序章にすぎない。

選択作用の対象となりうる変異体が十分な頻度で発生するには、他に何が必要なのだろうか。突然変異は、既存のものを変化させるだけである。無から、新しい形態・生理・挙動は生じないので、複雑なデザインや相互依存の作用をもつ構造を考えるときには特に、ある構造から別の構造への変化のしやすさに目を向ける必要がある。ランダムな遺伝子の変化が有益な新規性につながる仕組みがわかってはじめて新規性の理論が生まれ、ダーウィンの進化の一般理論の基盤が完成することになるのだ。

第一章　変異の起源

一九世紀から二〇世紀の初めにかけて、物理学者たちは素晴らしい成功を収めた。熱力学、電磁気学、原子の構造の、非常に普遍的かつ予測的な理論の組み立てに成功したのだ。生物学も同様な水準の普遍化を目指し、細胞理論、疾病の細菌理論、代謝学、遺伝学ではめざましい成果を挙げた。ダーウィンの進化論は生物界を理解しようとする恐らく最も野心的な取り組みだったが、他の理論とは異なって太古からの歴史に基礎を置いており、実験による検証が難しかった。理論を理解可能なものにするだけでも、博物学・遺伝学・古生物学の膨大な知識が必要だった。複雑性と多様性こそが生物学の最も目立った特徴であって、その点が物理学とは異なっている。したがってこの複雑性と多様性の源が生物学の関心の的として存在しつづけることになった。一九世紀の終わりを迎えても、進化論は未完成の、論争の絶えない理論だった。大きな論争の的の一つが、変異の源の解釈の問題だった。進化の理論が不完全だということは、生物学のあらゆる分野にとって問題であった——生物学者たちは、つねにそこへ立ち戻って新たな考えを補なわなければならなかった。

ダーウィン進化論の三本の柱

ダーウィンの包括的進化論には三つの主要な土台がある。自然選択理論、遺伝理論、そして生物中の変異生成理論である。ダーウィンの考えは、現代の言葉で言い換えると次のようなものだ。集団内の生物は遺伝的に異なっており、したがって次世代に資する能力に影響する形質に違いがある。互いに競争したり、環境の圧力を受けたりする中で、最も適応する生物が繁栄し、あまり適応しない生物は次世代に子孫を残せない。この過程によって集団内のよりよく適応した小集団が選ばれる。この小集団は他とは異なる遺伝子の組み合わせをもち、したがって異なる性質を備えている。この小集団は、遺伝的な差異を利用して選択圧のもとで進化してきたと言うことができる。

自然選択すなわち生存競争を理解するには、最初はほんのわずかな想像力で十分だった。選択による「弱者」の死は、広く認識されていた。ダーウィンは生物学の博識と説得力のある巧みな論法を用いて、今日までも続くことになった根強い論争の中で、結論を引き出した。人為選択は動植物の育種家の間では馴染み深いものだったから、それを長期間に延長した自然選択の考えには説得力があった。それでも、単細胞から複雑な動物への進化や、動物からヒトへの進化の途上で起きたような非常に大きな形態変化を生み出す仕組みとしては、自然選択だけでは力不足だと、一部の批評家たちは否定した。

遺伝はダーウィンの時代にはまだ正しく理解されていなかったが、現在ではほとんど完全に解明されている。一九五三年のDNA構造の発見によって、遺伝的変異とその遺伝についての事細かな理解が進んだ。遺伝的変異は、突然変異（DNA暗号をつくりあげている化学の文字、すなわちA、T、G、Cの配列の変化）、組換え（異なる染色体の一部のDNA領域が互いに交換されることによるハイブリッド染色体の生成）、卵や精子形成時の染色体の組合わせの変化によって起きる。これらの要素はすべて、単独であるいは共に作用して子孫のDNA配列を変え、その変化は確実に遺伝する。

遺伝理論は素晴らしい成果をもたらし、DNAの配列は細胞分裂ごとに忠実にコピーされるが、非常に低い頻度ではあるがランダムに変わる（複製のたびに一〇億塩基の配列につき数個）ことがわかった。そこで一部の生物学者は、包括的な遺伝理論と発展した選択理論とが結びつけばダーウィンの進化の概念が完成する、と考えた。しかし重大な弱点が残っているので、それがすべてを疑わしくしていると考える者もいた。答えの得られない疑問とは、形態的にも生理学的にも非常に複雑で申し分なく適応した新しい物、たとえば眼や脳、あるいはそれらよりは単純そうなクジャクの尾羽にしても、はたしてDNAのランダムな変化と混ぜ合わせ（シャッフリング）によってできあがるのかどうかというものだった。多くの一般の人々にはもちろん、一部の科学者にも支持されたペイリー師の疑いは、選択理論とランダムなDNA変化の遺伝理論だけに根拠を置く進化論では、晴らせそうもなかった。

進化においては、選択はつねに、生物の外見的・機能的性質をすべて含む**表現型**の変異に対してはたらく。これは進化生物学者のお気に入りの言葉で、**表現型変異**とか「表現型の変化」のように使われる。選択はDNAの塩基配列（**遺伝子型**と呼ばれる）には直接作用せず、表現型を通して間接的に遺伝子型に作用する。表現型は細部に至るまで遺伝子型に依存しているからだ。生物の大きさ、動きの速さ、視覚の鋭敏さ、疾病への抵抗性、行動の応答性、すべてが表現型の一部である。これらのどの機能も、DNA自体のものではない。表現型が選択に直面するのに対し、遺伝子型は表現型を生み出すために受け継がれるものなので、この二つを結びつけるプロセスを理解することが必要である。

進化論のきちんと立証された二本の柱（選択と遺伝）によっても答えの出ない疑問とは、DNAの変化の速度と性質がわかったとして、選択にかかるだけの十分で適切な性質をもつ表現型変異が起きて、複雑な進化が生じるだろうかというものだ。もし生物がペイリーの時計のように機械だったら、ランダムな変更はほとんど影響をもたないか、ひどい故障につながるかのどちらかだろう。ランダムな変化によって時計がもっと正確に動くようになるとか、スヌーズのような新たな機能をもつようになるとは期待しないだろう。しかし生物は時計に似ているのだろうか、それとも根本的に違うようにできているのだろうか？　この疑問には二〇世紀の終盤まで答えを出すことができなかった。ペイリーの時代にも、ダーウィンの時代にも、何のヒントもなかった。ダーウィンの理論を完成させるには、生物の体の構成・成長・発生の仕組みを解明することが必要だということを、後の章で論じる。

選択によって成し遂げられることには限界がある。選択は一部の変異体を保存し、他のものは捨てるという単なるふるいとしてはたらくのであって、変異をつくりだしはしない。今日地球上で見られる申し分のない適応と多様性がつくりだされるためには、十分な数の好都合な表現型変異が生じて選択がはたらかなければならなかったはずだが、遺伝的変化がランダムであるなら、どうしてそれが保証されるのだろう？　適切な性質をもつ表現型変異が十分につくりだされるように、遺伝的変化は何らかの方法で方向づけられていると、生物学者たちが考えたことが何度もあった。あらかじめ選ばれた変異体の小集団が選択を受けるのなら、進化を大いに促進することになろう。それどころか、生物が好都合な変異体しか生み出さなかったら、選択の必要さえなかっただろう。そのような条件では選択の有効性は表現型変異の性質に依存することになり、またその性質は遺伝的変異の量や型、および遺伝子型から表現型が生じる謎に包まれたプロセスに依存することになる。

遺伝的変異は完全にランダムなのか、それともじつは進化が進みやすいように偏っているのだろうか？　以下では、次のような遺伝的変異のことを方向づけられた遺伝的変異と呼ぶ。（一）生存可能であるように偏っており（致死的でない変異しか受け継がれず、致死的な変異は進化の観点からは意味がないから）、（二）機能をもつものだけを生み出すように偏っており、（三）環境条件に対応するように偏った変異。何人かの生物学者たちは、両親から子供に伝わる遺伝的資質を環境が変える仕組みについての理論をつくろうと試みた。進化の速度や方向を有利に進めるように仕組む方法を発見することは非常に魅力的だったのだが、実際には方向づけられた遺伝的変異の証拠はなく、逆に存在しないという決定的な証拠があった。この四半世紀には方向づけられた進化の過程を説明する有利な情報は何も増えておらず、生物に対する現代の知識の枠内では、どのようにしてそのような仕組みがうまくはたらくのかを想像することは難しいと思われる。

一九四〇年までに、遺伝的変異はランダムで、環境条件とは関連がないことがはっきりした。これらの懸念が取り払われて、進化生物学者たちは完全にランダムな（方向づけられていない）遺伝的変異と選択にもとづいた理論を構築した。これは**進化の総合説**と呼ばれ、現時点で大多数が認める進化モデルとなっている。しかしこの理論は、現代の分子生物学・細胞生物学・発生生物学（発生学の新しい呼び名で、胚以外の段階の研究も含む）の誕生前に体系化されたので、当時の進化生物学者は、生物が遺伝的指令書すなわち遺伝子型から、体すなわち表現型をつくりあげる仕組みについて、専門用語を使っても多くを語ることはできなかった。総合説は価値の高いモデルではあったが不完全なものだった。進化の一般理論に必要な第三の支柱、つまり進化が生じうることを説明するのに必要な支柱を欠いているのだ。

この三番目の支柱は、遺伝的変異がどのように利用されて**遺伝可能な表現型変異**が生じるのかという理論である。卵から成体へ、そして次世代へと受け継がれる遺伝物質が環境と共に、どのようにして世代ごとに個々の生物をつくり上げるのだろうか。生物の形態・生理・行動はDNA塩基配列に依存しているものの、成長・発生・代謝の非常に複雑なプロセスを通して間接的に結びついているにすぎない。したがってDNA塩基配列の変化は、生物の形態や生理の変化と間接的な関係があるにすぎない。

現時点でのこれに関する知識では、遺伝的変化が表現型に与える結果を予想するには、ほとんどの場合十分ではない。癌にかかりやすくする遺伝子を同定することはできるが、遺伝子と疾病の完全な関係を引き出せるわけではない。DNAと表現型の間接的な関係がわかっても、ランダムなDNAの改変がどれほどの頻度で選択に役立つ変異をつくりだせるのかを知る方法はない。選択がどれだけ進化を形づくれるのか、またDNA上のおおもとの変異がどれだけ結果を変化させられるのかを知るには、DNAの変化が表に現れる仕組みを理解しなくてはならない。

DNA上の変化が、よくわかっていない何らかの方法で表現型の変化を引き起こすということを知っているだけでは十分ではない。少なくとも、どの表現型がDNAのどの変化に対応するかを大まかにでも知っている必要がある。私たちのここでのテーマであり、またダーウィンのジレンマの解決策ともなるのは、遺伝的変化に対する生物の対応を解明するという、この第三の支柱なのだ。最近になってわかってきたこの筋書きの全体像は新しすぎて、まだはっきりとは理解されず、進化との関係も部分的にしか認識されていない。遺伝的変化に対応して生物がどのように変化するかを考察する前に、DNAの変化の仕組みに環境が影響するかどうかを理解しなければならない。その後に、ダーウィンの基本的な概説に最後の支柱を加え、より説得力のある、より完成した進化論を組み立てることができるのだ。

変異はどれほどランダムか？

ごく初期に出された変異の生成と遺伝の仕組みについての考えの中に、ジャン＝バティスト・ラマルク（一七四四—一八二九）の説があった。彼はフランスの生物学者で、アリストテレスと同じく、生物は創造の時点から固定されているのではなく、年月とともに変化してきたのだと信じる科学者の一人だった。ペイリーをはじめとする多くの者と同様に、ラマルクも生物が環境に非常によく適応していることに驚嘆していた。彼は環境条件へのこれらの適応が進化の過程で起きる仕組みを探した。一八〇九年（ダーウィンの生まれた年）に出版された『動物哲学』でラマルクは二つの法則を提唱した。第一法則は用、不用についてのよく知られている観察を改めて述べたものである。「どんな動物においても……頻繁かつ持続的に使用する器官は発達し……恒常的に使用しない器官は

図1　伸長する首とラマルクの進化説．左：キリンは食物を得るために首を精一杯伸ばす．右：輪状の首飾りをつけたミャンマーのパダウン族の女性．引き伸ばすことによって獲得した首の長さは，どちらの場合も次世代へは遺伝しない．

徐々に衰え……ついには消失する」(1)。

彼の第二法則は新しく、適応のプロセスを遺伝性の変化の生成にまで拡張したものである。「外界の影響によって個体が獲得あるいは喪失した形質は、すべて遺伝によって保存され、その個体の子孫の新たな個体に受け継がれる(2)」

動物がストレスの多い環境を知覚しそれに対して応答するのは、生理的および行動的な必要によるもので、感情的あるいは意識的な欲求によるのではない、とラマルクは考えていた。彼は行動が進化に与える影響に焦点を合わせ、行動が進化を起こさせる刺激になると考えた。

最もよく知られているのはキリンの例だ。彼は、キリンの祖先は食物を得る必要から首と前脚を精一杯伸ばしたと考えた。図1に示したように、ヒトの首は生理的に適応できる。ラマルクの考えでは、キリンの長い首と前脚（図1）という、獲得された生理的な適応は子孫に受け継がれ、子孫も代々首と前脚を伸ばしつづけ、ついに何世代も後にもう伸ばす必要もないだけの長い首と前脚をもったキリンが現れる。恐らくキリンの祖先集団の中の一頭がたまたま変異を起こしたのではなく、多くの個体がグループとして変化したのだろうと彼は考えた。

ラマルクの挙げた別の例は、コウノトリの祖先やサギの祖先だった。彼らは羽を濡れないようにする必要から、脚を伸ばして体が水面上に出るようにし、次に水中の魚に届くように嘴を長くし、足指を伸ばして水掻きのある大きな足をつくった。これらすべてを多くの世代をかけて成し遂げたのだ。恐らく集団の多くの個体が一緒に変化したのだろう。完全な漸進主義者の考えだった。この期間の間じゅう、行動上の必要性が形態変化を推し進めたという。いわく、「動物の習慣や生活様式をつくりあげるのは全身の形でもその一部の形でもない。逆に習慣や生活様式やそのほかすべての環境の影響が、長い時間の間に動物の全身やその一部の形をつくりあげていくのだ」[3]

獲得形質の遺伝と呼ばれて広く知られているこの考えは、自明で受け入れられやすく思われたので、ダーウィン自身もこれを使わざるをえなかった。彼は一八五九年に出版した『種の起源』の中で、変化はランダムに起き、後から選択されると提唱したが、そもそもどのようにして遺伝的変異が生じるのかを突き止められるまでは、自分の仮説が不完全だと感じていた。彼の考えはしだいに後退し、ラマルクの考えに同調していった。異なる環境は生物から異なる反応を引き出し、それがなぜか次世代に伝わる、すなわち環境がそれにふさわしい性質の適応を促進したり引き出したりするという考えだ。一八六八年にダーウィンは二巻にわたる『飼育動物と栽培植物の変異』を出版し、獲得形質の遺伝の仮説を示している。あからさまにラマルク的な説への降伏を正当化して、次のように書いている。

ある器官の用・不用による効果の遺伝をどう説明すればよいのだろう？　アヒルはマガモほどには飛べないがよく歩く。また翼と脚の骨はマガモに比べると、その機能の増減に対応する形で小さくなったり大きくなったりしている。ウマはある歩き方（歩態）に訓練されており、仔ウマには同様な動きが遺伝している……特定の肢や脳の部分の用・不用が、体内の離れたところにある生殖細胞の小さな塊にどのようにして影響し、これらの細胞から発生する子供に片親もしくは両親の形質を受け継がせられるのだろう？　この疑問に答えられるなら、たとえそれが不完全な答えであってもよいのだが。(4)

ダーウィンの「不完全な答え」は、パンゲネシス（汎成説）という遺伝の仮説だった。パンゲネシスは、親の全身が生殖細胞（卵と精子）に影響を与えて、次世代に遺伝的な影響をもたらすとする。こうして子孫には新規性がより効率的に生じる。ダーウィンは、小さな基本粒子（いまなら情報粒子とでも呼んだらいいようなもの）が体内のすべての細胞から出されて体中をめぐると唱えた。細胞がよく使われるほど多くの粒子を出し、最終的には粒子は生殖細胞に集まるので、その数は成体の経験の長さや環境への生理的適応を反映することになる。粒子は生殖細胞から胚に移ると、前世代で最も必要だった形質を強調することによって子孫の発生に影響する。生殖細胞でのこれらの基本粒子の表出の仕方は、何が必要かということよりも実際に生理的にどれだけ使われたかを表しているように思われた。したがってこの考えはラマルクの考えのように必要によって突き動かされるものではなかった。変異はランダムではなく、環境によって指示され、精子あるいは卵によって子孫へ運ばれるとされた。

ダーウィンのパンゲネシスの考えは、変異の生成を獲得形質の遺伝のみにもとづくとする、自己矛盾のない理論だった。パンゲネシスはすぐに受け入れられたが、彼自身はジレンマを抱えてしまった。動物が生息域の環境に対応したふさわしい変異をうまくつくりだせばつくりだすほど、多数の変異の中から一つを保存するための、自然選択を通した環境のはたらきかけの必要が少なくなる。極端な場合には自然選択がまったく不要になる。生物は環境の命ずるままに変わることになる。ダーウィンは変異と選択を融合させようとしたと思われるのだが、この融合にはさらに説明が必要だった。

現在から見れば、当時の思索家たちが、方向づけられた遺伝性の変異の観念を打ち破って、純粋にランダムな変異の可能性を受け入れるのは困難だった（ダーウィン自身はこれより前に彼の最初の理論でそれをやってのけたのだったが）。ランダムな出来事がひとりでに選択条件に適応するような新規性をつくりだせるとはとても想像できなかった。パンゲネシスをはじめとする非メンデル的な方向づけられた遺伝の概念は、いずれも生理的な最終目標に直接関連づけられていたため、新たな表現型に到達するまでにいくつもの中間段階が必要だという問題は回避していた。これらの観念は魅力的ではあったが、まったく根拠を欠いていた。

方向づけられた遺伝的変異に対する反証

生物の環境への生理的適応が直接遺伝することを支持する証拠は、その後の何年かの実験によっても得られなかった。それどころかパンゲネシスは存在しないという見解を支持する大量の証拠が集まってきた。

生理的適応（ラマルクの最初の仮定の主題）と遺伝性の変異（彼の第二の仮定の主題）とを区別する最初のステップは、一八九五年にアウグスト・ヴァイスマンによって示された。彼は精子や卵が環境から何らかの情報を受け取ることはきわめて疑わしいことを示した。

ヴァイスマンは「成体中で卵や精子になる特別の細胞は、発生中の胚のどこにあるのか？」という単純な解剖学的な疑問を抱いた。彼はクラゲの研究から、成体の生殖細胞は他の細胞からはっきりと隔離された前駆細胞から生じることを発見した。クラゲが成体の段階にまで発生した後になってはじめて、これらの細胞は隔離されていた部位から生殖巣へ移動するのだ。

近年の研究により、生殖細胞の初期の隔離は図2に示すように昆虫やすべての脊椎動物を含む多種類の動物で確認されている。体細胞と呼ばれる体の細胞は、環境からのストレスにさらされ、それに応答する細胞であるのだが、生殖細胞とは離れていて何の寄与もしない。一方、当の生殖細胞は次の世代に寄与できる唯一の細胞でありながら、環境の影響からは遮蔽され隔てられているのだ。ヴァイスマンはダーウィンのパンゲネシス理論は完全にその場しのぎだと考えた。「彼（ダーウィ

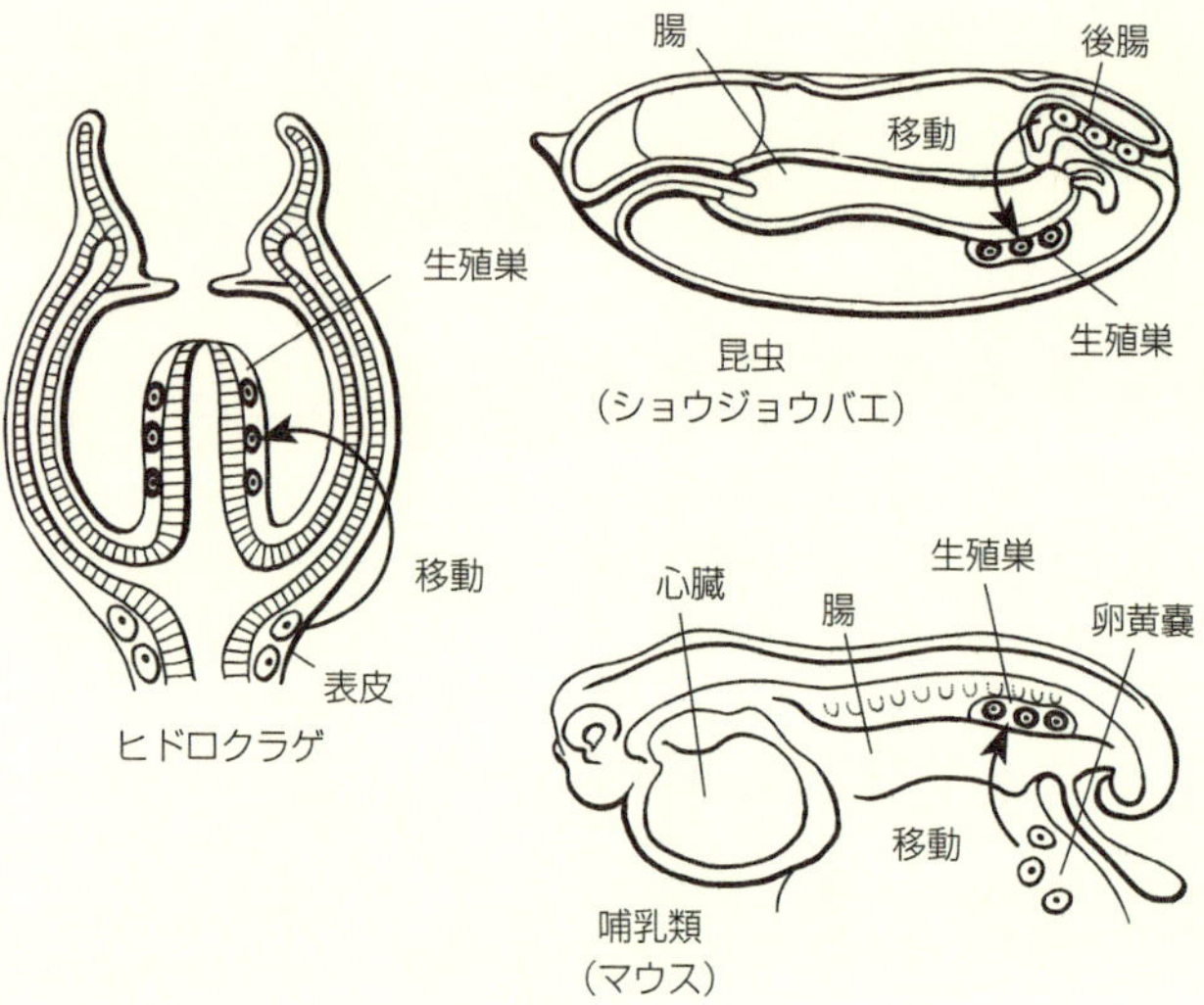

図2　生殖系列の体細胞からの隔離．生殖細胞は最初に発生中の胚の細胞から隔離される．その後，胚の生殖巣へ移動し，卵や精子に分化する．左：アウグスト・ヴァイスマンがクラゲで発見した例．右上：昆虫．右下：哺乳類．

ン）の仮定は、厳密に言えば、現象を説明していない。これらはむしろ、推論的な仮定にもとづいた……事実の単なる言い換えに近い(5)」。

ヴァイスマンの体細胞系列と生殖細胞系列を区別する考えは、時が経っても生き残った。外界からの作用が及ぶのは体細胞に対してだけで、生殖系列の細胞だけにしか含まれない次世代への遺伝物質は、そのような作用の影響を受けないことになる。逆に、生殖細胞は体内で生理的な役割を果たさないので、外界からの直接の選択は及ばない。つまり次世代へ特別の形質を優先的に伝えるように影響を与えることは、外界の何物もできないのである。生殖細胞は、それらと同一の遺伝的構成をもつ体細胞からなる生物という乗り物に乗り合わせた無言の乗客として、共選択される。選択は、受精卵から発生した個体全体の生存と生殖の成否に対してのみかかる。生物が生殖細胞を体細胞から隔離するおもな利点は、個体全体の成功のみを確実に生殖細胞に反映させるようにすることだろう。個体の中で自分本位にふるまうようないかなる体細胞系列の成功も生殖細胞には反映されない。ヴァイスマンはダーウィンの進化論に細胞生物学的な証拠を加え、獲得形質の遺伝の概念を否定した。

複合突然変異を探して

ヴァイスマンは方向づけられた遺伝に対抗する強い論陣を張ったが、その考えを終焉させるには至らなかった。変異と遺伝はまさに進化論の中心にあったので、遺伝的変化を偏らせる変異の仕組みはないと主張するには、変異の性質をはっきりした化学や物理の言葉で理解することが必要だった。したがって変異の本体を解明してこれがランダムかどうかという問題の片をつけることは非常に重要だった。後述するように、遺伝形質の伝達の問題は、それ自体が非常に魅力的な問題になったので、進化の問題を急速に覆い隠してしまった。

二〇世紀にグレゴール・メンデルの研究が再発見されるまでは、変異の重要性はともかく、その性質は明らかではなかった。後の遺伝学者ウィリアム・ベイトソンは一八九四年に次のように書いている。「原因が何であれ変異は……進化に必須の現象である。じつは変異こそが進化なのだ。したがって進化の問題を解決するいちばんの早道は、変異の実態を研究することだ」。彼は世界中から奇形の生物を探した。八本指の足をもつヒト、双頭のカメ、過剰の掌骨を生じる先祖返りをしたウマ、すべての脚が重複した昆虫……。彼は変異個体が集団中に検出可能な頻度で現れることを確信した。[6]

ベイトソンは（類似した別のものに変わるという意味の）「ホメオティック」変異の研究で有名だった。この変異は、指や翅のような形態が余分に繰り返す変異体を生じる。きちんとした形の付属肢がだぶって生じる現象がよく見られることが、変異が明らかにランダムではないことを示す手がかりとなったのかもしれない。後に、突然変異を起こさせて実験的に誘導したホメオティック変異は、生物の発生の仕組みについての重要な洞察を与えることになった（そしてこの洞察は、本書が述べる促進的変異理論への鍵ともなったのだ）。

しかし一八九四年、ベイトソンは非常に失望していたに違いない。『変異研究のための材料』と題した六〇〇ページ近い著書で、彼はホメオティック変異はおろか、どんな変異の起きるメカニズムも提唱できず、ただ胚発生が変更されたというように留まった。

二〇世紀への変わり目に、表現型変異の研究は行き止まりであることが証明されたが、遺伝の研究は時宜を得て花開いた。ダーウィンの理論の第二の支柱は成功を収めて確立されようとしていたが、表現型の変異のメカニズムがはっきりしないことが尾を引いていた。最初は、選択の理論と結びついた遺伝的変異の知見はオールマイティのように思われたが、実際に解決された問題は、情報が世代から世代へ伝えられる仕組みであって、新規性が出現する仕組みではなかった。

新しい遺伝学は、グレゴール・メンデルの一八六六年の論文『植物雑種に関する研究』が一九〇〇年に再発見されたことによって始まった。それまでに多くの生物学者や博物学者は植物を系統立てて交配し、表現型の違いが子孫に分配されることを観察していた。それゆえ、メンデルの論文はよみがえり、評価された。生物の変異は前述のように、遺伝的変化と表現型の変化の二つの種類に分けられる。遺伝的変化は、目には見えないが、近年ますます操作できるようになってきた生物の遺伝子型（現在では、化学の文字A、T、G、Cの並んだDNA配列であるゲノムに書かれた情報と定義されている）の領域で起きている。一方、表現型の変化は、目には見えるが、未だに不可解な生物の形態・生理・発生・挙動の領域――あるものは遺伝し、あるものは環境に左右される――で起きていた。

細菌・菌類・動物・植物の多くのゲノムの配列が決定された後、遺伝子型の情報は原則として正確で完全なものとなった。わかりやすく言うと、遺伝子型とは生物のDNA配列である。何のあいまいさもない。遺伝学の初期には、表現型の何らかの要素を遺伝子型の状態を示す指標として用いた交配実験から、遺伝子型を推し量るだけだった（たとえばメンデルはエンドウマメの色や形を用いた）。遺伝子型を知るために表現型を利用することは避けられなかったが、それは間接的な方法だった。現在では遺伝子型は単にDNAの配列として読み取ることができる。多くの動物では、DNAは一〇億文字にも達する長さとなり、コンピューターのプログラムによく似ている。

表現型ははるかにやっかいなものだ。これを理解するには、その生物の胚発生、成長、成熟そして経験のすべてを理解しなければならない。これらがすべて生物の有様、外見、機能、行動に影響するからだ。メンデルの研究が再発見される以前には、人々のおもな関心が進化ではなく表現型の変異に向けられていたわけは簡単だ。表現型は目に見えたし、自然選択が直接に作用する対象だったからだ。しかし一九〇〇年から後は、遺伝子型の変異と遺伝子の伝達の解明が遺伝学者たちのおもな関心事となった。表現型の変異は脇に置かれた。ベイトソンをはじめとする学者たちは、遺伝学（彼による造語）という新しい分野に転じて専心し、進化の問題はしだいに顧みられなくなっていった。

進化の解明については、初期の遺伝学者たちは非常に強い関心をもっており、しばしば科学の道に進ませる動機にもなっていた。後にアメリカの最も優れた遺伝学者となったトーマス・ハント・モーガンは、一九〇〇年にオランダのユーゴー・ド・フリースの圃場を訪れた。単一の変異によって、ある種が別の種に変わる進化的形質転換であるとされた「複合突然変異」の最初の証拠を自分で確かめるためだった。

モーガンがド・フリースの圃場で見たものは、近隣の草原で時たま自然に生じる異常型マツヨイグサをド・フリースが集めたものだった。その異常ははなはだしく、一代か二代のうちに新たな種と思われるものをつくりだしていた。無色ではなく赤い葉脈をもつもの、巨大なものや矮小なもの、通常よりすべすべした、あるいは長い葉をもつもの、変わった花をもつものなどいろいろだった(7)（図3）。

複合突然変異は、ダーウィンの漸進的変化の理論の中の遺伝と進化の多くの問題点を解決するように思われた。小さな変化を何世代もかけて蓄積するのでは、世代ごとに通常の個体との交配によって薄められてしまう危険があるが、複合突然変異が起きるのであれば、そのような小さな変化を蓄積する必要がなくなるだろう。変異植物は通常の個体とは大きな違いがあるので、交雑を防げるかもしれない。これらの変異は頻発しているので、同じような種類のものは新たな繁殖群集として独立できるだろう。化石の記録のギャップも、新種が突然出現したとすれば説明できる。

実験方法に魅了されたモーガンは、最終的にド・フリースの理論を他の生物で確かめる方法を探

Oenothera lata　*Oenothera lamarckiana*　*Oenothera nanella*

図3　マツヨイグサの複合突然変異．中央：ユーゴー・ド・フリースが栽培した原種．両側：原種から突然変異した2種類の丈の低い「種」．

した。しかし彼は完全に失敗することになる。現在では、マツヨイグサでの複合突然変異は一般的な現象ではなく、この雑種の稀で特種な遺伝メカニズムによって引き起こされることがわかっている。マツヨイグサでの複合突然変異は、進化研究にとっては完全な袋小路だった。

モーガンはド・フリースの観察結果の普遍性を調べるために対象としてショウジョウバエを選んだ。彼はショウジョウバエの眼が小さくなるか調べようと、何代も暗所で繁殖させた。恐らくマツヨイグサの複合突然変異のようにたちまちそうなると考えたが、暗所で四十九代飼っても眼の構造はまったく失われなかった。したがって遅速にかかわらず、不使用による遺伝的な喪失の証拠は得られなかった。彼は生育可能で稔性があるような、遺伝する、わずかに変化した表現型を多数つくりだしたが、マツヨイグサの複合突然変異のような大きな形質転換は見つけられなかった。

その後、一九一〇年のある日、モーガンは奇妙な突然変異のハエを発見した。それが、生物学の方向を変えることになる。劇的な変異ではなかったが普通ではなかった。これが契機となってモーガンは実験進化生物学者から実験遺伝学者に転向した。同じころ、主流の多くの生物学者たちの間でも進化に対する興味は全般的に失われて行った(8)。

モーガンのハエの変異体は、正常な赤眼のハエの集団に現れた白眼のオスだった。彼は眼の色の遺伝子が、現在ではX染色体と呼ばれているものの上にあることをすでに発見していた。これは性染色体であり、雄にはたった一コピーしかないが、雌には二コピーある。顕微鏡による染色体の観察によって、染色体が性を決定することが指摘されていたが、彼は白眼の変異をもつ変異体と正常なハエをいろいろに交配して、これを証明した。この発見は遺伝学の多くの基本的で普遍的な事柄を立証する先駆けとなった。モーガンと彼の弟子たちは、染色体上の遺伝子の配列順序を明らかにする方法として、染色体マッピングを導入した。これは今日でも、ハンチントン病や嚢胞性繊維症などのヒトの病気の原因となる遺伝子の位置決定に使われる基本的な技術である。

遺伝学では、実験室での生育が可能な特定の種の動植物や菌類が選ばれ、それらの近交系〔兄妹交配や自家受粉などを続けてつくった〕系統が用いられるのが普通である。野生の動物を交配させると、翅の大きさや眼の色といった形質の変異が多すぎる子孫ができるので、モーガンは近交系で研究を始めた。集団の動態や変異が見られる野生の集団より、それらが見られない実験室の近交系を選んだのだ。以前には魅力にあふれていた変異が、いまや実験の邪魔ものになり始めていた。選択は遺伝学者たちによって実験室で行われるようになり、自然状態での生存・胚発生・進化に関係するような形質よりも、評価しやすい形質が同定されることになった。生物の進化の仕組みを探るという当初の動機は失われた。

モーガンと彼の率いるグループは、現代の実験遺伝学の分野の創設に貢献した。遺伝的変異が方向づけられている証拠は発見されず、データはすべてランダムな遺伝的変化を示していた。ちなみに、モーガンは個人的には一九四五年に没するまで発生生物学と進化論に幅広い興味をもちつづけていた。コロンビア大学からカリフォルニア工科大学に移った一九二八年までに、彼はショウジョウバエの研究をやめ、変異と個性の問題にふたたび取り組んだ。彼の有名な弟子たちは誰もこれにつき従わなかった。

方向づけられた遺伝的変異説の最後の栄光？

一九五〇年代の分子生物学の夜明け以前には、生物が環境からのストレスに対し、何らかの遺伝子を変異させて対応することができるという、確かな証拠は得られていなかった。しかし、そのようなラマルク説的な関係を論破する、周到に計画された分子レベルの実験もなかった。この疑問を決定的に解決するために、著名な細菌遺伝学者であり生化学者でもあるジョン・ケアンズは、大集団を多世代にわたって研究できるヒトの腸内細菌、*Escherichia coli*（大腸菌）の研究を始めた。

ケアンズは、細菌が損傷された遺伝子を修復する際、その遺伝子が増殖に必要なときは必要でないときよりも速く修復するかどうかを調べた。キリンが背の届かないえさを必要として首が長くなったのと同様に、細菌も必要に応じて遺伝可能な応答を生み出せるのだろうか？　ケアンズは最初、（ラマルク説の）方向づけられた遺伝の証拠を見つけたと主張して科学界を驚かせた。細菌はその酵素が増殖に必要であれば、修復しないと飢えて死ぬしか道はないので、突然変異（すなわちDNA配列の変化を元に戻す、あるいは最初の変化を補償するような第二の変化）によって、その遺伝子を修復する速度を速めるというのである。(9)

遺伝子は修復されても、果たしてそれが増殖に必要のないほかの遺伝子よりも迅速に改変されたかどうかが重要なポイントだった。さらに分析すると、ケアンズは結果をひどく誤って解釈していることがわかった。ストレスのかかる飢餓条件は、必要なその遺伝子だけでなく、すべての遺伝子の変異速度を増加させていたのだ。この速度の増加は飢餓ストレスへの適応であり、細菌がふたたび増殖しはじめると収まる。ケアンズが完全にだまされたのは、微妙な技術的な事柄が原因だった。

こうして、ラマルクの唱える遺伝がもし実際に存在するなら最も見つかる可能性が高いと多くの生物学者が考えるこのような条件下においてさえも、やはりその存在は確かめられなかった。

分子生物学が始まってから半世紀経つが、環境によるストレスへの母あるいは父の生理的応答として、卵や精子の遺伝情報を改変するようなメカニズムは見つかっていない。さまざまなウイルスが遺伝情報を細胞へもち込み、この情報が細胞のＤＮＡに組み込まれて定着できることがわかっている。ウイルスのＤＮＡ配列がゲノムの至るところにあることから、ウイルスがたびたび外から生殖系列に入り込んだことが窺われる。しかしここでも、これらのウイルスによって運ばれる遺伝子が、感染前のストレスへの宿主による生理的応答を反映しているという証拠はない。

生理的要求や経験に応答して方向づけられた遺伝の存在の気配は、現代の分子的・遺伝的分析によっても示されていない。特定の環境ストレスが、そのストレスを和らげる方法として特定の遺伝子あるいは遺伝子群を変化させるメカニズムは知られていない。このように「方向づけられた遺伝」の証拠はない。遺伝的変異と選択は完全に切り離されている。

進化の総合説

遺伝的変化が一九四〇年までにラマルク説の影響から解放されて（ケアンズの否定実験を待たずとも）、おもな進化生物学者たちはそろって現代的なダーウィン進化論すなわち進化の総合説を発表した。この説は重要な点ではすべてダーウィンの理論に寄り添いながら、現代の科学とも矛盾がないようにされていた。競い合っていたほかの進化理論は急速に支持を失った。ド・フリースの複合突然変異は、特殊な状態であるとして評価が下げられた。生物は外部からの選択による道筋ではなく内的要因によって方向づけられて進化するという説は、現存している集団内の変異の単なる誤った解釈だった。解釈の誤りよりも、メカニズムを示せなかったことの方が重大だった。

野生の集団の研究から、ダーウィン説の概念に完全に依存した新しい分野が生まれた。集団遺伝学は、遺伝的変化が集団内に広まる仕組みを説明すると共に、メンデル遺伝学がもたらしたと思われるいくつかの問題、すなわち、個別の形質の問題というよりは、形質の連続性と定量性の問題を解決した。自然選択には、「見境のない、無秩序な」変異を生物の形の多様性へと変える中心的地位が与えられた(10)。

スティーヴン・ジェイ・グールドは、進化の総合説は選択条件に焦点を合わせ、表現型の変異を生み出す生物の役割を無視して、完全な適応万能論に急速に凝り固まっている、と批判した。一九四〇年までには発掘された化石が増え、進化史のギャップはどんどん埋められていくように思われた。化石の記録が不完全なことはわかっていたが、ダーウィンの考えとは驚くほど矛盾がなかった。一八六一年以来、始祖鳥（アーケオプテリクス）の化石がいくつか発見され、それらのもつ爬虫類と鳥類の合わさった形質は、爬虫類から私たちの知っている鳥への一足飛びの複合変異ではなく、滑らかな移行を示唆しているように見えた。

一九四〇以来、始祖鳥にあまり似てはいないが、爬虫類－鳥類系列の中間の化石（羽毛の生えた恐竜、ミクロラプトル、飛行能力をもつ恐竜）が少なくとも十二種類（多くは一九九〇年代に中国で）発掘された。最近発見された羽毛の生えた恐竜の例を図4に示す。集積された化石の情報から、羽毛、

図4　羽の生えた恐竜：中国東北部で発掘された1億2500万年前の化石から復元されたプロターケオプテリクス．体長は70 cm．外皮から羽毛のようなものが生えている．鳥類と共通の祖先をもつ，飛べない恐竜の仲間に属すると考えられている．（Angela Milner, "Dino-Birds," Natural History Museum, London, 2002 をもとにして描いた図．）

骨盤部位の恥骨の反転、足の親指の反転、尾椎骨の減少が順序よく変化していった様子がわかる。

それでも、進化の過程で生じるすべての創造性が選択に由来すると考えるこの概念には、何かが欠けていた。脚本や舞台装置が出来上がっているのに、配役を忘れている劇のようなものだ。変異をつくりだす生物とその役目の出番がほとんどなかった。(11)

一九四〇年当時の進化の総合説は誤っているというより、不完全だった。生物学自体が細分化しており、その深刻さが完成をさらに難しくしていたようだ。遺伝学・発生生物学・進化生物学という三大分野が、それぞれ独自の道を歩んでいた。分子生物学や細胞生物学といった新たな分野が登場しても、進化生物学とはほとんど接点がなかった。(12)

遺伝性の変異をメンデルの法則を通して理解することが、総合説のおもな進歩だった。遺伝性の変異は、遺伝子型の変異と表現型の変異の二つに分けられた。遺伝子型のみが遺伝し、表現型のみが選択を受けるという重要な区別をつけた後、総合説は進化を三つの基本段階にまとめた。まず、遺伝子型のランダムな変異（現代的に言えば、DNA配列のランダムな変化）が起きる。次に、遺伝子型の変化はその個体内に（当時は未解明の方法によって）表現型の変化を引き起こす。三番目に、変化した表現型は（それに必要な変化した遺伝子型とともに）、その個体の繁殖適応度、すなわち後の世代に子孫を残す能力を基にして選択される。

変化した遺伝子型がどのようにして変化した表現型を生じるかという問いに対しては、総合説は口を閉ざしていた。環境が変異を誘導するという古い考えはすでに一掃されていた。総合説の中心教義は、表現型の変異は環境の選択条件とは無関係だというものであり、経験・習得した行動・環境への生理的適応は遺伝することができないとされた。変異は環境に誘導されるという〔否定された〕説明に代わるものは示されなかったが、二〇世紀半ばの進化生物学者たちを、変異の説明もできないと咎めてはいけない。ようやく説明の材料の片鱗が得られるようになったばかりだったのだから。分子遺伝学ができるのはまだ一五年か二〇年先だったし、分子生物学を駆使する比較発生学は二〇世紀も終わろうとする頃にやっと誕生したのだ。だからむしろ生物学者たちの咎められるべき点は、自分らの進化論の中の大きなギャップをきちんと認識しなかったことの方かもしれない。彼らのほとんどが、ただそれを無視していたのだ。

進化生物学者たちはこの手抜かりにもかかわらず、表現型変異の性質について確固たる見解を維持していた。ランダムな変異によって表現型のどんなものでも変わりうると多くの者が考えていたのだ。グールドによれば、ダーウィンは変異が「三つの重要な条件」を満たさなければならないと考えていた。範囲が広く、平均からのずれの程度が小さく、等方的（すなわち生物の適応の必要性に応じた方向づけがない）であることだ。グールドはこの三つの変異の属性を、ダーウィンのもっとも素晴らしい洞察と呼んだ。「そうでなければ選択は進化の過程で新規性を創造する力として作用できないことを彼は見抜いていたからだ」。三つの条件がなかったら、生物は選択がはたらくための偏った表現型変異を多量に生み出すしか方法がなかっただろう(13)。

進化の総合説は、適応の概念を進化論の中で最高の位置に置いた。生物は塑像製作用の粘土のようなものであり、何十億という小さな土の粒が少しずつどちらの方向へでも自由に動けるので新しい形が生まれる、というのが形の改造に当たる。この考えは、インプットされる遺伝子型変異がランダムなだけでなく、アウトプットされる表現型変異もランダムである、あるいは少なくともほとんど制限がないと言っているのに近い。このような考え方によって、胚発生のプロセスと細胞の機能が表現型をつくりだす仕組みの問題は、進化にとって興味深いが情報を提供することにはならないとして退けられ、進化生物学を発生学の分野からさらに隔離してしまった。進化の歴史を構成する連続的な表現型を理解するには、選択だけで十分なのかもしれない。生物にとって翼や、他の指と向き合った親指や、長い脚や、水掻きのある足や、胎盤をつくりだすことが必要であれば、どれも適切な選択条件の下でなら、時間が経てば出現してくるだろう。生物は、選択がかかるのに必要などんな変異でも生み出すと期待してよさそうに思われた。

一部の生物学者は後に、生物がつくりだせる変異の種類は**拘束**されていると主張した。すなわち、どんな変化でも取り揃えられているわけではなく、欠けているものもある。恐らく構成要素によっては変化しにくいものもあり、それらは変化せずに残るのだ。確かに保存されたタンパク質や遺伝子は表現型の基礎に多数存在する。しかし一般的には、拘束はわずかな影響しかないと考えられていた。たとえば軟体動物や棘皮動物が脊椎動物よりも翼を進化させにくいわけを説明する程度の、些細なものにすぎない、と。

新規性、時間、ランダムな変異

遺伝的変異はランダムで拘束されていない。それにもかかわらず、進化生物学者たちが表現型変異をランダムで拘束されていないと考えることが間違っているとしたら？　遺伝的変異が表現型の変異として現れる仕組みが本当にわかったら、とりわけ、ある表現型を達成するのがどれくらい容易かあるいは困難かがわかったら、それはどれだけ意味をもつだろうか？　恐らく「私たちは進化がどのように起きたかを、特別な選択条件や大災害を想定せずに、生物が新規性を生みだす能力にもとづいて理解できた」とは言えるだろう。しかも、いままで推し量ることができなかった進化の速度の問題と向き合うことができるだろう。進化論を疑った者たちの言い分はダーウィンの時代においてさえ、「変異に選択がはたらくという仮説は確かに筋が通っているが、おあつらえ向きの変異体が生じるには時間が足りない。化石の記録が示す二〇〇〇万年では、生物はコウモリの翼やクジラの前びれを変異と選択によって生み出すことはとてもできない」というものだった。ペイリーの時計についての主張が影を落としているのだ！

比較のために次のようなことを考えてみよう。高性能のコンピューターにランダムに文字を書かせたらシェイクスピアのあるソネットが出来上がるのにどれだけ時間がかかるかと尋ねる場合、言葉のすべての文字が正しい順序で一挙に出来上がることを期待している。これは現在の世界中のすべてのコンピューターがビッグ・バンのときから現在まではたらきつづけたとしても無理な話だ。「To be or not to be」という名言を一字一字組み立てるだけでも、一台の通常のコンピューターでは何百万年もかかるだろう。

もちろん、選択や偏った変異を導入すれば、文やソネットが出来上がるチャンスは大幅に増えるだろう。選択の面では、条件を緩めていることにはなるが、「Tu is or no to iz」のような部分的な正解を仮に受け入れて、それをもとにして改良するという手法をとることができる。あるいは一挙に完全な形で出来上がるのを待つのではなく、個々の正しい文字が書かれるたびにそれを取っておくという方法もある。変異を偏らせる手法によって出来上がる速度を改善することもできる。コンピューターがランダムな文字の組み合わせではなく、（辞書を使って）正しい単語だけを書くとしたら、過程は加速される。またもし三文字以下の英単語だけを書くとすれば、上記の文にたどりつくのに要する時間は、一年よりはるかに短い時間に短縮されるだろう。このように、偏った変異も進化の速度に莫大な効果をもつはずだ。結局、偏った変異と段階的な選択を組み合わせれば、必要な時間を非常に短くできるのだ。

多くの進化生物学者たちは変異の速度の問題を簡単に片付けてしまっている。人為選択によって家畜をたくさんの異なる品種に分岐させたり、自然選択によって蛾の色やフィンチの嘴の大きさを変えたりするのに十分だった何十年、何世紀、あるいは何千年という長さに比べれば、地質年代は実際に非常に長いと彼らは言う。これをすべて認めたうえでも、懐疑主義者たちのうちには、ランダムな変異からはたとえ地質年代をかけても花や眼のように複雑なものがつくりだされるとは思われない、まして細菌のような生物からヒトができるとは到底思われないと、この考えを受け入れたがらない者もいる。

複雑な新規性の生じる仕組みを説明せずに、時間が十分だからと言い逃れをするだけでは説得力がない。遺伝子型の変化が表現型の変化を生じる仕組みを完全に理解するには、遺伝子型が表現型を生じる仕組みを理解する必要がある。以前には何の道しるべもなかったが、ある程度のことが解明されてきて、遺伝子型と表現型をつなぐ究極の地図のようなものがわかってきた。この地図は進化の可能性を評価する方法を与えてくれるはずだ。現在の表現型は、これから起こりうる表現型の変異の範囲を偏らせている。ここまでは自明だ。しかしどのように、どの程度、どちらの方向に新規性を偏らせているのかは、未だに困難かつ重要な問題である。

促進的表現型変異理論に向かって

本章でこれまで見てきたように、遺伝的変異は選択条件に適応するようには仕向けられていない。表現型変異の量や種類を変えるような偏りは、どんなものであれ生物自体の構造から生じるはずだ。生物が進化の途上で新規性を生み出す仕組みについての筆者らの理論は、いくつかの前提にもとづいており、これらの前提は異論を唱えられてはいないが、広く評価されているわけでもない。

第一に、進化には遺伝的変異が必要である。遺伝的変異ははじめは突然変異によって生じる。進化に重要な遺伝的変化の多くは、それ以前の世代の突然変異の組合わせが有性生殖によって変更されて生じる。

第二に、現在の生物はそれ以前の生物に由来しているので、祖先の性質——過去に変化を可能にしてくれた性質も含めて——の名残を留めている。現代の生物学に大きな驚きをもたらしたのは、保存性であった。類縁関係の薄い生物でさえも、細胞機能や、発生や、代謝に、互いに類似したプロセスを用いているのである。どんなプロセスでも多くのタンパク質の構成要素が協調してはたらき、表現型に寄与しているので、あるプロセスが保存されていると、そのプロセスにかかわるタンパク質の構成もほとんどが保存されている。代謝の細部までもが細菌とヒトで同一である。細胞の基本構造と機能も酵母とヒトで類似している。ショウジョウバエの発生の方法もヒトの方法と驚くほど似ている。今日の多様な生物の重要なプロセスが保存されているということは、後述するように、過去の生物の基本的な生理プロセスや発生プロセスを推論できることになる。これらのプロセスが化石として残されていなくても、現存生物に広く保存されているので、祖先へ外挿してはっきり知ることができるのだ。

第三に、すべての生物は保存されたプロセスと保存されていないプロセス（言い換えると変化しないプロセスと変化するプロセス）の混合体であり、進化の過程で歩調を合わせて変化してきたプロセスの均質な集合体ではない。生物の生理、形態、あるいは行動の新規性の大部分は、新たなプロセスの発明によって生じるのではなく、保存されたプロセスを新たな組み合わせや、別の時期や、異なる場所や頻度で使うことによって生じる。

まだプロセス自体については記していないが、それらは使われる状況もさまざまなら、使われる程度もさまざまであることがわかるだろう。これらのプロセスが融通性をもつことは、周囲の状況に対するすぐれた適応能力の一部であるのだが、プロセスの融通性こそが進化において特殊な役割を果たす鍵である。ヒトやその他の複雑な動物の遺伝子が驚くほど少ないことから、複雑な形態や生理は遺伝子産物の再利用によって達成できることが示される。保存されたプロセスは基本的には細胞内のプロセスであり、それらは生物の発生や機能の多くの段階ではたらく。それらは生物の中核的なプロセス、すなわち「コア・プロセス」ということができる。

本書の主張の主要部はこれらのプロセスであり、その多くは何億年、いや何十億年もの間保存されており、進化を促進する非常に特殊な性質をもつ。それらが保存されてきたのは、単に変化すると死に至るからではなく（それも要因ではあるだろうが）、それらが周囲のある種の変化を繰り返し促進してきたからだと考えられる。

保存されてきたコア・プロセスの多くは、互いに連係して新たな組み合わせをたやすくつくる能力をもつ。新たな連係は、そのために必要な遺伝的変化がごくわずかで済むので、難なくできる。プロセスどうしの新たな組み合わせは、構成単位自体の変化がほとんどあるいはまったくなくても出来上がる。弱い調節的な連係の概念については後述するが、これはプロセスどうしの連係は各構成要素の大きな再編成なしにつくりあげられることを示している。これらの連係を維持するために、プロセス間にはしばしば弱い連係が追加されて補強される。サスペンダーとベルトが信頼性を確かなものにするように。

具体的なメカニズムを述べるまでは、たとえが役立つだろう。ペイリーの真鍮の懐中時計の大きさを倍にするには、表面のガラスから真鍮の歯車に至るまで、事実上すべての部品をつくり直さなければならないだろう。もし動物の成長にそんなプロセスが含まれるとしたら、それは不可能に近い。生き物の部品はそんなものではなく、レゴのブロックに似ている。生物の体は全体も部分構造も、共通の部品を新たに組み合わせたり量を変えたりして再利用することによって、大きさや形を変えられる。ブロックは変わらないが並べ方が変わるのだ。それらの間の連係はたやすくつくられ、また壊される。

表現型の不変の面を考えるのと併せて、進化では細胞レベルや分子レベルでいったい何が変わるのかを私たちは問うてきた。変わるのは保存されたコア・プロセスではない。遺伝可能な変化のおもな標的は調節を担う要素だ。それらはタンパク質やＲＮＡやＤＮＡに含まれている小さな部分であり、いろいろなプロセスがはたらく時期や状況や程度を決めることに関わっている。これらはプロセスの連係や活性の制御に携わることが多い。表現型は形態的、生理的レベルで大きく表に現れるが、変化の実際の場所はこれらの形態や生理を生み出す細胞のプロセスにある。偉大な集団遺伝学者スウォール・ライトはきわめてはっきりと述べている。「以前の著者たちは、……たとえばすべての骨の微細構造といった……細部の進化を説明する必要性にとらわれて、自信を失うことが多かった。構造は決してそのように遺伝するのではない。ある特定の状況下で、ある種の構造をつくらせる細胞の適応的な挙動の型が遺伝するにすぎない」[14]。異なる状況に対する細胞の適応的な応答の観点から形態や生理の説明が可能になる時が来ることを、一九三一年の時点でライトが予測できたのは注目に価する。そのような適応能力が、細胞の保存されたコア・プロセスの大部分に組み込まれていることを示そうと思う。

なぜ生物は進化を促進するようにつくられているのだろう？　そのためには何が関わっているのだろう？　いくつかの答えがあるが、生物はつねに変化しつづけて変化に応答しているというのが最も有力だ。生物は一生の間に時期に応じて生理状態や行動を変える。高温や低温に耐え、得られる食物や水の変動に適応し、捕食者に対する応答を変えるメカニズムをもつ。適応能力には危機的な状況でアドレナリンが分泌される闘争－逃走反応のように、短時間だけ作用するものもある。すぐに動けるように心拍数や血管系や神経系に急激な変化が起きる。生物は危険が迫ると、安全なときとは非常に異なった生理状態になる。また、高地への順化といった長期間作用する適応もあれば、運動や物理的負荷の繰り返しに応答する筋肉や骨の成長のように、さらに長期のものもある。環境の変化に対する生理的な適応能力は、生物の生存に役立つ。

その上、胚発生の際に内部環境の変化に対してみられる適応は恐らくさらに徹底している。この発生に伴う適応のほとんどは、ある細胞集団が他の細胞集団からのシグナルに応答するという形で内部で指示されるので、目には触れない。しかし発生が外界に適応する例もある。生理的あるいは発生の際の適応は、進化的適応とは作用の仕方が異なるが、細胞レベルでは同じ制御メカニズムを使うことが多い。したがって進化的変化へ通じる道は生理的な適応によって地ならしができている。表現型の変異とそれにともなう進化は、生物が環境に適応できるようにとはるか昔につくられた生理的・発生的プロセスの単純な微調整によって促進されるのだ。

第二章　保存された細胞、多様な生物

二〇世紀初期にJ・B・S・ホールデンおよびR・A・フィッシャーとともに集団遺伝学を確立したスウォール・ライトは、進化において形態の変化が生じる裏には、彼が名付けた**細胞の適応的な挙動**の変化があると主張した。そうすることによって彼は複雑な生物の進化を想像する難しさを多少とも解消した。それでも彼の主張は次の明白な疑問を避けている。「細胞の適応的な挙動」とは何か？　現在では、細胞は保存されたコア・プロセスも含めて何百もの挙動や機能をもつことが知られている。進化で重要な変化が起きるとすると、まったく新しい挙動が発達するのだろうか、それとも細胞はすでにもっている能力を別の方法で用いるのだろうか？

進化をライトの視点で理解するために、細胞の挙動に起きた歴史的な変化を知り、これらの変化が形態の大規模な変化（進化の歴史を叙述するためにはいつもこの言葉が使われてきた）に至る道筋をたどりたい。しかし化石の記録からは細胞の挙動の変化に関する情報は得られない。現存する生物を調べ比較することによってしか得られないのだ。もし進化における細胞のそれぞれの変化がそれぞれ特異な様式で起こってから、その生物の生命活動のすべてのプロセスに行き渡っているということならば、細胞の適応的な挙動の進化という視点から生命の歴史を説明可能なかたちで組み立てることは難しくなる。その場合、細胞レベルの変化は無秩序で混沌としたものになるだろう。進化の道筋で起きた変化はどれも、細胞の膨大な応答プログラムの独立の特殊な揺らぎということになる。

しかし細胞の主要な挙動の組み合わせは、多いとはいえ限られた数しかなく、ある一定の範囲内で合理的なやり方で変化するとわかったので、越えられそうもないように思われた問題が実は取り扱えるのだとわかってきた。新規性は、既存の細胞挙動の新たな組み合わせや新たな範囲への展開から生まれることが普通で、それらの徹底的な変更や、まったく新たなものの創出によって生まれるのではない。細胞挙動の創出による真の新規性が生じることは稀である。いったんそのような新規性が生じると、多くの系統で安定に受け継がれる。このように進化の歴史には、細胞挙動の創出のない長い期間をところどころで区切るように、創出の時期が散在している。しかしこの長い期間の間にも多くのことが起きている。保存された細胞挙動がさらに展開することにより、絶えず新しい表現型を生み出している。

本章では、新たな細胞挙動が創出された数少ない時期をいくつか割り出し、進化の流れの上でのその位置づけを見る。形態のありきたりの変遷を分析するのではなく、進化におけるこれらのコア・プロセスの創出と利用の歴史を物語風に示す。これらの細胞挙動は長期間にわたって安定しているので、これらを筆者らは**保存されたコア・プロセス**と呼ぶ。適応能力はそれらのプロセスに特有の性質の一つである。以下に、生物の形態と生理の進化には、これらの保存されたコア・プロセスの新たな環境中での再利用が関わっているという見解を支持する証拠を示す。再利用されること自体、コア・プロセスが表現型の変異を促進するようにつくられていることを暗示している。

細胞の視点からの進化

形態上の新規性の進化の歴史は、現代の生物と化石から引き出すしか手がない。化石が示してくれる時間と構造の地図にはギャップや不確実な箇所が多いが、過去に創出された形態を記録に留めているのはこれだけだ。分子生物学者たちは、生物の系統関係を確立するために、現生生物のDNA塩基配列から得た膨大な情報と、最近発見された少数の化石記録にもとづく知見を付け加えた。関連する生物種のDNA配列の類似性は、「共通の祖先」からの系統関係を推理するための新しいタイプの証拠となり、家系図によく似たものができる。

現在の動物からは、それらのDNA配列だけでなく、胚発生のプロセスについての重要な比較情報も得られる。この情報は、複雑な形態上の特徴がどのようにして生じたのかを教えてくれる可能性がある。太古の生物種のDNA配列は知りようがないので、現生種からの限られた情報をもとにして過去の遺伝的変化を推論し、系統関係の枝分かれした経路の上に位置づける。犯行現場を捜査し、不完全な情報と見込みによってさまざまな筋書きをつくるのと似ている。しかし犯罪の捜査とは異なり、たった一つのパズルを解けばよく、新たな情報は続々と集積しつづけている。この情報の山によって、矛盾だらけの泥沼に引きずり込まれるかと思いきや、生物の最初の祖先を突き止める系統図の一貫性はしだいに強化されてきた。あいまいさがまだ残っていることを過小評価してはいけないが、この全般的な一貫性には興奮を覚えるし、興奮して当然なのだ。

現生種からの証拠は、形態的な違いが遺伝子の塩基配列の違いと並行していることも示している。たとえばＤＮＡ配列のレベルでも形態的なレベルでも、ヒトは議論の余地なくチンパンジーと非常に近縁であるし、鳥類とはそれより遠縁であり、魚類とはさらに遠縁である。しかし配列の比較からわかるのは、形態的な類縁関係に留まらない。ＤＮＡ配列は生物全般にわたって関連しているので、遠い過去まで系統をたどるのに使える。生物が細菌の系統から出現した大昔にまで、まだ形態的な手がかりなど何もなかった頃にまでも遡れるのである。

現生種の研究から引き出せるもう一つの非常に重要なことがらは、細胞メカニズムの発達である。比較形態学から導かれた歴史的な系統図にＤＮＡ配列を重ねてみる。すると遺伝子の配列から、たとえば代謝の革新がいつ起きたか、新しい感覚様式がいつ生じたか、複雑な免疫系がいつつくられたかなどがわかる。遺伝子の塩基配列が時が経つうちに変化しても、後述のように、遺伝子の異同は配列の特徴だけでもたいてい識別できる。特にコンピューターの高性能のパターン検出プログラムを使えばなおさらだ。すべての哺乳類が、そして哺乳類だけが毛のタンパク質の遺伝子をもち、一方、鳥類は羽毛タンパク質の遺伝子をもつ。軟骨の遺伝子はすべての脊椎動物にある。ＤＮＡを染色体にまとめ上げるタンパク質の遺伝子はすべての動物にあるが、細菌にはない。形態的な特徴には歴史上で特定の出現時期があるように、これらの形態上の特徴の基礎をなす遺伝子にも特定の出現時期があるはずだ。

遺伝子はそれらの現在の機能が完全に出来上がるはるか前に出現していたものが多い。たとえばミルク生産に関わるタンパク質をいくつか考えよう。それらは現在の爬虫類や鳥類にも見出されるので、哺乳類が爬虫類から分岐する前の爬虫類の祖先にすでに存在していたはずだ。恐らく祖先のタンパク質は別の目的をもっていたのだろう。

特定の構造のための遺伝子（毛、軟骨、羽毛、ミルクタンパク質など）は、最初の複雑な細胞や最初の多細胞生物の出現を支えたような、進化上のおもな革新に関わった遺伝子に比べると、重要度は劣る。化石中にはこれらの遺伝子は痕跡も残っていない。しかし、何百万という現存する種のゲノムを互いに比較すると、過去の変化の跡がくっきりと浮かび上がる。この事実は、進化生物学では分子進化が注目を浴びるまでは仮説としての興味しか惹かなかった。ゲノム配列情報の巨大な宝庫の出現によって、いまや現存種の遺伝子の塩基配列から絶滅種の祖先分子を復元することが可能になったように思われる。

ＤＮＡの視点からの進化

ＤＮＡの塩基配列の比較により、生物間の関係についての客観性の高い情報がどっと押し寄せた。それらは比較形態学や化石の記録から得られた系統の分岐パターンとほぼ一致している。新しい方法にありがちなように、限られたデータの外挿によって重大な間違いも起こりうるが、データ自体は明瞭で簡単に検証できる。細菌から菌類、動物、植物に至るすべての生物は遺伝物質としてＤＮＡをもち、四種類の核酸塩基、Ａ、Ｔ、Ｇ、Ｃの並ぶ順序がそれぞれ異なっている。ある配列から別の配列が進化するのに最低で何段階が必要かを見積もるために、コンピューターによる方法が利用できる。

これらの方法によって系統樹とよばれる家系図をつくることができ、この図から菌類と動物のように完全に別物に見える生物を関係づけることができる。この方法が使えるのは、一部のDNA塩基配列が同一ではないものの、非常によく似ているからだ。たとえば二種類の生物に共通した遺伝子の塩基配列を比べるとき、もし遺伝子中の一〇〇〇個の塩基のうち九〇〇個が同一であるとすれば、それらを関連づけるのに類似性は十分であり、区別するのにも違いは十分である。（二度目の変異の結果、見かけ上同一になったものもあることを考慮しなければならない。AがGに変わり、後にGがAに戻るとすると、分析上はまったく変化がなかったものと勘定される。）菌類である醸造酵母でさえ、ヒトの遺伝子配列に似た配列をもっている。

これらの遺伝子はある生物から別の生物へ最近移動したのではなく、同一の領域が何十億年もの間保存されてきたのだということは議論の余地がない。一般的に、二種類の生物の間で配列の差が大きいほど、最終的な共通の祖先は昔に遡る。このようにして現代の生物種すべてを含む「生命の樹」を描くことができる。すべてが、恐らくは三〇億年前に存在したと思われる共通の祖先から由来した子孫なのだ。このような塩基配列にもとづいた樹は、その塩基配列がどんなタンパク質をつくるのか、あるいはどんな機能が保存されているのかを知らなくても描くことができる。生物はそんなことに関わりなく、共通の祖先を介して系統樹によって関連づけられる。

DNA配列からの系統分岐の道筋の復元は、『カンタベリー物語』の失われたオリジナル原稿を復元することを考えればたやすく理解できるだろう。この物語はチョーサーの生存中（一三四三年頃―一四〇〇年）には出版されず、一五世紀に写本が重ねられるうちに変更や間違いが次々と蓄積して行ったに違いない。研究者たちは写本の系統を再構築するのにDNAの比較の手法を使った。

英語のアルファベットはDNAの四文字のアルファベットとは異なるが、原理は同じだ。綴りや語順の間違いは増えていくのが常だ。同様に、物語の順序は形の上でゲノム内の遺伝子の順序に対応する。いったん遺伝子の順序が変わると、そっくり元に戻ることはありそうにない。結果は、少数の原本が後の本の元になったこと、つまり数本の根をもつ樹になることを示している。最初の原稿は互いに異なっていたらしいことから、チョーサーが恐らく数種類の原稿を書き、それらを手にした数人の人たちがまちまちに編集したことが窺える(1)。

ボッカチオの『デカメロン』(ほぼ同時期にあたる一三五〇年頃に書かれた一〇〇話の短編の集大成)を同様に分析すると、ボッカチオは完成した原稿を配布したことがわかる。『デカメロン』は『カンタベリー物語』とは異なり、生物の系統樹のように一本の根と多くの枝をもつ。

文学であろうとゲノム学(遺伝子配列の研究)の分野であろうと、おおもとをたどって遡っても、変更のきっかけについてはほとんどわからない。一部はまったく偶然なのか? 一部は中立で意味が変化しない単なる別の綴りの言葉なのか? 筆写した人が原稿をよくしようと考えてわざと変えたものもあるのか? 後者は選択の一形式に当たるだろう。『カンタベリー物語』の中の言葉は意味がわかるので、どれが偶然でどれが意図的なのか、根拠のある推測ができる。

ことがゲノム中のA、T、G、Cの変化となると、意味のない変化と意味のある変化の区別は、少なくともいまのところは簡単にはできない。単語すなわちDNA塩基の配列は、それらが使われる場面でなければほとんど意味がない。DNAの配列の大部分は現在のところはたらきがわかっていないし、一部は間違いなく何の役にも立っていない。しかし意味がわからないでも系統関係をたどることができる。まだ私たちにできないことは、配列の変化が生物やその表現型に及ぼす結果の解釈である。

（ヒトと細菌のように）遠縁の生物でも、その多くの生化学的経路でおこなわれる化学的変換はほとんど同一である。また、生物が異なってもこれらの経路中で機能をもつ構成要素、つまり酵素は、アミノ酸配列が似ている。迅速なＤＮＡ配列分析が可能になって、分子生物学者たちはほとんど普遍的なパターンがあることに気付きはじめた。類似の機能は、ＤＮＡ塩基配列の似通った遺伝子からつくられるタンパク質、つまりアミノ酸配列のよく似たタンパク質がつかさどるのだ。機能が似ているとＤＮＡ配列も似ているというこの関係は、遠縁の生物にも通用する。したがってこれらの経路は、大昔の祖先で働いていたものがほとんどそのまま保存されているのだ。

そうでなくてもよかったはずだ。機能は保存されているが、構成要素は変化している、あるいはその逆でもよいはずだ。しかしそうはならず、タンパク質の構造と機能はコア・プロセスでは共に保存されていた。このように進化の道筋は異なる環境下で展開してきたかもしれないが、生化学的経路自体はしばしば反応回路の道筋や反応にかかわる要素の組成に至るまで保存されている。

配列の類似は**収斂**によって生じうるだろうか、すなわち別々の配列が変異と選択によって同一の配列に近づきうるだろうか？　ＤＮＡの配列中の何百あるいは何千にも及ぶ箇所が一致しなければならないので、その可能性は統計学的にはほとんどありそうにない。収斂は生物間の類縁関係を調べる場合の鬼門だ。形態的な特徴には収斂が起きている明白な例がある。北半球のありふれたモグラは有胎盤類、オーストラリアのモグラは有袋類だが、両者は似ている。いずれも穴掘りと地中生活に適応するための類似した形態を進化させてきたが、出発点は別々だ。

時として収斂はもっと捉え難く、実際には並行進化であることもある。コウモリの翼と鳥の翼は形態的な違いが大きいので、コウモリの翼が鳥の翼から直接改変されたのではないことは疑いがない。しかし両者は原型的な脊椎動物の前肢を改変したものである。したがって機能的な収斂だが、祖先が前肢をつくっていたプロセスからの分岐でもある。

遺伝子の塩基配列の比較によって、広範囲に分散した系統全体にわたる収斂の問題さえ解決されてきている。遺伝子は共通の祖先から保存されて伝わったものであれば似ているが、別々の祖先から収斂したものであれば似ていないはずである。分子生物学者たちが細菌のさまざまな機能のための遺伝子を調べたところ、細菌とは形態も生理も挙動も天と地ほどにも異なるヒトで、それらの遺伝子の半分以上が非常によく保存されていることがわかった。どういうことだろうか？　これらの保存された部分は変化していないのだから、形態的・生理的進化とは無関係なのだろうか？　だとすると進化の間に、ゲノムのどの部分が変わって、何が形態や生理の変化の原因となったのだろう？

遺伝子から見た生物の歴史

化石の示す年代記には、形態上の漸進的な刷新とギャップの両方が記録されている。ギャップは急速な変化とも、記録の欠如とも受け取れる。はっきりわからないのは、分子や細胞の変化が急速に起きたのか徐々に起きたのか、一足飛びに起きたのか小刻みに起きたのかだ。この進化の歩幅はダーウィン以来の疑問で、彼は進化は小刻みに進み、選択条件によって徐々に形づくられたと考えていた。一九七二年にナイルズ・エルドリッジとスティーヴン・J・グールドは、化石記録中の生物の形態変化の速度の不均一性を記すのに「断続平衡」という用語を導入した。彼らは、長い静止期間が爆発的な革新によって時々中断されると考えた。[2] 筆者らは彼らの示唆に富む用語を踏襲しようと思う。この用語は分子レベルと細胞レベルで語るときに最も重要で説得力があることを示したい。

細胞の革新の歴史は、保存と多様化の物語からなる。コア・プロセスは稀に進化の歴史のところどころで導入され（中断期）、その後は現在に至るまであまり変化がない（平衡状態または静止期）。エルドリッジとグールドの断続平衡の考えに反して、コア・プロセスの平衡静止期にも動物界における形態的・生理的な表現型変異は平衡静止状態にはなく、変異は衰えを見せずに続いている。本書の理論は、いったんあるレベルに一群の革新が生じたらそれはそれ以後変化せず永久に維持されると見る点で、断続平衡理論を上回るビッグバンである。

ここから本章の終わりまでは、進化の一風変わった歴史を展開する。さまざまな形態の出現の歴史ではなく、「細胞の適応的な挙動」の出現とその維持の歴史だ。進化を生物の保存と多様化の両面から述べると、違いだけを拠りどころとする標準的な進化の考えとはまったく異なった印象を受ける。DNAを分析すると、過去三〇億年間のおもな革新が突き止められる。細胞秩序の革新と維持というこの発達の歴史を、地質学上の出来事と並べて図5に示す。植物、原生生物、珍しい微生物などに至るさまざまな系統があるが、ここでは自らの種へのえこひいきから、主としてヒトへの進路をたどることにしたい。

以下の歴史は、すべての生物で保存と多様化が混在していることを示している。保存されるのは選択された性質であって、単に変化する時間がなくて残った性質ではない。進化のペースが着実なところを見ると、保存は多様化を妨げないようだ。形態と生理の急速な変化と分岐にもかかわらずコア・プロセスが平衡静止状態にあるという観察事実については、さらに解説をする必要がある。

段階一——新たな化学反応

三〇億年以上前のあるとき、現生のすべての生物の祖先が生まれた。恐らく細菌に似た生物だっただろう。三〇億年前の岩石中に、長さ五〜一〇マイクロメートルの細菌に似た形の微化石が発見されている。多分これらはその祖先に近縁のものだろう。この祖先はどんな特性をもっていたのだろう？　ヒト、菌類、植物、細菌などの現代の生物には化学構造、化学変換の多くが普遍的に共有されているので、祖先は今日共有されている性質のすべてをもっていたに違いない。(3)

最初の生命の遺伝形式がRNAにもとづいていたのか、DNAにもとづいていたのかはわからないし、じつはタンパク質の進化と遺伝はどちらが先行したのかもわかっていない。現在のすべての生命体は、タンパク質の配列情報の安定な貯蔵庫としてDNAをもち、DNA配列の仲介役としてRNAを使っているので、およそ三〇億年前にDNA、RNA、二〇種類のアミノ酸の遺伝暗号、リボソーム（RNAの指令でタンパク質をつくる工場）を備えた細菌のような生物が存在したと断定できる。DNA複製、RNAへの転写、タンパク質への翻訳の基本的なプロセスはすでに確立されていた。この生物は不透過性の二層の脂質の膜（脂質二重層）に囲まれた、自己複製細胞でもあったに違いない。二〇種類のアミノ酸や細胞膜の脂質やDNA塩基など、細胞のおもな成分を合成する数百種類の酵素をもっていたはずだ。その当時から、糖類の分解にもとづくエネルギー代謝や、後にビタミンと呼ばれるようになった補助因子の合成も確立されていたに違いない。もちろんこの生物は子孫すべてが共有してはいないほかの特徴ももっていたことだろう。

これらの初期の生物の食物やエネルギー源は変わっていて、海底の熱水口周辺の極端な環境にすむ現在の細菌のいくつかの仲間が利用するものに似ていただろう。炭素や硫黄は生物体の既成の構成成分や空気中の二酸化炭素としてではなく、このような熱水口からの二酸化炭素や硫化水素としてしか得られなかっただろう。恐らく酸素分子は存在しなかった。エネルギー源の一部が現在の細菌のものとは異なっていたとしても、彼らはすでに非常に複雑な構成だったと思われる。細胞の六〇種類ほどの構成要素をつくる生合成経路のほとんどは、すべての生物に現在存在する経路と同一だっただろう。

これらの普遍的なプロセスは、現代の生化学や分子生物学のコースで扱うテーマだ。これらのプロセスの化学反応は少なくとも三〇億年前にはできあがり、その構成要素やそれらの機能は現在まで変わらずに維持され、この祖先のすべての子孫に伝えられた。保存のレベルは驚くばかりだ。何十億年の進化の後でも、大腸菌のもつ多くの代謝酵素はそれと相同なヒトの酵素のアミノ酸配列と五〇％以上が一致している。たとえば大腸菌から得られる五四八種類の代謝酵素のうち、半分はすべての現存の生物が共有しており、細菌に固有なのはたった一三％だけだ。

類似しているのは構造だけでなく機能もそうだ。最近の組み換えＤＮＡ技術を使って、細菌とマウスといった非常に遠縁の生物間で遺伝子を交換できる。しかも交換した遺伝子は機能を果たすことが多い。これらの一連の反応を、保存された生化学的・分子生物学的プロセス、すなわち現存生

コア・プロセスの保存

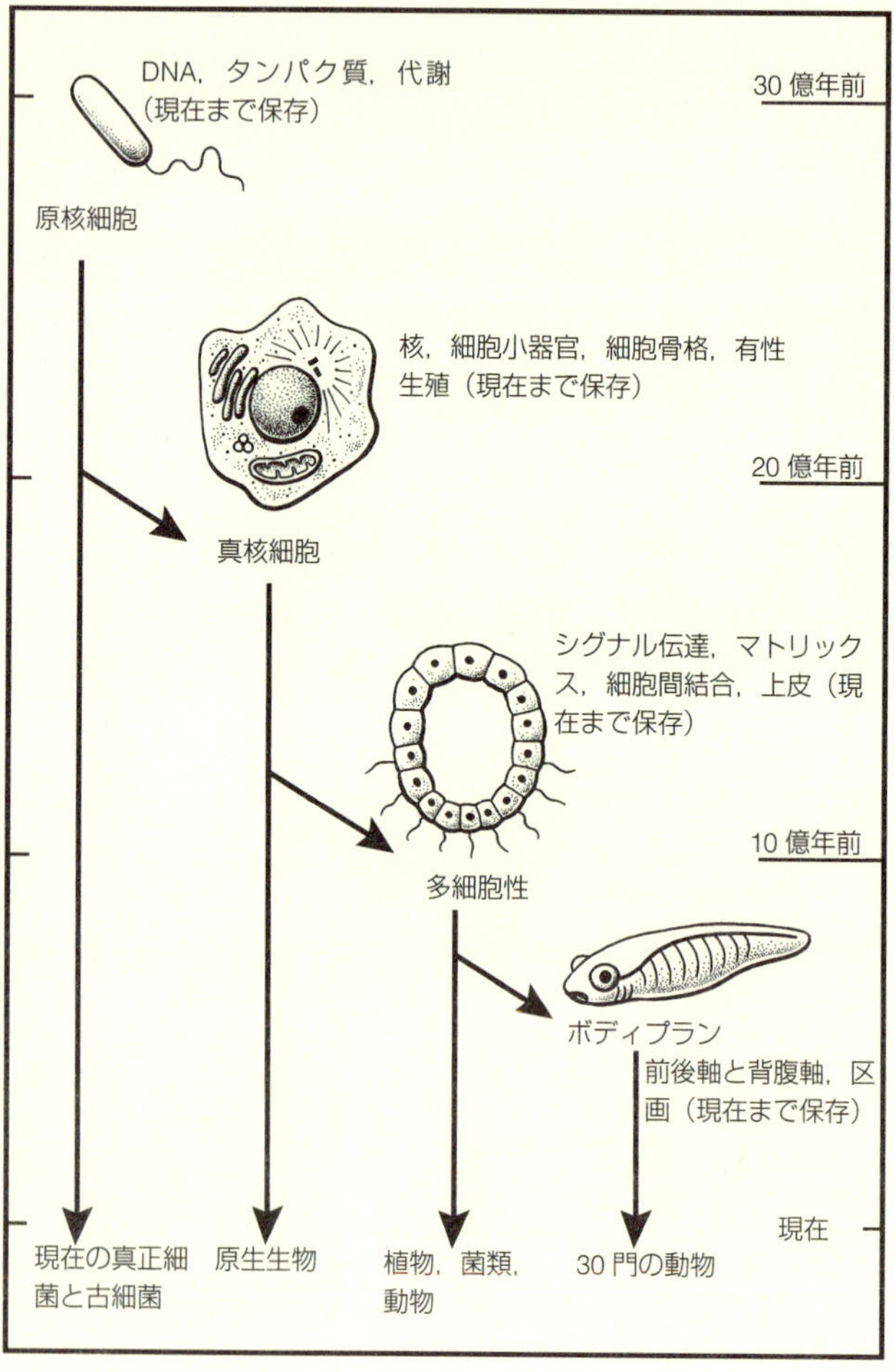
DNA，タンパク質，代謝（現在まで保存）
30 億年前
原核細胞
核，細胞小器官，細胞骨格，有性生殖（現在まで保存）
20 億年前
真核細胞
シグナル伝達，マトリックス，細胞間結合，上皮（現在まで保存）
10 億年前
多細胞性
ボディプラン
前後軸と背腹軸，区画（現在まで保存）
現在
現在の真正細菌と古細菌
原生生物
植物，菌類，動物
30 門の動物

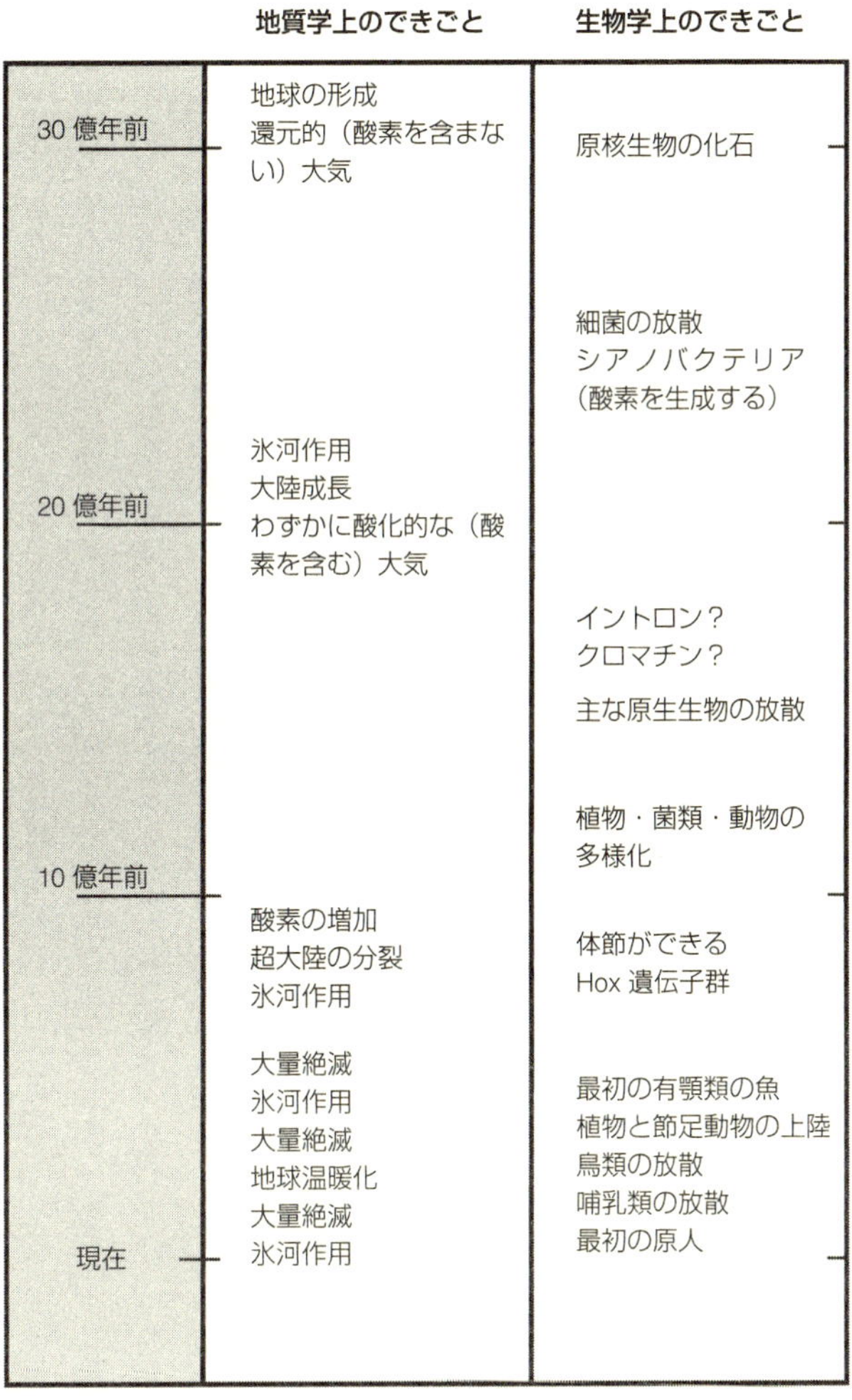

	地質学上のできごと	生物学上のできごと
30億年前	地球の形成 還元的（酸素を含まない）大気	原核生物の化石
		細菌の放散 シアノバクテリア（酸素を生成する）
20億年前	氷河作用 大陸成長 わずかに酸化的な（酸素を含む）大気	
		イントロン？ クロマチン？ 主な原生生物の放散
10億年前		植物・菌類・動物の多様化
	酸素の増加 超大陸の分裂 氷河作用	体節ができる Hox遺伝子群
現在	大量絶滅 氷河作用 大量絶滅 地球温暖化 大量絶滅 氷河作用	最初の有顎類の魚 植物と節足動物の上陸 鳥類の放散 哺乳類の放散 最初の原人

図5　地質，生物，細胞の革新と保存の年表．生物の進化を動物を例にとって示し，形態と生理の多様化だけでなく，構成分子やその機能（いわゆるコア・プロセス）の革新や保存も記す．

物の「保存されたコア・プロセス」の最初のセットと呼ぶことにする。生合成とエネルギー生産のたぐいの化学反応、そしてゲノムから情報を取り出す仕組みは、生命の進化上の主要な革新の第一段階で出来上がった。いったんこれらのプロセスが確立されると、このコア・プロセスには現在まで続く三〇億年の平衡静止状態が訪れた。その後あらゆる複雑な生命が生じてきたことからみて、この生化学的な平衡状態は新たな表現型の出現を妨げることにはならなかった。

この初期の細胞の祖先より前に、どんなものがあったのかを語る証拠はまったくない。これより単純なウイルスのような生物は自由生活をせず、もっと複雑な生物に寄生するので、最初の細菌のような生物がどのように生じたのか、情報を与えてくれない。祖先の性質を保持しているもっと原始的な生物を探そうと、地球上の極端な環境（温泉、熱水口）にすむ生命体を意欲的に探査している生物学者もいる。今日まで、これより初期の段階の進化の手がかりはまだ何も見つかっていない。

生命が地球外からやって来たという可能性もある。DNA構造の共同発見者であるフランシス・クリックは、生命は胞子あるいは細菌としてやってきて、地球の大気圏突入や地表との衝突に耐えて生き延びたものだと提唱した。(4) 火星のような惑星や、木星の衛星ユーロパや土星の衛星タイタンのような衛星を探査する計画もある。これらは私たちが地球上で知っているような生命を育む可能性のある場所だ。細菌様の生命体より前の進化については何もかもまったく推量にすぎないので、細菌様の祖先と、その生化学的・分子生物学的コア・プロセスの複雑な集大成から物語を始めることにする。

段階二――細胞の構成と調節

全生物界の祖先は、三〇億年前に二つの主要な細菌様生物の系統に分かれたと考えられている。一方の系統は現在の真正細菌となり、他方は古細菌となった。真正細菌は私たちが習慣的に細菌と呼んでいる、顕微鏡でなければ見えない単細胞の一大グループをなしている。これには結核、梅毒、ペスト、炭疽を引き起こす病原菌とともに多くの非病原性細菌が含まれる。彼らは地球上のあらゆる環境中にすみ、化学物質の合成や分解の能力はきわめて多彩で融通がきく。古細菌からは真核生物そしてついにはヒトさえもが生じたので、この細菌は特に興味深い。今日では古細菌はほとんどが普通とはかけ離れた環境に生息している。メタンをつくりだす大きなグループ、塩分の濃い環境にすむグループ、温泉中やその近くの硫黄堆積物中や海底の熱水口周辺にすむグループなどがある。

DNA配列決定が可能になる前は、長年これら二つの主要なグループは見かけからは区別できず、これらがどれほど異なるかが正しく認識されていなかった。現代のこれらの細菌グループの共通性は、すべての生命の祖先となった細胞の構成について教えてくれる。単細胞でごく小さく（現在の最小の細胞は直径が一～五マイクロメートル）、DNAは核内に囲い込まれずに細胞質に存在していたに違いない。この細胞構成は現在のすべての細菌に共有されている。図6に示すようにこれらの生命体はどれにも境界の明確な細胞核がないので、**原核生物**と呼ばれる。[5]

真正細菌の中にはシアノバクテリア（藍藻という紛らわしい名前で呼ばれたこともある）がある。これらは酸素を生産する光合成を進化させ、それによって酸素の豊富な地球の大気が水を原料としてゆっくりと形成されていった。そのはたらきのおかげで、二〇億年前までには大気中の酸素は恐らく数%にまで増加した（現在は二一%）[6]。大体その頃に二段階目の革新が起きた。古細菌の系統が二つに分かれ、一方は現在の古細菌に、他方は**真核生物**（核をもつ生物）となった。現在ではこの真核生物には、単細胞の種々の原生生物（以前は原生動物と呼ばれていたもので、たとえばアメーバやゾウリムシが属している）と、多細胞の植物・動物・菌類の大きな界が含まれる。

真核細胞は原核細胞とは大いに異なり、一五億年から二〇億年前に最初の単細胞の真核生物が出現したときには、桁外れの革新が伴った。これらの革新は図6に示すような、それまでよりも複雑な細胞構成に関するものがほとんどである。現在の真核細胞は、酵母（菌類）、原生生物、植物、動物のように異なる生物のものであっても、その構成はよく似ている。したがって共通の祖先は、すべての子孫が現在共有している広範な形質のすべてを進化させたのだということが結論できる。最初の真核細胞の誕生は、すばらしい不朽の業績となった。ヒトの遺伝子と原始的な生物の遺伝子が似ているため、これらの単純な生物は薬品開発のための実験生物として活用でき、そのおかげでヒトへの投与が迅速にできる。

真核細胞の「発明」には一揃いの特徴が関わっている。最も印象的な特徴は、大きさと複雑さだ。容量は細菌細胞のような原核細胞より一〇〇倍から一〇〇〇倍も大きく、内部にはたくさんの膜があって、特定の機能を果たすように専門化した小さな区画すなわち「細胞小器官」を囲い込んでいる。ＤＮＡは核と呼ばれるそのような一つの小器官内に存在し、すべてのＲＮＡはその中でＤＮＡから転写される。細胞の容量のそのような分割・専門化は、小さな原核細胞系では制限される。真核細胞は原核細胞よりも多量のＤＮＡをもつ。たとえば腸内細菌である大腸菌の遺伝子は四三〇〇

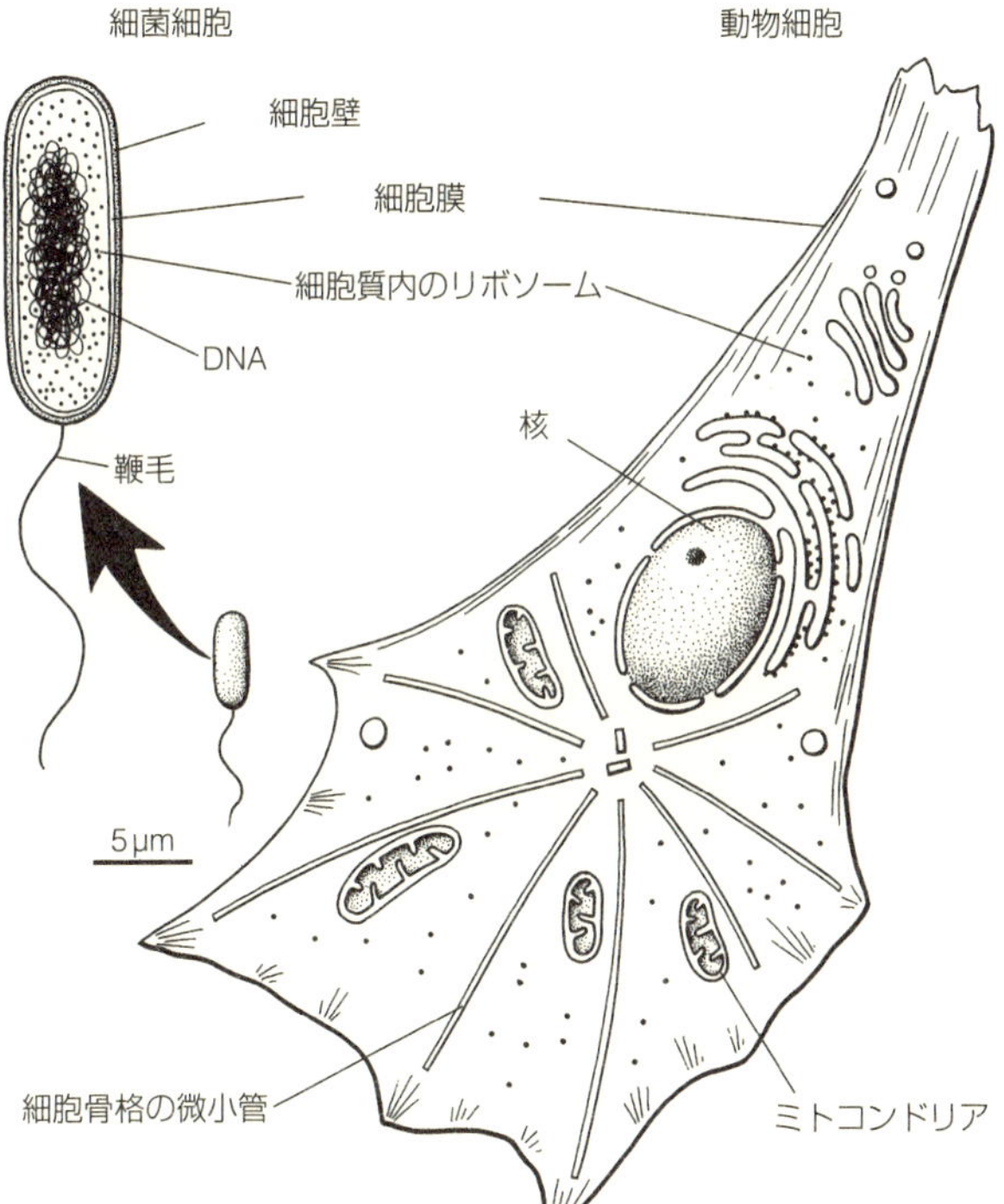

図6　原核細胞と真核細胞．左：原核細胞．恐らく30億年前に初めて現れた．現在の細菌は原核細胞としての構成をもつ．細胞内に区画がないことに注目．右：真核細胞．おそらく20億年前に初めて現れた．細胞の大きさ，核などの細胞内区画，細胞骨格に注目．

しかないが、酵母では六三〇〇、ヒトではおよそ二万二五〇〇である。ＲＮＡに転写されない「がらくたＤＮＡ」（よくわからないものを表すときの危険な言葉）といわれることもあるＤＮＡの量も、やはり真核生物でははるかに多い。したがって遺伝子の数に対するゲノムの大きさの比は、複雑な動物では細菌よりも一〇〇倍も大きい。

食物を得るには、細菌は形を維持する堅い壁に囲まれているために周囲に消化酵素を分泌するのに対し、真核細胞は大きな食物粒子を取り込む能力を発達させた。壁をもたない真核生物の細胞の形は、内部に張り巡らされた**細胞骨格**によって保たれるが、この細胞骨格は絶えず変化し、いろいろな形を取ることができる。また、ナトリウムのような小さなイオンを汲み出すことによって、浸透圧のために細胞が破裂するのを防いでいる。真核細胞は、食物粒子を取り込む際には膜でできた小胞に囲い込み、細胞質の中を輸送する。これらの小胞区画は細胞内で特殊な使われ方をし、消化酵素を含む別の小胞区画と融合する。さまざまな生物が区画の数・性質・大きさ・機能などを変化させてきたが、それらをつくりあげ、それらの間で物質を移動させる基本的な方法は、二〇億年近く前の最初の真核生物の系統で進化したのに違いない。

すべての真核細胞の非常に重要な保存された特徴は、有性生殖である。細菌は遺伝情報をめったに交換しないが、ほとんどの真核生物は有性生殖によって頻繁に情報を交換する。系統によっては、これは毎回の生活環に必要なプロセスである。しかし有性生殖は絶対に必要なわけではない。いろいろな真核生物は無性生殖で二つに分裂して増殖することも、有性生殖で増殖することもできる。有性生殖の場合は、二つの細胞が減数分裂で染色体の量を半分に減らした後に融合して染色体の量を回復し、それから分裂する。多細胞生物では、融合する二つの細胞が卵と精子のように非常に異なるものもあるが、ほとんどの単細胞真核生物ではそれらは類似している。有性生殖の基本設計はすべての真核生物で同一であるから、これは単細胞の祖先の時代に進化してきたはずだ。

真核細胞の祖先では複雑さと構成の面で幅広い革新が起きている。細胞内の多くの構成成分や反応系が混じり合わないような**区画化**、空間的な組織化、細胞内で起きる反応の時期と場所の調節がはるかに進み、また細胞周期の各相が時間的により厳密に区分されるようになった。これらの特徴は後に、複雑な多細胞生物で大いに活用されることになった。

真核細胞の構成は（これが多細胞生物への道を開いたことを考えに入れないとしても）、素晴らしい発展をもたらした。この一五億年間に、単細胞生物である原生生物に信じがたい多様性を生み出したのだ。それでも初期の真核細胞は代謝の点ではかなり単純で、餌にする細菌からほとんどの材料をでき合いの形で得ていたのだろう。革新は保存され、現在のすべての真核生物に変化を受けずに受け継がれた。このような真核生物に共通の性質は、大学のメンデル遺伝学や細胞生物学のコースの一部として講義されている。これらは保存された遺伝的・細胞生物的プロセスであり、ヒトを含む現存の真核生物の保存されたコア・プロセスの第二セットをなしている。

段階三――多細胞性

一二億年前までには、単細胞真核生物は膨大な種類に多様化し、そのうちの一つが多細胞性を獲得するという変化をした。その未知の祖先からすべての多細胞真核生物、すなわち植物・動物・菌類の界が進化して来た。植物となったのは、シアノバクテリアを取り込んで一足飛びに光合成能力を手に入れた系統だ。菌類となったのは、丈夫な壁をもった祖先細胞が細菌に匹敵するような多様な代謝能力を手に入れ、生きたもの死んだものを問わず他の生物からの既成の食糧に頼って生きるようになった系統だ（菌類の分解能力は驚異的だ。たとえばＰＣＢのような合成化学物質を食べて生きられるものもある）。三番目の系統では、さまざまな既成のアミノ酸やビタミンを得るために細胞を丸ごと食べることが必要だったので、祖先細胞は堅い壁を脱ぎ捨て、複雑な食性を維持した。これは動物（後生動物）に進化した。多細胞系統はどれも多彩で、菌類のみでも一〇万種以上が知られている。

動物の系統が多細胞となった初めの頃、この祖先は体を構成する細胞が集団生活向きになるような多くの新しい性質を獲得した。細胞どうしを接着するタンパク質を進化させたのもその例だ。上皮の集合、すなわち図７に示すような細胞でできた閉じた膜や球の出現は重要なできごとだった。上皮細胞は複雑な結合装置によってきわめてしっかりと密着するので、実質的には何もその間を通れない。このようにして細胞自体のポンプとチャネルが球の内部環境の塩の組成を制御し、外部に比べて快適に保っている。後生動物は上皮が定着する場所として（細胞外マトリックスとよばれる）分泌マトリックスも発達させ、またこれらの細胞をマトリックスに結合させる特殊なタンパク質も進化させてきた。マトリックスは上皮をさらに丈夫にする。このマトリックスの一成分はコラーゲンであり、最も初期の動物から保存されており、カイメンからヒトに至るまで同一構造をしている。

上皮をもつ多細胞生物が内部の流体環境を制御できるようになったおかげで、動物細胞ではシグナルの分泌と受容による細胞間の情報伝達が促進された。情報伝達はもちろん単細胞の真核生物や原核生物でもおこなわれるが、後生動物ほどの規模ではない。多細胞藻類や粘菌類やきのこなどの

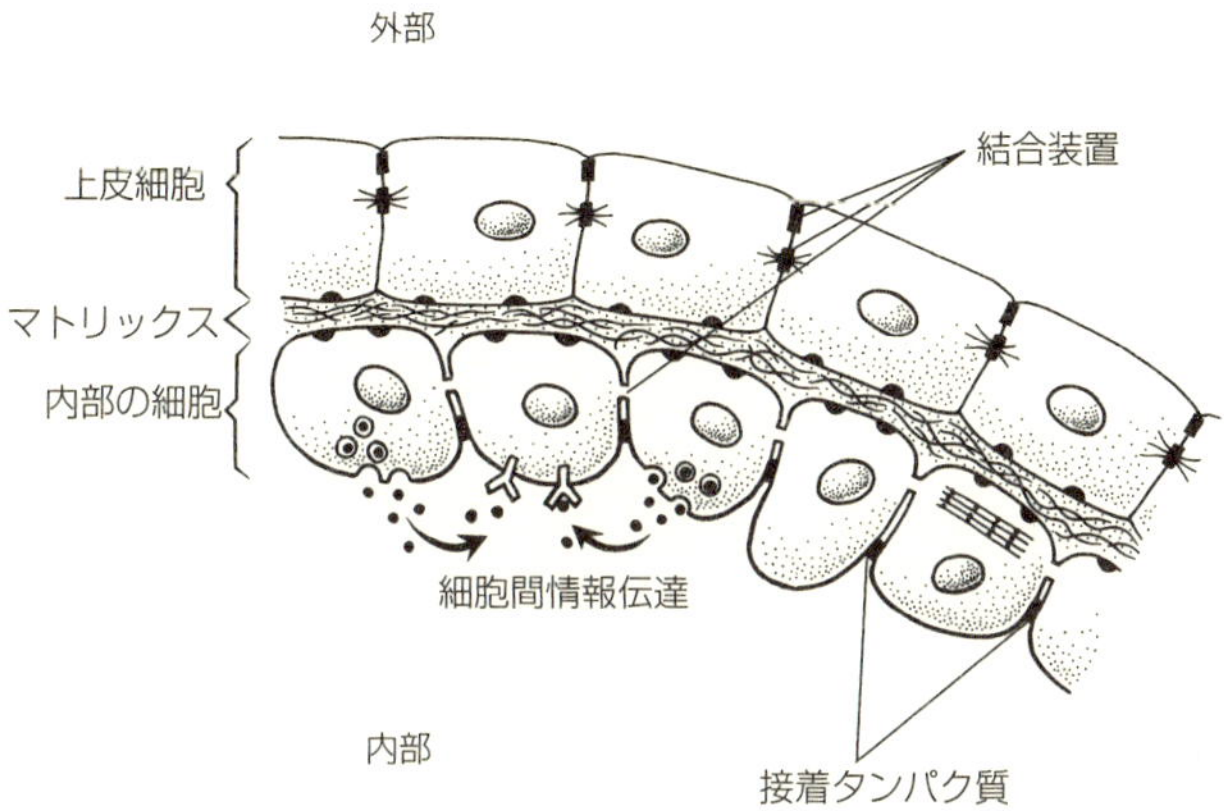

図7　多細胞化にともなう革新．最も初期の多細胞真核生物はおそらく10億年前に出現したのだろう．彼らは細胞間情報伝達，細胞間結合，細胞分化の革新的な仕組みをもっていた．

他の真核生物は、細胞間結合装置がないにもかかわらず、十分な細胞間情報伝達をおこなって、きのこの子実体のような多細胞構造をつくりあげる。たとえば植物は、ＲＮＡ分子のように巨大なシグナル分子でさえ通す大きなチャネルを細胞間にもつ。しかし後生動物体内の制御された環境が、シグナルと受容体の非常に発達した組み合わせをつくりあげるための状況をお膳立てしたにちがいなく、実際に動物は多種類の細胞間情報伝達を進化させてきた。

これらの新たな多細胞動物は、有性生殖方式を維持していた。この方式は生活環を回るたびに単細胞の状態、つまり受精卵に戻らねばならず、卵から発生して多細胞状態を回復する。精巧な発生は多細胞生物に特有の現象である。細胞はたとえば筋細胞の収縮といった、種々さまざまな分化した機能を獲得した。しかし収縮性は、まったく何もないところから現れた新発明ではなかった。必要なすべての成分やプロセスは、すでに祖先の真核単細胞で使われていた。たとえば収縮タンパク質や、収縮タンパク質を乗せる構造的な骨格タンパク質や、カルシウムによる反応のトリガー（引き金）システムなどだ。

これらの保存された構成要素は、新たに進化した動物では目立つようにはなったが、多量につくられ、高い収縮効率をもつように再構成されたのはこの一種類の専門化した細胞だけだ。同様に、分化した消化細胞の消化活性は新発明ではなく、祖先の真核単細胞の消化能力を強化し再構成したにすぎない。高度に専門化された神経細胞は、単細胞の機能の特性を新たな伝達系の中へ組み入れたものだ。

分化細胞の進化は、古くから使われていた構成要素の配置換えや増量などの調節の結果、なしとげられた。いったん進化すると、これらの細胞タイプの多くは、クラゲからヒトに至る後生動物の進化を通して保存された。

発生プロセスの進化に伴って、動物の普遍的かつ複雑な生活環ができあがった。後生動物の進化の初期のある時点で、体細胞系列から生殖細胞系列が分離した。生殖系列は遺伝を担えるのに対し、体細胞系列は発生と分化はできるが遺伝は担えない。このような複雑なことがすべて一〇億年前からおよそ六億年前までの時期に成し遂げられた。まだカンブリア紀に入る前のことだ。新たに生じたプロセスとそれを構成する作用成分は、海綿動物、昆虫類、腹足類、哺乳類など、現存するすべての生物に保存されている。門が分かれる前の多細胞動物の祖先が、すでにこれらをもっていたに違いない。これらは保存された多細胞プロセス・発生プロセスであり、動物に保存されたもう一組のコア・プロセスである。これらは遺伝的・細胞生物的コア・プロセスの一〇億年後に生じた。

段階四――ボディプランの起源

六億年前までには、かなり複雑な動物が存在するようになっていたようだ。枝分かれした海綿動物、クラゲのような放射相称動物、そして最初の小さな左右相称動物（ヒトのように左右が鏡像になっているもの）などで、左右相称動物は恐らく芋虫のような形をしていて、海底の泥の中に穴を掘ってすみ、その痕跡は後に化石となった。多くの生物学者は、この芋虫状の祖先は現在の腔腸動物（クラゲなど）や有櫛《ゆうしつ》動物（クシクラゲなど）にいろいろな面でよく似た放射相称の祖先から生じたに違いないと考えている。この芋虫状の動物は、現在のすべての左右相称動物の祖先であるかもしれない(7)。

五億四三〇〇万年前のカンブリア紀にかなり突然、さまざまな、肉眼でも見えるぐらいの大きな構造をした生物が現れた。（特にカナダのバージェス頁岩や中国の澄江《チョンチアン》岩層からの）化石の記録によれば、カンブリア中期までに現在の三〇の門のうち一つを除くすべての門を代表する動物が出揃っていた。たとえば軟体動物（二枚貝や巻貝）、節足動物（昆虫や甲殻類）、環形動物（ミミズやヒル）、棘皮動物（ウニ）、脊索動物が存在した。魚のような脊椎動物さえ見つかっている。肉眼で見える大きさのたくさんの生物が化石としてよく遺されている。たとえば殻や固いクチクラをもつ動物は長さが一センチをはるかに超え、大部分の単細胞原生生物や細菌と比べて巨大である。これらの大きな複雑な生物はすべて芋虫状の祖先から生じたのだろう。

これほど多くの複雑な形態の生物の化石が突然現れたのは、化石になる際の特殊な条件によって二次的につくられた産物か、何かしらの特別な環境条件が大きくて複雑な動物に有利に働いたのか、あるいは細胞レベルの調節制御にブレイクスルーがあったからだろう。またもや新たな細胞機能と多細胞機能のセットがかなり急速に生じ、現在まで保存されたのである。(8)

すべての左右相称動物の祖先となった動物の特徴をここで推論しようと思う。化石からではなく、この祖先から生じた現在の左右相称動物が共有している保存された構造や分子の性質からだ。先カンブリア時代の祖先の化石が見つかれば多くの情報が得られるだろうが、まったく見つかっていない。先カンブリア時代には、およそ六億二〇〇〇万年前と五億八〇〇〇万年前の二回の氷河時代があり、これらが化石の堆積を阻んだのかもしれない。それでも左右相称動物の祖先は、ヒドラやクラゲなどの腔腸動物のように行き止まり（開口部が一つ）の消化管ではなく、通り抜けた消化管（開口部が二つ）をもっていたと推測できる。前端（口のある方）には頭があり、そこには感覚器と神経が集まっていた。体は有櫛動物や腔腸動物のような二層ではなく、三層が同一中心を囲むように編成されていた。現在の腔腸動物のような放射相称動物にはない新たな中間層は、筋肉となった。このように左右相称の祖先は、その前の放射相称の祖先から、すでに形態の面で大きな一歩を踏み出していた。

これらの共通の形態的な特徴は一〇〇年前からわかっていたが、この一五年の比較研究で、発生面での思いも寄らない共通性が明らかになった。ショウジョウバエとマウスほども形態的に異なる動物の胚が、同じような場所で同じような遺伝子を発現する。体のいろいろな場所における分化した部分の発生を地図上に描くことができる。この地図により、均一に見える組織がじつは異なる領域に細分されているという隠れた形態がわかる。すべての左右相称動物がこの地図のおもな特徴を共有しているので、仮説上の芋虫状の左右相称の祖先にもだいたい同じような地図があり、その後に起きた小さな変化以外は現在まで保存されたことになる。

現存の子孫の地図から類推すると、左右相称の祖先の体は、恐らく頭尾の方向には五から一〇の大きなドメインに、背腹の方向にはもう少し多くのドメインに細分され、それぞれ独特の領域が碁盤の目のように並んでいたのだろう。祖先は心臓のようなポンプ器官と（左右相称動物すべてにではないが多くに共通）、前部の光受容細胞と、背側または腹側にまとまった構造をなす複雑な神経系、あるいは（可能性がもっと高いのは）体全体に散在する神経系をもっていたと思われる。すみかとした穴の生痕化石の幅から判断すると、この祖先の太さはわずか一ミリほどだったようだ。

カンブリア中期までに、この祖先から約三〇のさまざまな左右相称動物の門が生じた。それぞれの門は**ボディプラン**——全身の独特の体制——によって区別されるので、これだけの数のボディプランがカンブリア中期までにこの芋虫状の祖先から生じたことになる。三つのおもな門——脊索動物、節足動物、環形動物——のボディプランを図8に示す。これらのプランは保存されて今日まで受け継がれてきた。それ以来、新たなボディプランは、オルドビス紀（四億五〇〇〇万年前）の苔虫《たいちゅう》動物門以外には生じていないようだ。カンブリア紀とその直前の時期は新たなボディプランが続々と現れた時期で、保存されたコア・プロセスの進化の第四段階に当たる。芋虫状の祖先自身も前記の特徴から考えてかなり複雑なボディプランをもっていたようで、三〇の動物門の新たなプランはそれが少々変更されたものである。

ボディプランの革新

左右相称の祖先から、変更を伴いながら三つの門に至った系統をたどることにしよう。節足動物（昆虫類、甲殻類）への系統は、すでにカンブリア紀の化石が非常な多様性を示している。左右相称の祖先のボディプランは改変されて、体節、体節ごとの付属肢、一定期間の成長の後に脱皮する丈夫な外層が付け加えられた。神経索は腹側に沿って集まったらしい。芋虫状の祖先動物の地図上の、さまざまな遺伝子の発現領域は保存されていた。拡充や改変はされたかもしれないが、ドメイン地図はさほど変わらなかった。節足動物のボディプランはこのようにしてつくりだされた。これらの動物は関節肢と体節のおかげで運動能力が高まった。

環形動物（ミミズやヒル）への系統にも、体節化が付け加えられたが、恐らく節足動物の体節化とは独立に起きたのだろう。各体節内には裏打ちされた体腔ができた。神経索は腹側に沿って集まった。節足動物でと同様に、祖先動物の地図上のさまざまな遺伝子発現領域は保たれ、多少の拡充や改変（節足動物とは異なる）はされたものの、さほど変わらなかった。このようにして環形動物のボディプランはつくりだされた。これらの動物は現在のミミズやゴカイと同じように、体全体をくねらせて泳いだり、伸縮させて穴を掘り進んだりして動き回ったのだろう。

脊索動物へ、次いで脊椎動物へ向かった系統では、やはり独立して体節化が付け加えられたが、この系統では脊椎に並行した筋肉が区画に分けられた。ヘビのような一部の仲間では、非常に多くの区画がつくられることになった。鰓裂《さいれつ》は脊索動物が生じる前に付け加えられ、保存されて脊索動

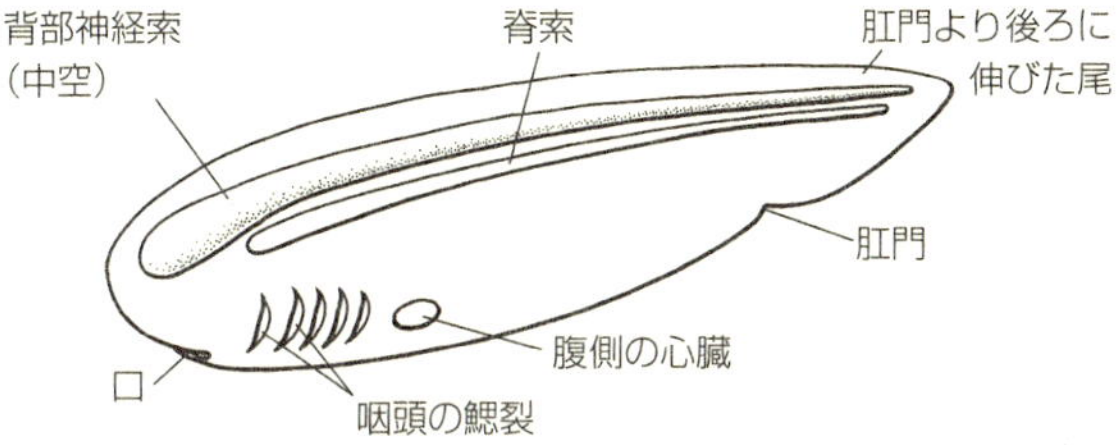

脊索動物のボディプラン

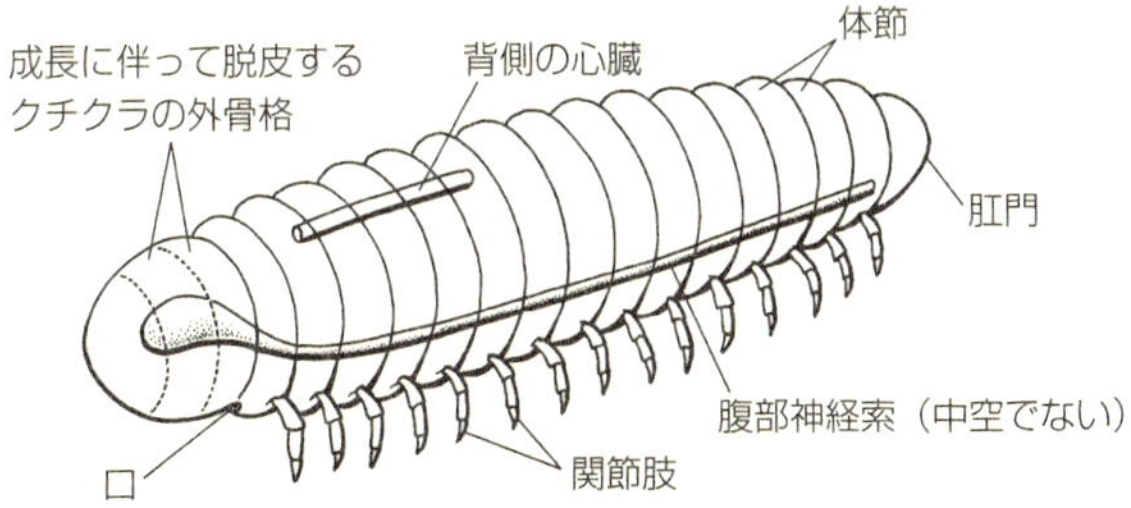

節足動物のボディプラン

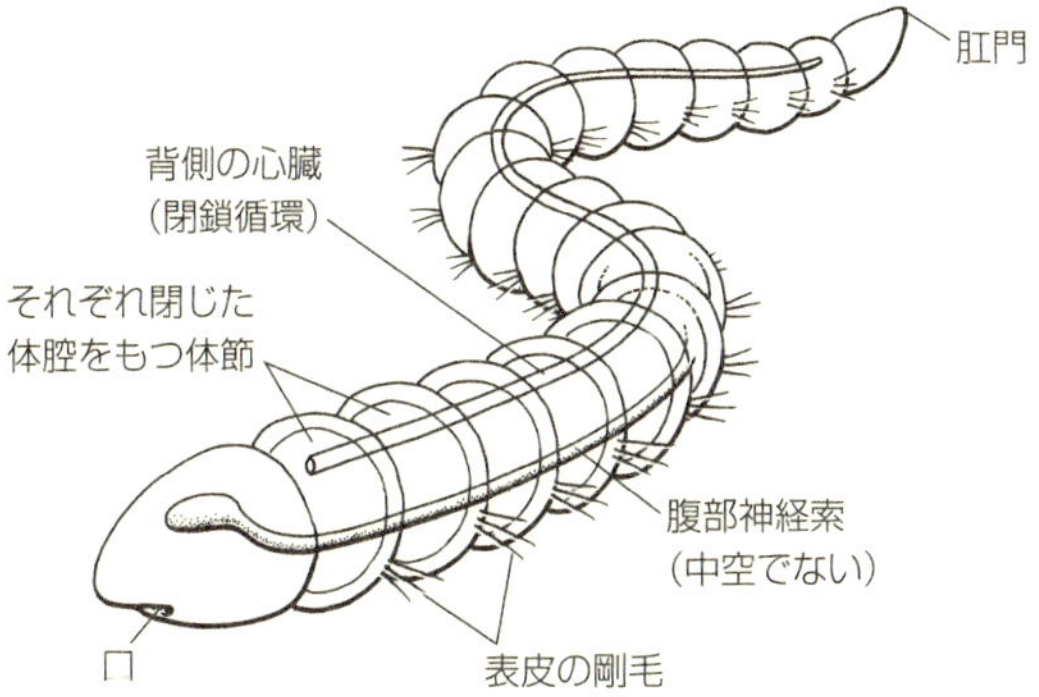

環形動物のボディプラン

図8　ボディプランの創出．複雑な左右相称動物が5億4500万年以上前の先カンブリア時代に出現した．現在のほぼすべての門を代表する動物がカンブリア紀には存在したことが，化石に残されたボディプランの特徴からわかる．

物に受け継がれた。神経索は背側に沿って集まった。体内には消化管の上側に堅い棒状構造が発達し、これを支点にして遊泳筋が働いた。祖先動物の体の地図におけるさまざまな遺伝子の発現領域は、多少の拡充や改変（節足動物や環形動物とは異なる）はされたが、さほど変わらずに保たれた。尾は肛門より後ろに伸びた。脊索動物のボディプランはこれらの中間段階を経て生じた。体をしなやかに屈曲させて泳ぎ、尾の動きにより運動性が高められた。

五億年以上前に完了した祖先動物からの形態の改変の話は、三〇の左右相称動物の門のそれぞれのボディプランについても同様に述べることができる。各門は、これらの異なるボディプランを実現するため、異なる胚発生をする。各々のボディプランは確立されたのち保存され、ほとんど変更されずに門内のその後のすべての仲間に受け継がれた。ここでもふたたび保存がなされた。今回は全身の形態レベルで見られる保存である。

ボディプランは解剖学的な生体構造であるが、発生において中心的な役割を果たすので、これも保存されたコア・プロセスと呼ぶべきだろう。ボディプランは、代謝、その他の生化学的メカニズム、真核生物の細胞プロセス、多細胞の発生プロセスなどの保存されたプロセスとともに、左右相称動物の保存されたプロセスのレパートリーの一角をなしている。

エルドリッジとグールドによれば、化石記録に残されている個々の種には、断続平衡の一部として形態上の平衡静止状態の時期がしばしばあるが、生理や行動や発生といった化石にならない非形態的な表現型の場合は、そのような平衡静止状態を見出すのは困難だという。しかし動物の保存されたコア・プロセスは、それらが幅広く共有されていることから見ると、他の特徴は急速に進化したのに対して、長期間変わらなかったことは否定できない。前進、すなわち生化学的メカニズム・

細胞生物的メカニズム・多細胞メカニズム・門特異的発生メカニズムと次々「入れ替わる最前線」は、あとからあとから起きる新規性の爆発に繰り返し関わってきた。各爆発のあとには平衡静止状態が持続したが、種としては別の前線――ボディプランへの形態的な付加や生理的な付加――で急速に進化していた(9)。

段階五――脊索動物の鰭《ひれ》と肢、昆虫の付属肢

カンブリア紀以降の時期は、ボディプラン自体は変えずに残しながらプランのさまざまな部位で奔放な形態的多様化が起こった時期のようだ。脊索動物門に属する脊椎動物亜門はカンブリア紀に初めて認められている。オルドビス紀までにこれらの私たちの祖先は、顎のない甲冑魚類となり、長さは一〇センチ内外で、尾の推進力によってゆっくり動いていた。恐らく水流を口腔に流し込み、鰓裂から流出させて餌を取っていたのだろう。水中の食物粒子は口床の粘着性の行路に集められ、消化管に運ばれた。後に現れた顎をもつ魚は、優れた捕食者となった。

捕食への適応は実質的な変化を伴った。顎は食いつくことや活動的な猟を助け、体は波打った動きができるようになった。甲冑は脱ぎ捨てられた。これらの初期の魚は、胴体に沿って側面から張り出した長い鰭のような二つのフラップによって泳ぎを安定させていたようだ。恐らく最初の前後の対になった鰭（前方と後方の鰭）は、このつながった長い鰭からシルル紀（四億四三〇〇万年から四億一七〇〇万年前）までに生じたのだろう。対になった鰭は、浅瀬型から派生した外洋型の泳ぎの速い魚にとっては、バランスを保ち（縦揺れや偏揺れ）、方向を制御するのに非常に重要だった(10)。

四億年前に存在したある系統、肉鰭亜綱は、肉質のずんぐりした丸く突き出た鰭（総鰭）をもっていた。化石や現生の同系統の魚（シーラカンスや肺魚）から判断すると、鰭には線状に並んだ骨があり、筋肉・神経・真皮・外側の硬い表皮に同心円状に取り巻かれていたようだ。鰭の先端には放射状に配置された細い骨があり、団扇のような形をつくっていた。これらのさまざまな魚は岸に近い浅瀬やラグーンにすんでいたらしい。彼らはずんぐりした鰭で浅瀬をよたよた歩き、魚を食べたり潮干帯の栄養豊富なごみ――植物や節足動物はそれより何百万年も前にすでに陸に上がっていたので――を食べたりしていたのだろう。総鰭類の魚は一から二メートルもの体長があり、このような環境では最大の捕食者だった。

デボン紀の終わりごろ（三億八〇〇〇万年から三億六〇〇〇万年前）に、肉鰭亜綱の系統内で肉質の鰭の先端に変化が生じた。団扇の形が消え、自脚がそこに形づくられ、手首と手（くるぶしと足）になった。指は非常に新規なので、鰭の放射状の骨に由来したとは思えないほどだ。子孫たちは短時間なら食物が豊富だったと思われる陸に上がれるようになった。これらの動物は陸上と水中の両方にすみ、だんだん「両生類」になった。最初は指の本数はいろいろで、初期の両生類には図9に示したように、七、八本、あるいは九本の指をもつものもあったし、五本のものもあった。結局は、私たち自身のような現在の陸上脊椎動物すべての共通の祖先では、五本に落ち着いた。

その後の長い年月の間に、前肢と後肢が互いに分化したように、肢のさまざまな部分がさらに分化した。先端が広がった鰭状足、湾曲・融合した穴掘り用の脚、融合・伸長してひづめをもつようになった長い脚、泳ぐための水掻き、サルの器用な指、大きく広がった翼などだ。翼は少なくとも三回生じている。翼手竜、鳥、コウモリだ。広い羽板を支えるためにそれぞれ別の指が利用された。

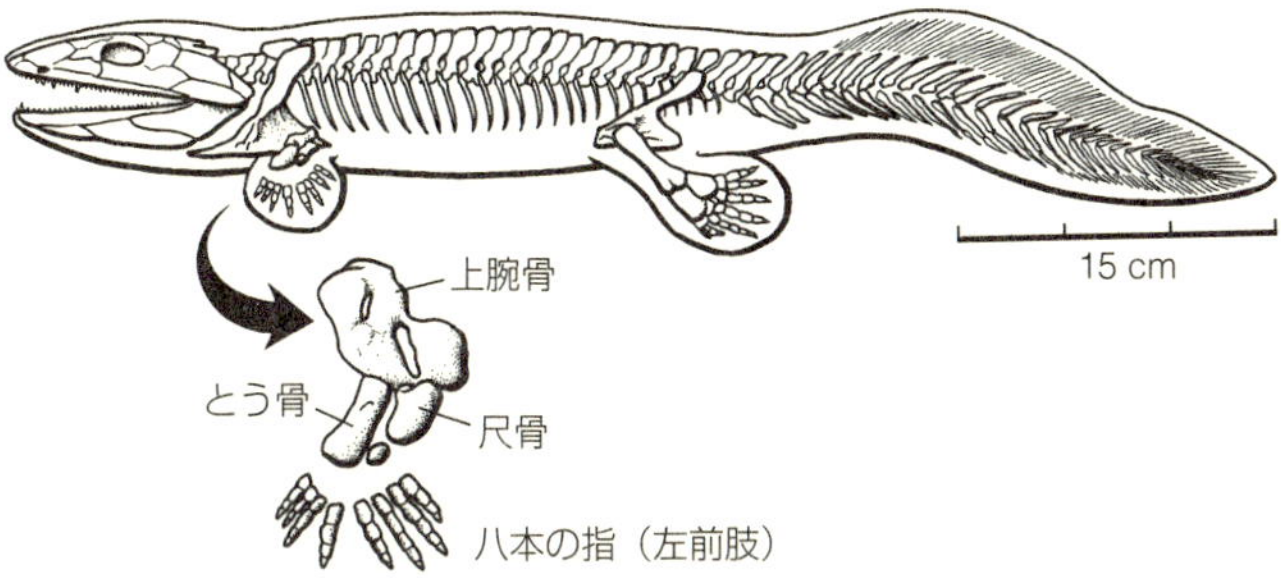

図9　陸上脊椎動物の肢の起源．最初の陸上脊椎動物は3億6000万年以上前に出現した．彼らの肢は鰭の変化したもので，手首と手の部品が新たに付け加えられた．3億6500万年前の両生類，*Acanthostega* を示す．左前肢には8本の指がある．

祖先の魚の鰭から生じた最も変わった肢でさえ、やはり中央に一連の骨があり、その周りに筋肉、神経、真皮、表皮がある。変更に関わっているのは、ほとんどが配置換え、反復、大きさの変更、古くから用いられていた部品のほかの用途への利用である。現在の魚の鰭と四肢動物の肢は、発生や構成の面で多く共通している。鰭や肢の発生の**モジュール構造**はおよそ四億年前に有顎魚類と共に生じ、それ以来保存されてきた。陸上脊椎動物の保存されたコア・プロセスのレパートリーとして蓄積していたプロセスに、今回はこれが加わることになる。手首と手が五本の指をもつ手に進化すると、この革新の時期に引き続いて革新の保存がおこなわれ、陸上脊椎動物では現在まで保たれている。現在ではどの陸上脊椎動物の肢も、祖先の五本指の肢の変形によってつくられ、さらに専門化されてきた。

節足動物も祖先の突起物を変更する方法によって、付属肢を広範囲に進化させた。節足動物の体は後頭部・胸部・腹部では一連の体節に分けられていて、各体節の継ぎ目では多少の屈曲ができる。前頭部も同様に体節に分

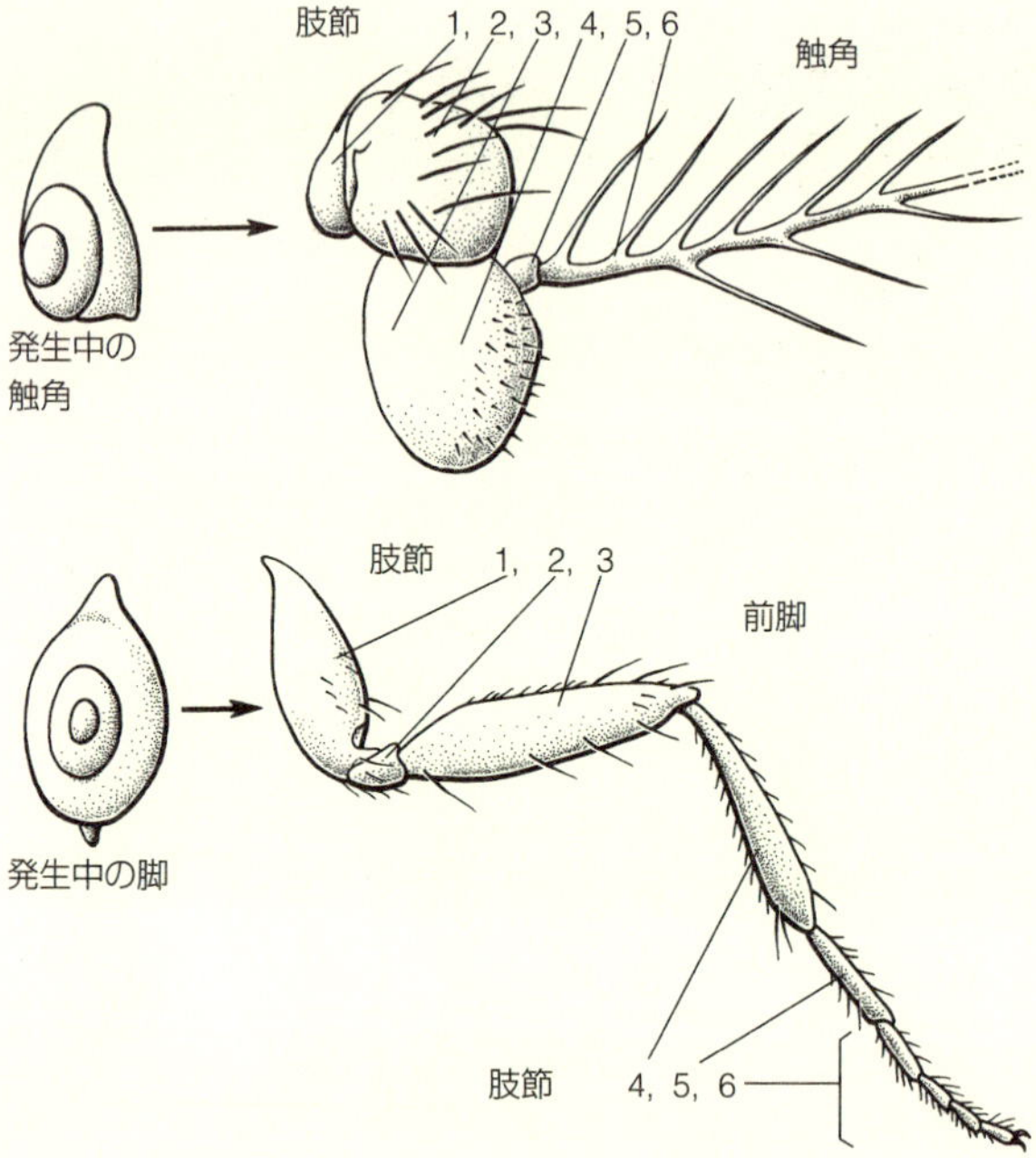

図10　昆虫の付属肢の共通プラン．触角と脚は同じ数の節で構成されており，節が連結して管となっている．これらは，似た一群の細胞から発生し，それらの細胞が外に伸びて付属肢がつくられる．

けられていたようだが、現在の仲間では融合した単一体が選ばれて、屈曲できる継ぎ目は消失してしまっている。昆虫－甲殻類系統の祖先にあたる外洋にすんでいた節足動物は、各体節から突き出した脚のような付属肢をもっており、そのためこの細長い動物はムカデのようだった。脚は二つの部分に分かれ、上部は羽状呼吸器、下部は関節のある脚だった。このような二段構造は多くの甲殻類の肢節にいまでも見られる。この祖先の節足動物のすべての肢節は、図10に示すように見かけがよく似ていた。

初期の昆虫はシルル紀と石炭紀に陸上に上がった。約四億年前のことで、脊椎動物よりもはるか前である。彼らは最初は飛べず、腐った有機物を食べていたと考えられている。時が経つうちにさまざまな体節の付属肢は、基本的な管状・分節構造を改造して、細分化された別々の機能をもつようになった。

昆虫の系統では、頭部の付属肢は切り詰められて、食いついたり嚙み切ったりするためのさまざまな口器へと変化した。触角はさらに変化して特殊な用途のためのいろいろな感覚構造をもつようになった。胸部の脚は伸長・分化し、腹部の脚は成体では完全になくなった。昆虫の成体の足はわずか六本で、すべて胸部にある。最後部のいくつかの付属肢は交尾のための捕握器となった。面白いことに触角も含めて発生初期のすべての付属肢には、多くの共通点が見られる。すべての昆虫のすべての付属肢に共通の、保存された発生のモジュール構造があるようだ。そして昆虫の系統の個々の付属肢では発生プロセスの改変や追加が起きたために、非常に多様なものが出来たのだ。

翅は、祖先の管状の脚の上にある（もとは脚の一部の）羽状呼吸器の改変によって、デボン紀の昆虫の一部に進化してきたと考えられている。この系統の昆虫の祖先は後頭部、胸部、腹部の多くの体節に翅をもっていたが、後に胸部の二つを除くすべての体節で翅は消失した。デボン紀の巨大なトンボに似た昆虫は、長さが六〇センチにもなる四枚の単純な翅をもっていた。最終的には翅は大きさも形も分化した。ショウジョウバエなどほとんどすべての二枚翅の昆虫では、飛行用の翅を二枚残すのみで、後ろの一対はバランスを取るための短い棒のような器官に退化している。(11)

これらの変化を見ると、配置換え・局所的な短縮や伸長・切り詰めといった改変がおこなわれているが、根本的に新しいものは何もないという明確な印象を受ける。一方、形態的な変化はそれぞれ大きな意味をもつ。たとえば昆虫の食性の幅が大いに広がる。

石炭紀の主要なできごとの一つは、付属肢に由来する口器を変化させて、木部に穴を穿ったり葉を食べたりするようになった（植物食性）甲虫の進化だと考えられる。石炭紀に進化した丈夫な葉をもつ大きな木質の樹が彼らの標的となった。精巧に変化を遂げた前脚や触角と、白亜紀の花の出現とが相俟って、授粉と植物昆虫の共進化や花蜜摂食の新たな新天地が開けた。しかしさまざまに変化したすべての付属肢の根幹には、カンブリア紀に創出された付属肢の発生に共通する保存されたプロセスが残っている。

保存と多様化の二元性

細菌に似た祖先からヒトまでの道をたどるなら、大きな革新がたびたび繰り返されたことに気づく。そのたびに新たな遺伝子とタンパク質が生じ、その後、それらの成分やプロセスは長期にわたって保存されることになる。「深遠なる保存」が存在することは驚異だ。生物にはランダムな変異から表現型のランダムな変化を生み出す能力があるとする一部の生物学者の見解とは相反する考えである。動物の進化の歴史の中での形態と生理の奔放な多様化に照らして見れば、これほどの保存性は矛盾に近いと感じる者もいる。

保存が広く行き渡っていることから見ると、生物は突然変異の影響力の下で生存可能な変異をすべての方向へ自由に生み出せるわけではなく、何らかの制限があるに違いない。表現型の変異が本当にすべての方向へ滑らかに連続しているならば、どんな成分でも変化し、長く保存されるものは何もないはずだ。二つの生物間に類似が見られても、それらは共通の祖先からつい最近分岐したため、初めに共有していた特徴をすべて失う十分な時間がなかったということを示すにすぎない。保存されたコア・プロセスに対してはこれが当てはまらないのは確かだ。これらは細胞の革新の各段階から現在まで、機能的な基本単位として系統内に受け継がれてきた。

保存された構成要素やプロセスは、もちろん変革の途上のランダムな遺物ではない。それらは統合された機能をもつ集積回路や経路であり、遺伝子型から表現型を生み出す生物のコア・プロセスである。それらは合成やエネルギー生産をおこなう代謝、体の形態を生み出す発生、および生物の生理作用にとって必須のものだ。

コア・プロセスが保存されるとはどういうことなのか？　過去二〇年間にわたるDNA塩基配列の広範囲に及ぶ比較により、タンパク質のアミノ酸配列をコードしている配列が太古から保存されていることは議論の余地がない。たとえば細菌とヒトが共有しているいくつかのコア・プロセスの成分である多くの代謝酵素は、三〇億年を隔てているにもかかわらず保存されている。これ以上の保存は考えられないくらいだ。これらのタンパク質の機能も、それをコードしているDNA配列も保存されている。

保存は何に起因するのだろう？　ヒトと細菌の代謝酵素のアミノ酸配列がほとんど同じだとしても、それをコードしているDNAがランダムな突然変異から特別に守られていたからではない。アミノ酸を変えずにすむような塩基配列の変更なら、至るところに起きているので、多数のランダムな突然変異が起きたことを示している。突然変異による変化が影響をもたないなら、それが子孫のゲノムに残ってもかまわない。サイレントあるいは中立突然変異なのだ。そのほかの、アミノ酸の変更が伴う変化は、致死的だったり繁殖に不利だったりして、時間が経つうちに排除されてしまったに違いない。

こうして、これらの太古のタンパク質をコードしていたDNA塩基配列は、サイレント変異を除いては、変化せずに残っている。DNAのどの塩基部位も変化しうるという意味では、すべての遺伝子型変異が可能であるのに対し、生存可能な表現型変異はわずかしかない。DNAの突然変異がタンパク質の重要な機能をもつ領域のアミノ酸を置換するような場合、通常は不活性なタンパク質ができる。するとその生物に死をもたらすことになり、それらの変異は集団から急速に除去される。

変化は普遍的であるとするダーウィンの仮定は、別の見解で置き換えられなければならない。すなわち、生命の歴史の中では変化するものと変化しないものがあり、変化はほとばしるように起きた後に定着し、すべての子孫に組み込まれるのだ。長い進化の期間に、時たま革新的なコア・プロセスが付け加えられてきた。代謝・ゲノムから情報を取り出す仕組み・情報の伝達・発生のメカニズムを提供する重要なコア・プロセスに定着が起きる。最上層に重ね合わされるのは進行中の形態的、生理的革新である。

短期間に創出されたはずのコア・プロセスは、長い平衡静止状態の間はなぜ進歩の動きを止めてしまうのだろう？　恐らく最も不思議なのはボディプラン（門）の新生だ。これらはカンブリア紀に出現して保存され、その後にはたった一つしか生じていないようだ。なぜボディプランの創出は止んでしまったのだろう？

ボディプランは最初はきっと簡素なものだったのだろう。しかしカンブリア紀には、三〇ほどの現存するボディプランが、装甲具や、鋭い口器や、付属器などを備えて適応していたところであり、新たに出現した簡素なボディプランは改善された設計であったとしても、きわめて無防備で攻撃されやすかっただろう。これらの新たな「門」は、すでに防御を固めて攻撃力を備えた確立された門の餌食になった。カンブリア紀までに戦いの場は、ボディプランの優劣から、それなりのボディプランにどれだけ性能のよい顎と付属器を備えられるかに移っていた。ボディプランの戦いの時代は終わり、別の技術が問題となっていた。他のコア・プロセスについても、同様の早い者勝ちの議論が当てはまると考えられる。

コア・プロセスが定着した後、進化は加速的ではないにしても着実に進んできたようだ。保存されたプロセスは、表現型の産出に深く関わるのでコア・プロセスと呼ばれる。これに関連するアミノ酸の変化に対する拘束がかかるのは、変化によって機能が損なわれることが多いからだ。変化の能力がないからというだけでは長期にわたる永続性の説明にはならない。既存のコア・プロセスに対して他のプロセスが生じ、それらを凌駕し、置き換わることが原則的には可能だからだ。ではなぜこのように長い進化の間、それらは存続しているのだろう？　それらは自身の性質に対して絶えず選択を受けているのだろうか？　すでにある種の最適状態に達していて、どんな変化も改悪にしかならないのだろうか？　多数のほかのプロセスに組み込まれているからだろうか？　（だとしてもどうして深く組み込まれているかという疑問は残るのだが。）絶え間なく選択を受けているのなら、どんな性質が対象となっているのだろう？　細胞の適応的な挙動の進化の歴史から生じる広範囲にわたるこれらの疑問は、変異の促進や進化のスピードと直接に関わる。

さらに深く問うならば、地球上の生命の歴史はなぜこのように進み、生物のすべての面が変化の対象となるとするダーウィンの推測のようには進まないのだろう？　不均質な変化は均質な変化よりも何らかの理由で効率がよいので、保存されたコア・プロセスが進化の結果として必然的に存在することになるのだろうか？　生物を変化させてきたコア・プロセスは、多細胞生物に至る途上でわずか数回だけ突発的に創出されたように思われる。そうした変化が創出されるのは稀ではあるが、それでもこのような変化にもとづく生物の設計は、万遍なく連続的な変化にもとづく設計よりも、もっと効率的に表現型変異を生み出すことができると、理論的に予測することは可能だろうか？

これらの問題には、コア・プロセス自体とその特殊な適応的な性質について考察した後に立ち戻ることにする。

第三章　生理的な適応と進化

いままで見てきたように進化には二つの特徴がある。細胞レベルでの保存性と形態的・生理的レベルでの多様性である。このような保存性にもかかわらず、多様化はどのようにして起きるのだろうか？　本章では、保存性が実際にどのようにして変化を可能にするのかを示すいくつかの例を考察する。これら二つは実際に機能や構造を生みだすメカニズムのレベルで結びついている。進化に利用されるメカニズムは、生物が新たな生理的要求に応じようと表現型を変化させるために日常的に使っている、まさにそのメカニズムなのだ。そのようなメカニズムは、進化において簡単に改造されて、新たな表現型を生み出すことができる。

生理的な変異と遺伝的変異に潜在的な関係があることは、分子生物学の幕開け以前に一部の進化生物学者たちによって考えられていたが、広くは受け入れられなかった。二つの間のつながりが最もはっきり見られ、促進的変異の最も納得のいく証拠が得られるのは分子レベルにおいてである。

生理的な変異と進化

一九世紀には、科学者と哲学者たちは生物の**体細胞適応**（いわゆる獲得形質）が次世代に伝えられるかどうかという問題の解決に奮闘していた。この考えはラマルクにとって、あるいはダーウィンにとってさえ魅力的だったが、実験的にも機構の面からも明白に否定された。体細胞による適応は、ある一つの世代で起きる生理的・行動的・形態的あるいは発生的変化であり、環境変化に応答して生じ、その生物が直接に利益を得るように仕向けられたものである。厳しい環境が去ると元に戻ることが多い。一方、進化的適応は、生物の直接の利益になる生理・行動・形態あるいは発生上の遺伝的な変化であり、何世代にもわたって受け継がれ、厳しい環境が去ってしまっても持続する。同じような環境条件下で起きることもあるが、体細胞の変化と進化による変化は互いに非常に異なるように思われ、両者を直接結びつける機構は何も知られていない。

ヴァイスマンによって体細胞の変化と進化による変化の間に打ち立てられた高い障壁（前者は体細胞に起き、後者は生殖細胞に起きるという内容が中心である）にもめげず、少数の生物学者はその後も二つの間の新たな関係を探し求めた。彼らは、選択されるものが単なる生体系の個々の状態ではなく、もっと一般的には、さまざまな条件に応答してさまざまな状態をつくりだせるメカニズムであることに気づいた。

たとえば二つの生物は至適温度や至適塩濃度が異なるだけでなく、温度や塩濃度の許容範囲も異なることもある。ヒトの体は、筋肉の性能のレベルだけではなく、数週間の環境ストレスの下でその性能を変化させる能力のレベルにおいても選択を受ける（図11参照）。安定した環境の下にすむ生物は一般的に生存のための条件の幅が狭いが、変化の激しい環境にすむ生物は幅広い条件に耐えるメカニズムを進化させている。

医学研究が積み重ねられてくると、自然選択を受けたからこそ進化したと考えられる精巧な生理的メカニズムがますます多く明らかになってきた。それらに共通する唯一の機能は、ヒトが生存可能な環境条件の許容範囲を広げることにある。たとえばヒトは暑ければ発汗して体温を下げ、寒ければ震えて筋肉の収縮を増加させて熱を生み出す。高地や身体的な運動に順応する方法は数種類もっている。私たちの体はさまざまな環境条件に対して、血糖・血圧・熱量の投入・イオン平衡などを制御し、調節する。

体細胞による適応は、ストレスに満ちた条件下での生物の生存能力を高めることによって、進化にフィードバックされうると考えた生物学者たちもいた。体細胞による適応は実際に幅広い表現型をつくりだすので、そこに選択がはたらく。ヒトは相互に転換する三つの状態をとりうる。正常な適応状態、発汗状態、震え状態である。これらの温度補償性メカニズムによる生存能力の向上は、ヒトを新たな選択圧の下に置くことになる。たとえば高い環境温度は、よりうまく熱に適応するメカニズムを選択すると予想される。温度耐性の範囲が拡張されるとそれに伴って、食糧供給や、寄生虫や、捕食の変化によって引き起こされるほかの選択をもたらすことになるかもしれない。適応範囲が拡張することによって少なくとも、範囲の広がった環境条件の下での副次的な適応をもたらすことになるだろう。

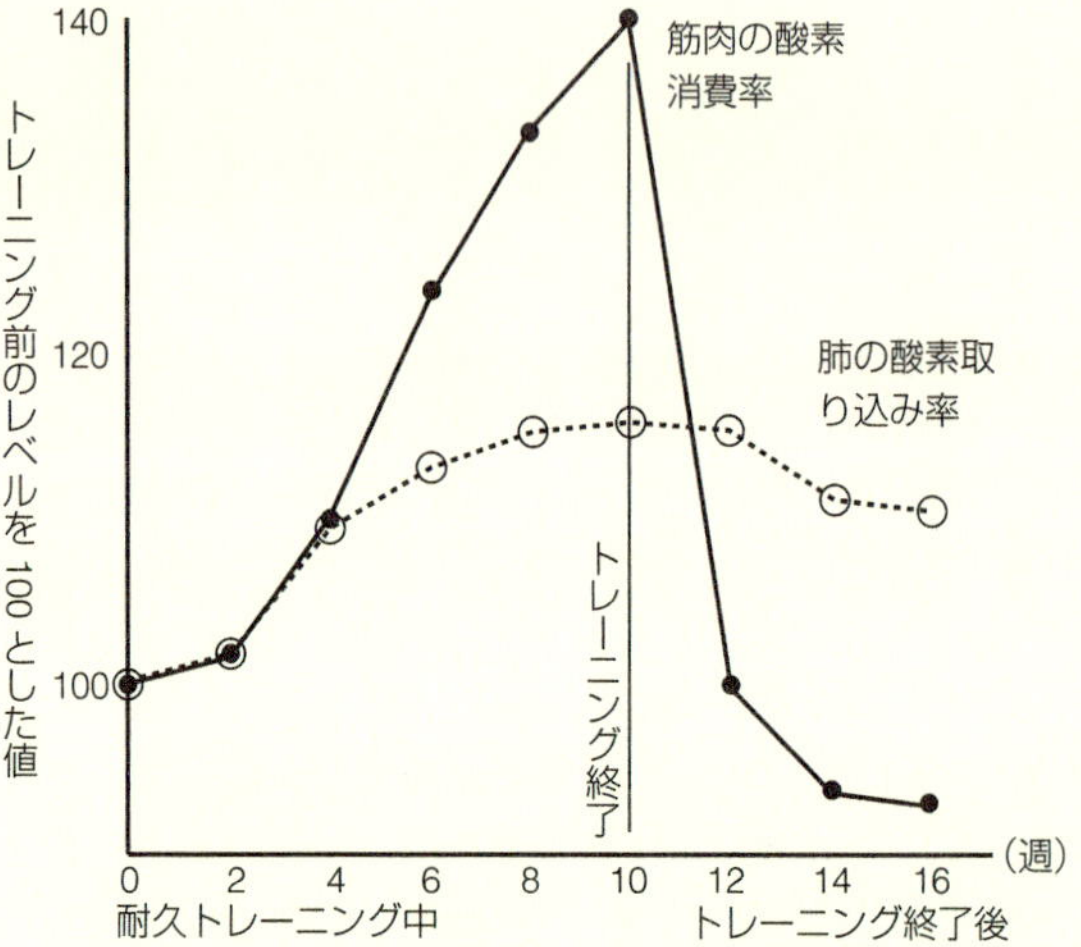

図11　トレーニングに対するヒトの適応．13 人に対して長距離走と中程度の重量挙げの耐久トレーニングを 10 週間おこなった．2 週間ごとに足の筋肉の酸素依存性エネルギー生産能力（シトクロムオキシダーゼ活性）を測定した．肺による酸素の取り込みは 15％しか増加していないのに対し，体はエネルギー生産量を 40％上げて適応していることに注目．トレーニング終了後の脱適応は急速に起きる．（J. Henriksson, and J. S. Reitman,「運動の有無におけるヒト骨格筋のコハク酸デヒドロゲナーゼとシトクロムオキシダーゼ活性と酸素の最大取り込み量の変化のタイムコース」*Acta Physiologica Scandinavica* 99：91 - 97, 1977 より再描.）

よく知られているように自然選択は創造よりも改良に長けている。集団の（すべてではなくとも）多くのメンバーが生存可能でありながらも厳しい、極端な環境状況では、選択は効率的に起きる。生存可能だがストレスの多い条件下では強い選択圧がかかり、どんな遺伝的変化であれ少しでもましな適応を生み出すもの、すなわちより繁殖に適した個体が選ばれるだろう。この選択過程は、生物の集団がそのままでは新しいニッチにまったく進出できず、突然変異が一つずつ起きるのをただ待つという過程よりは、はるかに迅速に起きる。適応範囲が広がれば選択の幅も広がり、本章で述べるように、体細胞による環境への適応が直接に安定な遺伝的変化に転換するという仮定をしなくとも、よりよい選択がおこなわれることになる。

進化は生理的な適応にもとづくという考えが最初に出されたのは一〇〇年以上も前だったが、その内容はいろいろな視点から真剣に見直されている。進化上の変異が体細胞変異にもとづくとすれば、生物はすでに存在する表現型の要素を新たな突然変異によって安定化すればよいだけであるから、進化的適応は大いに促進される。とはいうものの、体細胞による適応は、限られたタイプの表現型変異を促進するにすぎない(1)。

まったく別の視点から、体細胞適応と進化的適応のあいだには、分子レベルでしか見極められない緊密な関係があるとする意見がある。生物は環境や発生の刺激に応答して表現型を変える単純でエレガントな解決法をすでに見つけている。これらのメカニズムこそが、進化における遺伝的改変のための特に重要な標的であるらしい。選択可能な二つの状態をつくりだすという困難な作業は、これらのプロセスが遺伝的に改変される前に済んでいるのであろう。調節を受ける能力は、体細胞の適応メカニズムの設定の中にもともと備わっていたのだ。すでに適応性のある表現型の一部を安定化するような改変方法は、比較的楽に探せる。体細胞適応の基盤となっている分子的メカニズムを解明すれば、生理的変化と遺伝的変化の間の関連を精緻なレベルで理解することにつながる。多くのプロセスは煎じ詰めれば分子的要素の活性の上昇または下降に行き着くので、環境の力も遺伝的な力もそれぞれ別の方法で同じ結果を生み出すことができるのだ(2)。

体細胞適応と進化におけるそれらの改変の例は、生物が環境への応答と進化上の（遺伝的）改変の間を楽に行き来できることを示している。昆虫の階級分化、爬虫類の温度に依存する性決定、酸素濃度調節に果たすヘモグロビンの役割の例を考察することにしよう。三例すべてで、生理的メカニズムが外部のシグナルに導かれて選択可能な二つの状態を生み出す。

昆虫の階級分化では、同一ゲノムが取りうる二つの状態が女王蜂と働き蜂である。これらは幼生の成長の間に受け取る化学シグナルによって誘導される。

爬虫類では、周囲の条件による性決定が広く行われている。この例では二つの状態は雄か雌で、中間はない。どちらになるかは卵の発生時の温度によって決定される。

脊椎動物のすべての種では、血液中の酸素はヘモグロビンという輸送タンパク質によって運ばれる。ヘモグロビンには相互変換可能な二つの状態があり、両者は酸素に対する親和性が異なる。異なる組織や環境条件の下では、ヘモグロビンの集団としての酸素に対する親和性が変わる。小さな分子がヘモグロビンの二つの状態の混合比を変え、ヘモグロビンのそれぞれの状態の親和性は変えず、全体としての親和性を変えるのである。

程度の差はあれ、これらの二つの表現型の性質や、一方を選ぶ方法の特徴についてはわかっている。進化が、この生理的な「可塑性」〔用語解説参照〕を活用したことは三つの例すべてで明らかだ。すなわち新たな表現型をつくりあげるために、いままで環境の変化が果たしていた役割を遺伝的変化にやらせたのだ。この切り替えの性質を理解すれば、生理的変化を安定性の高い遺伝的変化へと変容させることがどれだけ容易かが正しく認識できるだろう。

シュマルハウゼンとボールドウィンの効果

体細胞適応を進化の中に位置づけようとして、J・マーク・ボールドウィン（一八六一―一九三四）らは、ラマルクやダーウィンの説と融合はしないが、それらを活かした有機的選択（organic selection）という仮説を提唱した。ボールドウィンは心理学が学問分野として哲学から分離しかけていた頃の、初期の実験心理学者だった。実験心理学の対象である動物の行動は体細胞適応のすべての要素をもっていた。そこで彼は、動物は体細胞による幅広い適応能力をもつので、ニッチが変化したり、彼らが新たなニッチに移ったりするとき、環境の変化に耐えられるのだと提唱した。

不慣れな環境中では生物はストレスを受けるので、適応メカニズムを利用しつづける。少なくとも最低限の繁殖ができるくらいには生活できるが、完全な適応はしていない。その後の何世代かの間に、体細胞適応を固定しストレスを取り除く遺伝性の変化が、集団の中の少数のメンバーに生じる。するとこれらのメンバーは繁殖適応度が上昇したことにより選択される。このようにして遺伝性の内部の刺激が外部からの刺激を置き換えて適応を維持する。その後は環境の刺激から解放されても生物はそれを発現する、というものである。(3)

この仮説はネオダーウィニズムの考えといくつかの点で異なる。これらを比較するには、ボールドウィンのメンデル時代以前の言葉遣いの一部を現代の用語で言い直さなければならない。ボールドウィンによれば、突然変異体は選択に先立って現れる必要はなく、選択に引き続いて現れればよい。新たな条件下で、集団中の稀な変異体だけでなく多くのメンバーが生存するのには、体細胞適応で最初は十分だろう。突然変異やとりわけ遺伝子の新たな組み合わせは、体細胞適応した集団にそのうちに生じてくる。それらが体細胞適応を安定化し、磨きをかけ、拡張したとき、選択されるだろう。

この過程の後半の段階はダーウィン説の変異と選択にすぎない。こうして体細胞適応は遺伝性の進化的適応になり、これらが生じるとストレスのかからない条件下でも存続する。ボールドウィンにとっては、突然変異は体細胞適応を安定化する以上のことができた。すなわち最適の状態においてさえ体細胞適応を安定化できたのだ。

ボールドウィンの提唱した説は、ダーウィンの変異‐選択の原理に反しなかったが、それでも体細胞の個々の適応能力に重きを置いていた。適応能力が前もって存在していなかったら、生物は新たな選択条件の下で遺伝的に適応する機会にめぐり合う前に、死滅していたかもしれない。ボールドウィンは、ラマルクの獲得形質（体細胞適応）の遺伝説を避けた。体細胞適応とは別の、子孫に伝えられる遺伝的変化を必要としたからだ。ボールドウィンの説は集団の遺伝的多様性の中から遺伝的変異の新たな組み合わせが生じるというかたちや、適応を安定化し完全に発現する新たな突然変異というかたちを取った。その要点は、表現型の複雑な変化はゼロからつくりだされるのではなく、生物の体細胞がすでにもっている適応可能な表現型のプロセスや要素からつくりだされ、突然変異はすでにあるものを安定化し拡張するだけだというものだ。したがって突然変異は創造性に富む必要も数が非常に多い必要もないので、この提案は当然、表現型の変化を生み出す困難さを大幅に引き下げる。

イヴァン・イヴァノヴィチ・シュマルハウゼン（一八八四―一九六三）はボールドウィンの提案を発展させ、第二次世界大戦の真っ只中、スターリングラードがナチに包囲されていた一九四三年に『進化の要素』を著した。シュマルハウゼンはロシアでは戦前から一九四八年まで指導的な生物学者だったが、この時、ロシアの遺伝学の悪名高いスターリン主義の疫病神、トロフィム・ルイセンコが、彼を「ヴァイスマン－メンデル－モーガン主義の理想主義者」だとして告発した。(4)

シュマルハウゼンは生物の**反応規準**の概念から始めた。すなわち生物がさまざまな環境条件（温度・湿度・混雑度・食物の種類）に反応*するときに発現する表現型の範囲である。この反応規準は二つの要素からなる。生物がストレスを受けたとき、その環境ストレスに対して適応的な恩恵を与える反応もあり、そうでない反応もある。後者の**異常形態形成**（シュマルハウゼンの造語）はストレスの多い条件下で生物に起きる変化であるが、それらは生物がそのストレスに適応する役には立たない。彼はショウジョウバエの例として、高温条件下での眼の拡大などの形態変化を含む異常形態形成を挙げている。ハエにとって眼が大きくなっても暑さから逃れられないため、選択条件としては無関係であるが、暗さにめげずに活動しやすくなる。

*訳注　この「反応」には、〝環境条件に対する生物の適応的応答〟といった生態学的文脈や、〝シグナルに対する細胞の応答〟といった細胞生物学的文脈等で一般に「応答」と表現されてきたものを含む、あらゆる生物学的次元における「反応」が含まれる。用語の来歴に鑑みて、訳語を「反応」か「応答」かのどちらかに統一することは敢えてしなかったが、以降「応答」が使われている場合も文脈によっては「反応規準」という語における「反応」と同様の含意があることに留意されたい。反応規準と遺伝的変異の関係を鍵として広範な生物学的次元における進化を統一的に論じることが本書の主要なテーマの一つであるため、以下の段落では意識的に「反応」という訳語を用いている。ただし、後の章では文脈に応じて、通常の用例に倣い、「応答」を用いている場合も多い。

これら二種類の表現型の変化を併せて考えると、反応規準の全貌は、生物がさまざまな組み合わせのストレスを継続して受けた後でなければ知りえないことがわかる。反応の範囲は、生物が自分の単一の遺伝子型から生み出せる表現型の全範囲を含んでいるだろう。したがって新たな遺伝的変異なしに生み出せる、生物のもつすべての潜在的な表現型の変異を示すことになるだろう。これは確かにボールドウィンの考えを拡げたもので、ストレスによって引き起こされる発生・生理・行動上の適応のみならず、適応を示さない異常形態形成までも視野に入れている。

適応的な反応は、ボールドウィンが予見したように作用するので、議論はもっと楽である。生物が別の環境に入ったり、環境が変わったりすると、可能な範囲で体細胞によって適応する。ストレスを受け、恐らく細々と繁殖しながらではあるが、生存する。そのうちに表現型の適応を拡張し安定化する遺伝性の変異をもつ個体が集団中に生じ、彼らが選択される。これは、ボールドウィンの効果を現代の用語で言い直しているようなものだ。適応的な反応を安定化する突然変異が生じた後は、生物は繁殖面でよりよく適応し、恐らくストレスも減るだろう。変化は外部からの非遺伝性の作用によってではなく、内部の遺伝性の作用によって安定化され、その形質は胚発生の一部としてその動物のどの世代にも生じる。新たな反応規準が生まれ、生物は少しずつ新たな環境に適応していくことができる。

表現型変異が生ずる際の非適応的な「異常形態形成」が進化上でどんな意味をもつのかを説明するのは、それがたまたま他の選択条件に適応する場合以外は難しい。すなわち、ある条件によって異常形態形成が引き起こされたり、表面に出てきたりしたときに、偶然同時に起きた別の条件によってそれが選ばれるような場合だ。

環境に適応する反応においても、適応しない反応においても、当初の表現型の変化は新たな突然変異や遺伝的変異には依存しない。安定化の段階では、遺伝的変異は新たな突然変異から生じるというよりも、集団内に存在している変異の新たな組合わせから生じるようだ。最初の表現型変異を生み出すのに必要な要素やプロセスはすでに存在しており、遺伝的な変化を必要としない。生物が選択条件に出会う前から、その反応はすでにゲノム中に書き込まれている。変化を内部の制御下に置いて安定化するためには、集団内の遺伝的変異に由来する「小さな」調節的な変化だけがあればよいのだ。もし生物の「反応の範囲」が非常に大きければ、生物は全体として、多くの結果を生み出せる卓越した探索的な系とみなすことができる。多くの可能な結果のうち、選択条件に対応する結果を、ランダムな遺伝的変化が安定化させる。このようにシュマルハウゼンは表現型の新規性について、私たちには見えないが内部にあり、新たにつくりだす必要はないものであると述べて、考えを単純化した。

ボールドウィン効果の実験

ほぼ同じ頃、イギリスのコンラッド・ウォディントンは、同じような方向で考え始めて同じような結論に達した。安定化させる選択は、彼の言葉では**遺伝的同化**であり、この用語は現在でも使われている。またショウジョウバエでおこなった実験の結果として、二点について改善をほどこした。たとえばハエの集団に塩濃度の高い食物を与えて、塩に対する体細胞適応を引き起こさせ、その後、高塩濃度耐性のものを選択した。彼はまた、胚発生中のハエをエーテルにさらし、一対の余分の翅

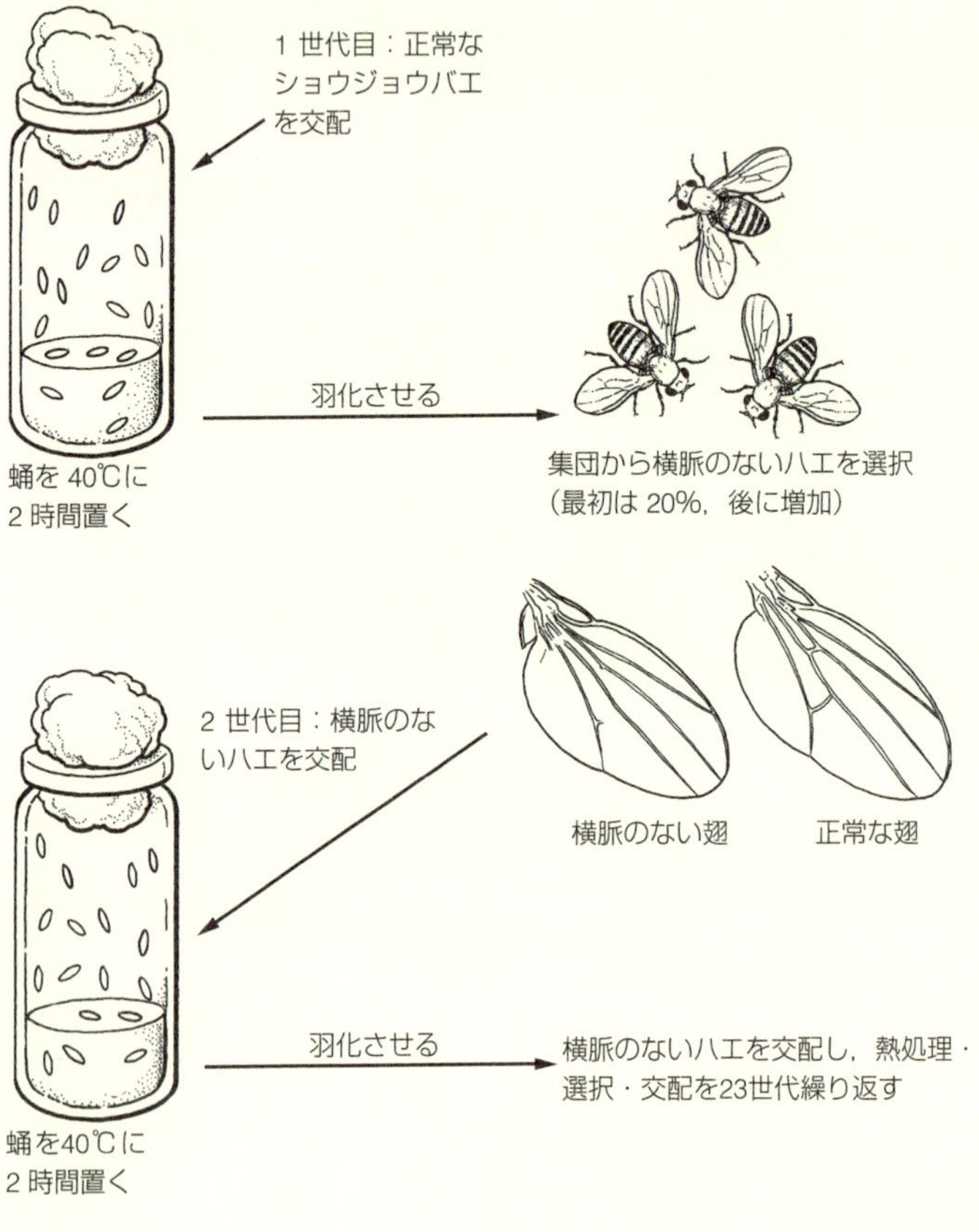

図12　ウォディントンの実験．入念な選択実験によって，高温にさらした後の遺伝的同化が証明された．20 代目までに，一部のハエは高温ショックを与えないでも横脈のない羽を生じるようになった．横脈のできない形質は高温に対して何の利益にもならないことに注目．

(二枚ではなく四枚の翅)をもつ異常形態形成を誘発させ、この異常をもつハエを彼自身が選択した(余分の翅はどう見てもハエをエーテルから守るとは思われない)。さらに蛹に高温ショックを与え、翅の横脈の発達を阻害し、図12に示すようにこの異常をもつハエを選択した。いずれの場合も、彼はこれらの処理と選択を二〇－二五世代にわたって繰り返した。(5)

まず彼が気づいたのは、最初の集団は、すでに存在している遺伝的変異とそれまでの環境条件のせいで、処理に対する反応がたいてい非常に雑多であることだった。次に、安定化すなわち遺伝的同化の多くは新たな突然変異によってもたらされるのではなく、すでに集団内に存在していた古くからある遺伝的変異が継続的な交配によって新たに組み合わされることによってもたらされることを発見した。したがって同化の成功は、集団の中で利用可能な遺伝的変異に依存していた。ウォディントンは、遺伝的に雑多な集団を用いて交配と選択をおこなうことによって、二〇―二五世代の終わりまでには、特別な環境条件に曝さなくても高頻度で表現型の新規性を示す集団を確実に得ることに成功した。遺伝的に均一な集団(近交系)では、この効果は現れなかった。

遺伝学者スーザン・リンキストは一九九〇年代に生物の熱耐性を研究した。ウォディントンの実験を発展させ、隠れた表現型や遺伝子型の変異を、熱が顕わにする仕組みを見極めた。過剰な熱も、他のストレスと同様に、細胞のほとんどのタンパク質の構造をほどいたり活性を失わせたりする。生物は数種類の特殊な熱ショックタンパク質(Hsp)、すなわちシャペロンタンパク質と呼ばれるものをつくり、それがほどけたタンパク質がふたたび折りたたまれて活性型に戻るのを助け、熱からの回復をはかる。Hsp90はそのようなタンパク質の一つである。

結局のところ、熱ショックを受けないときでもHsp90は、新生されたタンパク質、特にシグナル伝達経路にかかわる大きなタンパク質を正しく折りたたむのにつねに重要であることがわかった。生物が熱ショックを受けると、Ｈｓｐ90は損傷されたタンパク質の再折りたたみに動員されるので、シャペロンの助けを最も必要とする新生タンパク質を折りたたむのに十分なＨｓｐ90がなくなる。異常な表現型はウォディントンが追いかけた横脈のないものだけでなく、他のさまざまなものも現れる。これらのうちのどの異常も研究者の手で選択することが可能で、何回かの熱処理と選択の後には異常が安定化することになる。ハエの系統によって、出現する異常な表現型の種類も異なる。これは、どのタンパク質が最もシャペロンに依存するかについて、遺伝的多様性が存在することを示している(6)。

リンキストと同僚たちは、ショウジョウバエだけでなくシロイヌナズナという小さな顕花植物についても調べた。彼らは（前記の）熱処理、Ｈｓｐ90への突然変異導入、Ｈｓｐ90を特異的に阻害する化学物質の生物への投与など、数種類の方法でＨｓｐ90の活性を低下させた。さまざまな形態変化が見られ、これらを安定化させる選択をすれば、Ｈｓｐ90の活性を回復させた後でも変化が持続するようにすることもできた。これらの形態変化は、部位も程度もじつにさまざまだった。リンキストはＨｓｐ90を「表現型変異のキャパシター」と呼んだ（電気回路中のキャパシターは電荷を蓄え、回路に変化が起きると電荷を放出する）(7)。

メアリー・ジェーン・ウエスト＝エバーハルトをはじめとする数人の進化生物学者たちは、カール・シュリヒティングやマッシモ・ピグリウッチと共に、この適応‐同化仮説が表現型変異の起源を説明するのに広く応用できると強調した。ウエスト＝エバーハルトの考えでは、新規性の進化は四段階で進行する。形質の起源といわれる第一段階では、環境変化あるいは遺伝的変化が、すでに存在する反応プロセスに影響を与え、表現型の変化（しばしば再構成）を引き起こす。この最初の段階では、環境の刺激は遺伝的変異より進化にとって重要なことが多いと彼女は考えている。出現した形質は適応的であることもないこともある。適応的でない場合は、それらはシュマルハウゼンの異常形態形成や、ウォディントンとリンキストの高温で引き起こされた変化に似ている。

第二段階では、生物は高度に適応性のあるコア・プロセスとでも呼ぶべきものを利用して、不安定な条件をいくぶん補い、変化した表現型に適応または順応する。

第三段階はくり返しであり、環境からの刺激が続くためだろうが、集団の一部はその形質を発現しつづける。

最後は進化的適応の段階で、選択が遺伝子頻度〔集団の遺伝子的構成を表す量〕の変化を起こさせ、その形質の適応度と遺伝率を高める。ただし表現型の変化は必ずしも完全に遺伝的な制御にゆだねられるわけではない。遺伝性の要素をもつ一方で、環境への依存性を維持することもある。

したがってこのモデルはシュマルハウゼンのモデルと同様に、表現型の適応の段階の後に遺伝子型の適応の段階が続く。表現型の新規性のほとんどの要素は新しいわけではない。突然変異の役割とは大きな革新をつくりだすことではなく、小さな遺伝性の調節的変化をもたらすことである(8)。

エルンスト・マイアーやジョージ・シンプソンのような進化の総合説の創始者をはじめとする、指導的な進化生物学者たちは、適応‐同化の考えによい印象をもたなかった。一部の批評家は、重要な点を見落として、体細胞適応は遺伝性ではないので進化には無関係だと述べた。これに対して生理学者は、幅広い体細胞適応を生み出す能力はどんなものにも劣らず遺伝性だと述べた。また別の科学者たちは、ボールドウィンの効果は「確かに生じたのだろうが、それが適応にとってつねに起きる重要な要素であるという見解を支持する具体的な根拠はほとんどない」と述べた[9]。

総合説を唱える指導的な古生物学者であるシンプソンは、ほとんどの形質が安定化された体細胞適応とみなせるということを疑っていた。彼は生理や行動の変化でなく、形態の変化に最も興味をもっていた。動物を熱処理すると、ショウジョウバエでの大きな眼のように、確かに少数の異常は発生するかもしれないが、それが顎や翼といった形態上の主要な革新を引き出せるとは考え難かった。体細胞の変化は量的なもので、質的なものではないようだ。すでに存在する形質を強めたり弱めたりはするが、新たなものを創出しはしない。二〇世紀の半ばには進化生物学者たちは、ボールドウィンの効果はたとえ存在するとしても進化にはあまり密接な関係はないと結論づける傾向があった。しかし筆者らは、以前より発展した分子生物学の観点から考えて、体細胞適応の仕組みを保存されたコア・プロセスに適用すれば、進化論の弱点である新規性の起源についての解明の助けになると信じている。

適応－同化の考えに対する二番目の疑念は、もしそれが正しいとすれば、生物は将来の進化的適応で必要になる要素の多くを体内にもっていることが要求されるということだ。将来のための幅広い潜在的な要素が、潜在的でしかないにもかかわらず前もって進化で選択される仕組みを想像するのは難しかった。ボールドウィンの効果は、すでに存在する表現型からあまりかけ離れてはいないものを生み出すのには適していても、根本的に新しいものを生み出すのには向かないようだ。恐らく生物は温度に対する反応規準をもっていて、ある範囲内の進化なら迅速におこなえるが、その範囲を超えると複数の性質がいっせいに変化しないといけないようだ。眼や翼のような新しい構造の創出といった、生物が経験したことのないことがらについては、探索したこともない表現型にまで拡大できる柔軟性はどう考えてももち合わせていないだろう。このような疑念は異常形態形成にまでは及ばない。これらは前もってその適応能力が選択されているわけではないからだ。

発生の可塑性

単一の遺伝子型の生物が発生経路を選ぶことによって二つ以上の表現型を生み出せるという、シュマルハウゼンが挙げた例は、生物の適応の典型として注目を集めた。発生の可塑性は、動物の発生のある決定的な時点以後は不可逆だという点で、生理的適応とは異なる。選択式の表現型は、それらの形態、生理、あるいは行動によって見分けられる。選択式の表現型をもつ生物は、**表現型多型**といわれる。

表現型多型には、表現型が逐次的に変化するもの〔以下、「逐次的な表現型」とする〕と表現型の選択肢が同時に複数あるもの〔以下、選択式の表現型とする〕の二つのおもな種類がある。逐次的な表現型を先に説明すると、これは二つ以上の異なる発生段階（たとえば幼虫・若虫・成体など）を有する複雑な生活環をもつ動物の場合である。これに該当するほとんどの動物門は海にすみ、ほとんどが驚くほど異なった発生段階を経る。たとえば幼生はプランクトンの豊富な海の表層で餌を取るのに対し、成体は海岸近くの泥や砂や岩の中にすむものもある。ホヤ類の場合、幼生と成体の形が非常に違うので、一八〇〇年代の終わりに幼生から成体に至る発生が調べられるまでは、別の門に属するものと思われていた。一部の寄生性の扁形動物（吸虫類）は連続して五から六種類の形をとり、それぞれの形が別の宿主の中での異なった生活様式に合わせて非常に特殊化している。もちろん陸上生物としてはオタマジャクシとカエルがおなじみだ。草食性で泳ぎ回る大きな眼のオタマジャクシは両生類の幼生の表現型で、肉食性で四つ足のカエルは成体の表現型だ。また、翅も長い脚もないイモ虫と成体の蝶の例もある。

生活環の段階が劇的に異なる場合、その間では思い切った変態がおこなわれる。変態中のイモ虫では、幼虫の組織はほとんどが破壊され、新たに発生した成体細胞に置き換えられる。ある段階から次の段階への移行は、通常は外部条件に依存するのだが、この依存性が進化し選択されてきたことは正しく評価されなければならない。二つのホルモンが昆虫の変態を制御する。ステロイド様のホルモンであるエクジソンと、ビタミンAに類縁の幼若ホルモンである。これらは昆虫によってつくられるが、合成の時期や効果は、栄養・光・温度の状況の影響を受ける。

インスリンのような安定した体内環境の維持に関わるホルモンとは異なり、エクジソンと幼若ホルモンは元の状態の維持はしない。それどころか生物を新しい状態へ駆り立てる内部の手段を全身で解き放つ。蝶では終齢幼虫の特定の時期に、十分に成長したイモ虫は幼若ホルモンの減少に応じて、幼虫専用の遺伝子のスイッチを切り、蛹専用の遺伝子のスイッチを入れる。これらの効果は広範囲にわたるとはいえ、メカニズムとしては私たちの体のすべての細胞でおこなわれている遺伝子調節の一般的なプロセスと何ら変わらない。幼若ホルモンに応答するタイミング自体は、エクジソンの周期的な活動によって調節される。組織が異なると幼若ホルモンやエクジソンに対する反応が異なり、細胞にはどちらかに応答するもの、両者に応答するもの、どちらにも応答しないものなど、いろいろある。外部条件への反応の際に、反応の種類や、反応可能な状態や、特定の環境要因に反応する特異性をこと細かに決めている主体は生物なのだ。このように同一のゲノムが時期によって別の読まれ方をして表現型が劇的に変わる。これらが起きる時期は外部環境に関係していることもあれば、内部の仕組みだけによって起きることもある。

逐次的な表現型は、新たな亜種や種を生じるための表現型の違いのお膳立てをすることもある。サンショウウオ類では、「成体」は基本的には性的に成熟した大きな幼生である。鰭状の遊泳用の尾、大きな外鰓、水中生活など、幼生の形質を残している。通常は甲状腺ホルモンに依存する幼生から成体への変態は、ほとんどおこなわれない。

メキシコ高地の湖にすむアホロートル（幼生形のままで成熟するメキシコサンショウウオ）は、よく知られた例だ。甲状腺ホルモンを実験的に与えると、変態をおこない、陸上にすむ（テキサスの）類縁の種に似てくる。恐らくアホロートルは変態する祖先をもっていたのだろうが、幼生の間に性的な発達が完了し、甲状腺ホルモンは遺伝性の欠陥によって失われたのだろう。メキシコ高地は寒冷でヨウ化物も不足しており、これらの二条件は変態を遅らせたり止めたりすると言われてきた。アホロートルは変態を完全に省くことでこれらの条件を克服したようだ。成体としての形態上の明らかな新規性は、祖先がすでにもっていた幼生の特徴の維持であって、新たな特徴の創作ではない。このような幼生型の持続はサンショウウオ類ではありふれたことである。

別の例として、淡水湖にすむ陸封ザケは、餌場としての海水と産卵場としての淡水を行き来していた祖先の、「拘束型」の表現型だと考えられている。陸封ザケの成体は、「幼魚」に似ている。祖先は甲状腺ホルモンによって銀白色の回遊魚に変身を遂げていたはずなのだが、彼らは水底にすむ暗色の若魚の形のままなのだ。

これらの例が幼生あるいは未成熟な体の形質を維持しているのに対し、幼生期を失って、胚から成体へ直接発生する場合もある。ウニのほとんどの種は、小さな卵からプランクトンを餌にする左右相称の幼生となり、しばらく成長した後に、体の構成をがらりと変える変態によって五放射相称の成体となる。ウニのすべての科に、幼生の段階を省いた直接型の発生をするように進化した種がある。それらの卵は大きくて卵黄をよけいに含んでいる。大きな胚は発生すると直接小さな成体となる。幼生の食物摂取の段階は省かれ、胚の左右相称の発生は変更され——ほとんど飛び越され——直接に五放射相称の体を生じる。直接発生と間接発生の近縁の種が卵から孵化するのを何も知らずに比較したら、非常に大きな違いがあると思うだろう。しかし実際には、一方の種が他方の種の適応性の反応規準の一部を省いただけなのだ。進化上の新規性はほとんど関わっていない。新規性は生まれたが、それは新たなプロセスの創造によってではなく、省略によって生まれたのだ。

発生の可塑性が見られるさらに興味深い場合がある。二つ目の表現型多型で、環境や社会的な条件に従って発生する結果、異なる表現型の成体になるときだ。この表現型多型は、環境に反応するスイッチで制御される分岐点が発生の途上にあって、そこを過ぎると不可逆になる。この決定がなされると、後戻りはできない。

アリ、スズメバチ、ミツバチ、シロアリなどの社会性昆虫は、選択型の成体表現型の劇的な例を示す。ミツバチは表現型可塑性の実験モデルとしてよく使われる。女王候補の蛹たちの中から、ライバルよりわずかに先んじて羽化した女王蜂が巣を支配する。母親である旧女王は、働き蜂の一団を連れて巣を去る。働き蜂たちは新女王の姉妹である。彼女らは二倍体で不稔であり、新女王と四分の三の遺伝的血縁度がある。生殖能力をもつ女王蜂ともたない働き蜂は、明らかに、同じ遺伝子型から生じた異なる表現型である。

働き蜂と比べると女王蜂は大きいが、眼や口器や脳は小さく、触角は短く、脚には花粉を集めるブラシの櫛もレーキ（くま手）もかごもなく、巣づくりのための蝋腺も、幼虫を養うロイヤルゼリー（王乳）や働蜂乳を分泌する腺も発達していない（図13参照）。しかし女王蜂には非常に大きな卵巣と、働き蜂の行動を制御する「女王物質」をつくる特殊化した腺がある。女王蜂は繁殖用に選抜された表現型で、働き蜂に養われながら一日に一〇〇〇個以上の卵を産む。彼女はコロニーの生殖細胞系列の象徴である。卵巣が未発達なために不稔の働き蜂は、食物を集め、花のありかを他の働き蜂に教えるための尻振りダンスをし、蜜を貯め、巣内の部屋をつくり、産卵を管理し、幼虫や保育係の働き蜂を養い、巣の空調や掃除をする。彼らはコロニーの中の体細胞とも言え、明らかに女王蜂と働き蜂は非常に異なった表現型である。

彼らはどのようにして発生の経路を選ぶのだろう？　どちらも最初は同様な二倍体の卵から始まる。これは王台の卵と働き蜂用の部屋の卵を取り替えると、王台に置いた卵が女王蜂になるという実験で示されている。働き蜂の王台づくりを阻害する女王物質を女王蜂が十分につくらないと、王台ができ、働き蜂は王乳を準備し、これらの王台にいる幼虫に与える。王乳は栄養価の高い物質で、ミツバチのものはビテロジェニンを高濃度に含む。これは脊椎動物と無脊椎動物のどちらの卵黄にも見出されるタンパク質である。幼虫になって三日目までに、将来の女王蜂の発生は働き蜂の発生とは違ってくる。餌を働蜂乳に変えても、働き蜂用の部屋へ移しても、もはや結果は変わらない。

女王蜂の発生は速く、蛹からわずか一六日で羽化するが、働き蜂は二一日かかる。最初に羽化した女王蜂は後れを取った姉妹の女王蜂を殺し、巣を支配することもあり（母親の女王はすでに巣を離れ

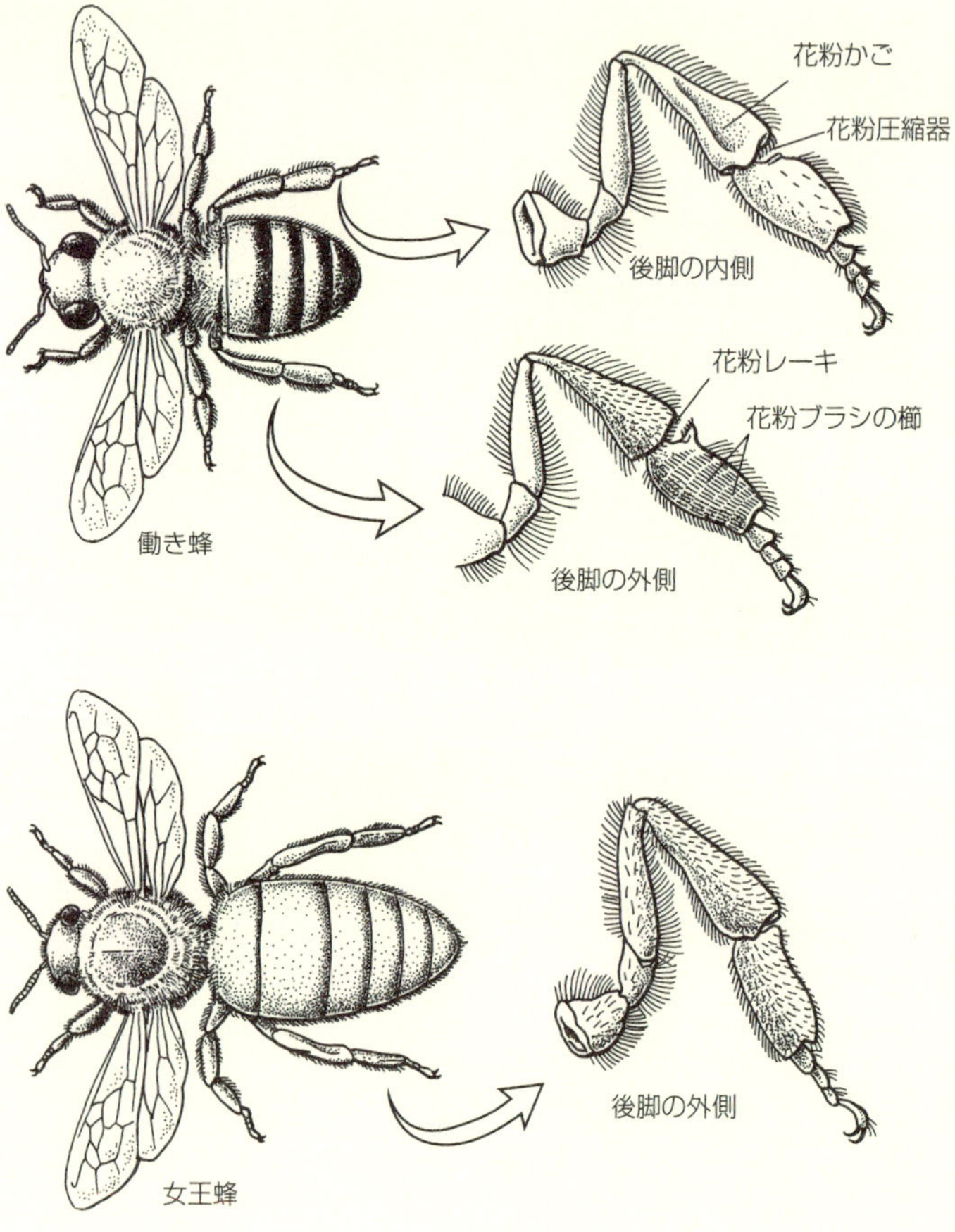

図13　ミツバチの階級．働き蜂と女王蜂は巣の中で幼虫時代に異なる条件のもとで育てられた姉妹である．脚は異なった発達を遂げ，働き蜂のものだけが花粉集めのために特殊化している．女王蜂の後脚の内側と外側は同じように見える．

ている）、群れを引き連れて巣を離れることもある。
働き蜂になるか女王蜂になるかの選択がなされるのは幼虫期の間である。王乳と働蜂乳では、幼虫が女王蜂へと発生する過程の一時期に必要なホルモンのレベル制御に違いがあるという、強力な証拠がある。王乳はこの重要な時期に幼若ホルモンのレベルを上げる。実際に、幼若ホルモンをその時期に与えると女王蜂の形成を誘導できる。幼虫が王乳や働蜂乳に反応して異なる形態を生じる仕組みについての研究は始まったばかりだ。働き蜂と女王蜂では数個の遺伝子の発現の仕方が違うことが知られている。働き蜂は小さいが、実際には構造も生理も女王蜂より複雑である。女王蜂は多くの未発達の体の部品を備えており、基本的には卵製造工場なのだ[10]。

表現型多型は昆虫に限ったことではない。カワスズメ科の捕食性の種（*Cichlasoma managuensa*）の口部は、獲物に食いつくために先が丸くなったり、獲物を吸い込むために尖ったりする。孵化したばかりの魚を実験室で二種類の給餌条件下で育てると、口部の発達は違ってくる。稚魚は小さな丸い口部をもっている。一六・五ヵ月の間、薄片状の餌を常食にすると、普通の大きさの丸い口部をもつ成体になる。同じ期間、海産の小エビを常食にすると、大きな尖った口部をもつ成体になる。口部の構造の差は八・五ヵ月までに明らかになる。薄片状の餌を食べている丸い口部の魚の餌をこの時点で小エビに変えると、まだ尖った口部になることができるが、この後に変えたのではそうはならない。八・五ヵ月より前には、顎骨の発達は餌の変化に応答するのだろう[11]。

世界中に分布するカワスズメ群（群は分類階級で目の下、科の上、置かれることが多いが固定したものではなく、種の上に置かれることもある）の変わった特徴は、喉の骨からつくられた咽頭歯という、もう一組の歯を口の奥にもつことである。二組の歯が利用できるので使い分けが可能になった。前の歯で食物を取り込み、後ろの歯でそれを嚙む。これに対してヒトは、一組の歯に両方の機能が要求されるので、互いの機能が牽制し合った結果、特殊化はしていない。先に述べた発生の可塑性は、ある種のカワスズメの前方の顎と歯に関わるものだったが、後ろの顎と歯でも発生の可塑性が見られる。昆虫よりも軟体動物の餌が多くなると、顎は広がり嚙み砕くための歯がたくさん並ぶようになる。

カワスズメには口部の表現型可塑性と、独立に特殊化する二組の歯が存在することをあわせて考えると、この魚が動物の中でも最も種の多い群の一つであることがうなずける。アフリカのたった一つの湖で五〇〇種にも及ぶのである。これらの種のいくつかは、豊かな発生の適応能力をもつ祖先の選択式の表現型の一つが突然変異によって安定化されて生じたものと考えられる(12)。

ほとんどの進化の基礎となっているのは可塑性と固定化だろう。生物の複雑な生活環の途上で逐次的に生じる表現型や、成体の選択型の表現型も、生物の表現型可塑性の全体像（シュマルハウゼンの適応的な反応規準の全体）の一部である。新たな遺伝的変異によって遺伝性となる進化上の特殊化は、すでに利用できる何らかの状態が、ボールドウィン、シュマルハウゼン、ウォディントン、ウエスト＝エバーハルトらが描いた方式により安定化したものにすぎない(13)。

環境および染色体による性決定

進化の間にいくつかのプロセスは、環境による制御から遺伝的制御に簡単に移り、また逆戻りもする（**制御の互換性**）。性が環境に応答して決まると考えるのは奇妙に感じられるかもしれないが、これは生理的制御と遺伝的制御の互換性をはっきり示す例の一つだ。魚類や爬虫類を含めた多くの生物では、雄と雌の比は温度や社会的相互作用のような環境条件に依存するので、1：1からはかけ離れていることもある。E・B・ウィルソン（皮肉なことに後に性染色体の発見者のひとりとなった）は一九〇〇年にそれまでの知見をまとめて、「性それ自体は遺伝性ではない。遺伝するのは雄か雌へと発生する能力であって、実際の結果は始原生殖細胞への外部条件の総合的な影響によって決定される」と記した。性が遺伝によるとする一九〇五年の発見は、二〇世紀初期の生物学の大きな功績の一つと考えられている。ブリンマーカレッジのネッティー・スティーヴンズは、五〇種以上もの甲虫の研究にもとづいて、性がXとY染色体のバランスによって制御されるという説得力のある証拠を示した。彼女は、雌はつねに二本のX染色体をもつこと、雄は通常は一本のX染色体とそれより小さな一本のY染色体をもつが、まったくY染色体を欠く種もあることを発見した。彼女とウィルソンは独立に、染色体が性を決定すると結論づけた記念碑的な論文を発表した。第一章に記したように、T・H・モーガンの遺伝学分野での最初の偉大な業績は、ショウジョウバエの白眼の雄の解析であり、白眼は雄性と関連していた。この結果はショウジョウバエでは（後には他の多数の動物でも）、雌はX染色体を二本もつが、雄は一本しかもたないことを議論の余地なく実質的に証明した。これに対して、環境が性を決定する生物では、雄と雌で染色体の違いはない(14)。

性決定のメカニズムは意外にも、有性生殖の減数分裂や受精のプロセスほどには普遍的でない。トカゲの多くの種やワニやカメは、卵が発生するときの周囲の温度の非常にわずかな差によって性が決まる。たとえばアメリカのミシシッピワニの卵は、三〇度で暖めると一〇〇％が雌、三三度だと一〇〇％が雄になる。胚は、九週間の発生期間のうち、ある特定の一週間、すなわち生殖器が精

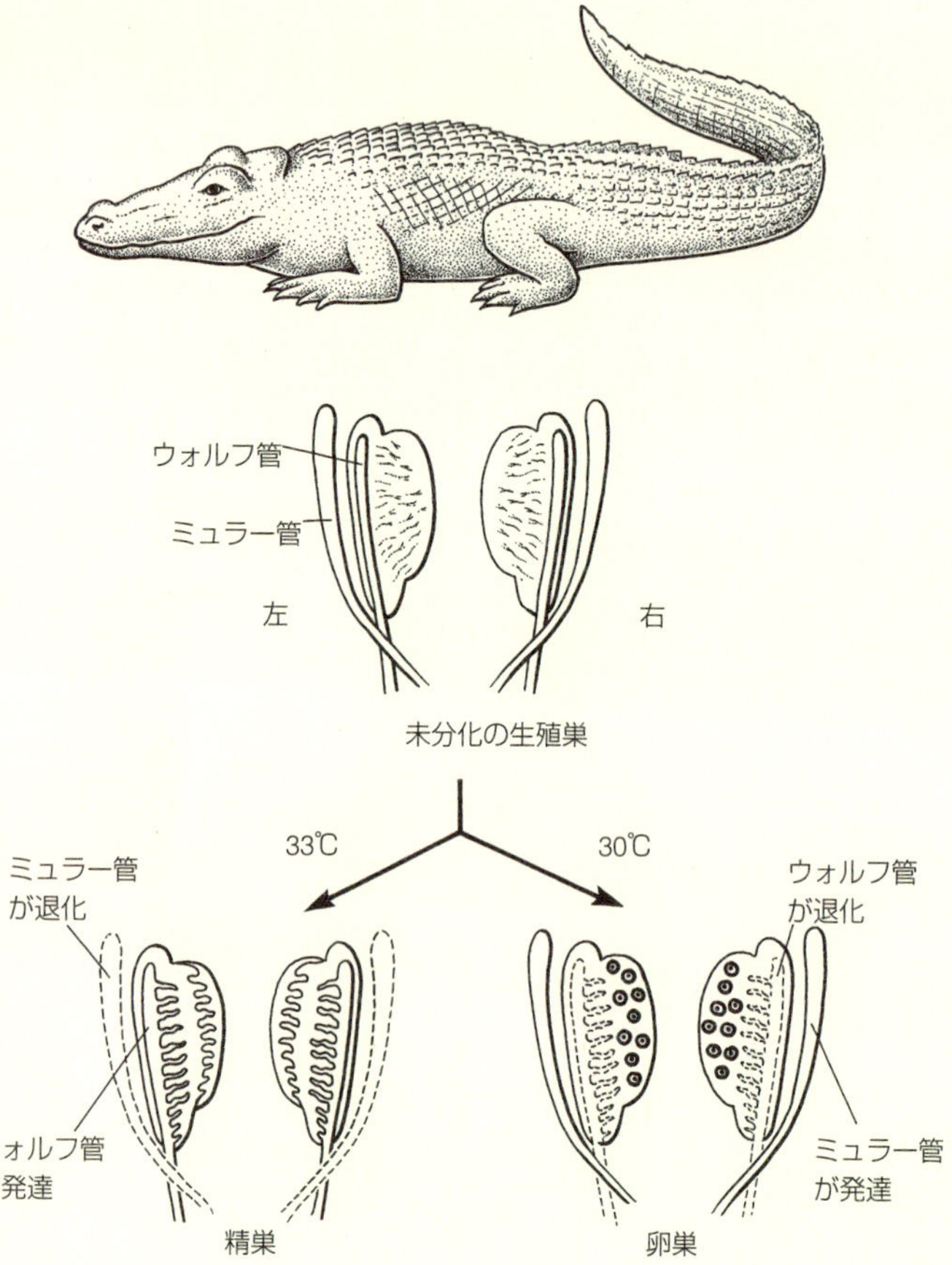

図14　ミシシッピワニの性決定．最初は精巣と卵巣の両方の要素を備えた未分化の生殖巣が形成される．後に精巣か卵巣のどちらかになるために，一部の要素が壊され，他の要素がさらに発達する．ウォルフ管は雄の副精巣と輸精管になる．ミュラー管は雌の輸卵管と子宮頸管になる．決定期の温度が方向を決める．

巣あるいは卵巣の特徴を現し始める時期が温度に感受性である。この時期より前は、発達中の生殖器はどの個体でも同じように見え、精巣と卵巣のどちらにでもなれる。この段階では生殖器官は未分化の生殖巣と呼ばれる。性決定の週に三三度に置かれると、大きな細胞が増殖して生殖細胞を取り囲む。これらはセルトリ細胞になり、精巣や精子の形成に重要な役割を果たし、雄が誕生する。三〇度では生殖細胞が増殖して塊をつくる。大きな細胞は増殖できずに消失し、卵巣が形成されて、雌が誕生する。これらを図14に示す(15)。

爬虫類の初期の生殖巣の形成は両性で等しく、温度非依存性だということが当然認められる。では温度依存性の性決定の段階はどこなのだろう？　染色体による性決定をおこなうすべての哺乳類と鳥類では、何かが温度依存性の段階を置き換えたと考えるのが正しいとするなら、何が置き換えたのだろう？　哺乳類と爬虫類では、精巣や卵巣の形成が最初はよく似ているように見えながら、同時に非常に異なった制御を受けることがどうして可能なのだろうか？

この生理を理解する鍵は、二つの安定な状態（雄と雌）をもつ回路、すなわち二つの間で転換できるフリップフロップ回路だ。中間の温度では雄と雌が中間の割合で生じるが、間性や雌雄同体は生じない。一つの手掛かりは、ミシシッピワニの卵を発生の決定的な時期に通常ならば雄を生じる温度に置いても、女性ホルモンであるエストラジオールを与えると、完全に雌に切り替えられることだ。同様に、通常なら雌を生じる条件下でも、エストラジオールの合成を化学的に阻害すると、完全に雄を発生させられる。

もしエストラジオールの生産自体が温度依存性だとすれば、これが環境に制御された性決定の引き金になりうると推論できるだろう。巧妙なバランスのもとにあるスイッチは、環境による制御だけでなく遺伝によっても容易に制御でき、突然変異が起きれば一揃いの機能を丸ごとその制御下に入れることができるだろうから、急速な進化が容易に起きる。遺伝によっても環境によってもスイッチを動かすことのできる仕組みを正しく理解するためには、このプロセスを分子レベルで記述する必要がある。

カメの性決定についてのそのような情報がちょうど得られはじめている。アカミミガメを用いた実験により、エストロゲンを他のステロイドホルモン（テストステロン様のステロイド）からつくる経路の制御が実際に性決定の引き金になっていると主張されている。このカメではワニとは逆に、低い温度（二六度）で雄が、高い温度（三二度）で雌が生まれる。フリップフロップ回路では、技術者御愛用のサーモスタット同様に、エストロゲン合成の調節器のレベルの小さな差が増幅されて二つの状態のうちの一つ、つまり高エストロゲン状態（雌の誕生）あるいは低エストロゲン状態（雄の誕生）になる。

回路の鍵となるのはＳＦ－１という遺伝子で、これに対応するタンパク質は、テストステロンとエストロゲンを合成する酵素の遺伝子発現を調節する。（低温で）ＳＦ－１タンパクの量が多いと、主産物としてテストステロンを合成する酵素がつくられ、エストロゲンはほとんどできないので、雄が生まれる。（高温で）ＳＦ－１タンパク質の量が少ないと、テストステロンをエストロゲンに変える酵素がつくられ、エストロゲンが主産物となり、雌が生まれる。

回路には他の性質も加えられて、間性が生まれるような中間の状態にはならないように保証している。エストロゲンが蓄積し始めると、フィードバックによってテストステロンの生産が阻害される。その結果、ＳＦ－１タンパク質生成の温度依存性によってどちらか一方へ切り替えられる二股スイッチができる。生命現象では実質的にすべてが温度依存性なので、温度による制御と遺伝的制御のさまざまな様式がどのようにして爬虫類や魚類のいろいろな種で繰り返し進化してきたかを理解するのはたやすい(16)。

魚の中には性決定が不安定で、温度によってではなく社会的な環境によって性を変えられるものがある。ベラ科のブルーヘッドでは、集団を支配していた有力な雄を失うと、最も大きな雌が急速に雄の行動を取るようになり、後に雄の色彩を身に付け、生殖巣が卵巣から精巣に変わる。行動の変化は生殖巣とは無関係に、数時間以内に起きる。これらは脳から分泌されるホルモンの生産に依存しているのである(17)。

脊椎動物では性決定の遺伝的プロセスは二種類に分かれる。哺乳類では、雌は二本の同一の性染色体（XX）をもつのに対し、雄は一本のX染色体と一本の小さなY染色体（XY）をもつ。鳥類と両生類では、雄は二本の同一の性染色体（ZZ）をもつのに対し、雌は二本の異なる染色体（ZW）をもつ。染色体によるこれら二種類の性決定がどのようにして生じたのだろうか、またこれらは環境による性決定の方法とどのような関係にあるのだろうか？　最も重要なことは、これらに対する答えが、体細胞適応のプロセスが進化を促進する仕組みについて、どんな手がかりを与えてくれるかだ。性決定の基礎となるメカニズムは、すべての脊椎動物に共通である。SF－1タンパク質のような保存された因子に制御される同じ酵素類を例外なくもっている。脊椎動物の元となった祖先は、現在のカメと同様に性染色体はもっておらず、きっと何らかの形の環境による性決定手段を用いていたのだろう。

遺伝子は選択を受けるので進化の過程ではある程度安定しているが、染色体はそうではない。遺伝子はコピーされて染色体から染色体へと移動することがある。特に遺伝子の活発な行き来が哺乳類のX染色体で時々起きる。遺伝的性決定の進化のシナリオとして、理にかなったものの一つは、次のように論じている。はじめは一対の染色体上に、性決定にかかわるさまざまな遺伝子が同様に存在していたが、片方の染色体の退行がはじまり、つぎつぎと遺伝子が失われて、それらは他の染色体に移動していった。ヒトのY染色体は、何百万年も前に崩壊しはじめた昔のX染色体の残りかすだということがいまではは っきりしている。Y染色体はまだX染色体の配列の名残をとどめているのである。退行の過程で縮小していくX染色体は（現在のY染色体になっていく途上で）性決定因子にアンバランスを引き起こしただろう。哺乳類の場合は、それ（現在はY染色体と呼ばれている）は雄決定遺伝子を残すことになったのに対し、両生類と鳥類の場合はそれ（現在はW染色体と呼ばれている）は雌決定遺伝子を残すことになった。この時点で、性決定は遺伝子にもとづくようになった。というのは、Y染色体は哺乳類で「雄性」に必要になり、W染色体は鳥類で「雌性」に必要になったからだ[18]。

この先どうなるのだろう？　X染色体の退縮、すなわちY染色体の形成は、止まる必要があるわけではなく、Y染色体自体が完全に破壊されるまで続く。ハタネズミ（*Ellobius* 属）という哺乳類が答えを示しているのかもしれない。ハタネズミはまったくY染色体をもっていないらしい。性決定の活性が退行中のY染色体に残っていなければならない理由はない――他の染色体に移動して、改めて性染色体を新生させればよいのだ。その染色体が退行すると、それが新しいY染色体になるのである[19]。

性決定の進化の歴史が予想外に激しいことから、進化も生理も同じ不安定な系に影響を与えることができるとわかる。このような例は、調節的なプロセスとコア・プロセスとの違いをはっきり見せている。脊椎動物の性決定のコア・プロセスはエストロゲン生産の制御であり、これは調節因子SF－1が関与する二つの安定状態をもつ回路を介しておこなわれる。このコア・プロセスは保存されている。さまざまに多様化しているのはコア・プロセス自体ではなく、雄へ（低エストラジオール）あるいは雌へ（高エストラジオール）向けてコア・プロセスのバランスを傾けるために動物が利用する方法なのだ。

遺伝物質の調節による性の決定には、ヒトのような高等動物の場合、XXとXYの遺伝子のアンバランスが関わるが、他の動物では多くの環境因子も関わっている。すべての酵素反応が温度依存性なので、温度への応答性はこの系にもともと備わっている。見事なのはエストラジオールを生産するコア・プロセス自体だ。フリップフロップによって二つの状態のうちの一つ、つまり雄か雌かに切り替わり、中途半端な間性を避けるようにバランスが取られていることだ。引き金は、ほんのわずかな偏りを生み出しさえすればよいので簡単に進化してくるのだ。

ヘモグロビン——生理と進化の間の分子レベルの架け橋

二〇世紀半ばに分子生物学と生化学の方法を使った研究が広まるまでは、（環境からの刺激が遺伝的変化の代わりになりうるように見えても）体細胞による適応能力の基礎をなすプロセスが本当に進化の基礎としても役目を果たしているという証拠を見つけるのは難しかった。そのような証拠を見つけるには、生理あるいは発生のプロセスを分子レベルで理解し、また進化による重要な変化も同様に理解して、比較することが必要だった。生理的プロセスも発生のプロセスも大部分は非常に複雑だが、その中のある生理的なプロセスは際立って単純で、体細胞適応と進化的適応の関連をはっきり示してくれる。それはヘモグロビンによる酸素輸送のプロセスである。

ウィリアム・ハーヴィが一六二八年に、心臓のはたらきは閉じた循環系に血液を送ることだと明らかにしたとき、栄養補給に必要な量をはるかに超えるおびただしい量の血液がなぜ肺を通過するのか、彼は満足の行く説明ができなかった。ジョゼフ・プリーストリー（一七三三―一八〇四）とカール・ヴィルヘルム・シェーレ（一七四二―一七八六）が酸素を発見し、アントワーヌ・ラヴォアジエ（一七四三―一七九四）が燃焼と呼吸で酸素が消費されることを明らかにした後、ようやく生物が酸素を消費して二酸化炭素を排出することが認識された。血液が含む単位体積あたりの酸素の量は、水が酸素を溶解する量より多く、また動脈血は静脈血よりも酸素を多く含む。酸素を多く運ぶ能力は、タンパク質（グロビン）に結びついた鉄を含む色素（ヘム、御存知のように赤い）に酸素が結合することから生じる。[20]

酸素の運搬・授受の複雑な調節や適応能力のほとんどすべては、比較的単純なヘモグロビン分子に組み込まれており、後述するように、ここでも重要な進化的適応が見られる。ヘモグロビンは太古から存在する分子で、細菌から動植物まですべての生命体に見出される。脊椎動物ではヘモグロビンは四つのタンパク質分子、すなわちアルファグロビン二個とベータグロビン二個の集合体である。四つのグロビンそれぞれに、鉄原子一個を含むヘムと呼ばれる分子が結合しており、各鉄原子に一分子の酸素が結合することになる。四つのグロビンからなるヘモグロビン分子は、四つの鉄すべてがそれぞれ酸素を結合すると飽和する。

ヘモグロビンの役目は、肺で酸素を積み込み、組織へ運び、そこで放出することだ。それと交換に、組織で二酸化炭素を積み込み、肺へ運び、そこで放出する。（肺の中には酸素が多く、組織中には二酸化炭素が多いので）このプロセスは単純に見えるが、効率が重要だ。ヘモグロビンのような特殊な性質を備えていない酸素結合タンパク質だったら、結合している酸素の半分以上を肺から組織をめぐって肺へ戻る循環の間に放出することは決してできないだろう。残った半分は使われずに戻ってくることになる。安静時のヒトでは、実際にそうなっている。

筋肉を目いっぱいにはたらかせて酸素の要求量が高くなったときにはどうなるのだろう？　ヘモグロビンのような最適の運搬体ならば、そういう条件下ではほとんどすべての酸素を放出できる。効率のこの二倍の上昇は、運動をするときにはかなり重要である。たとえば、心臓や血管の大きさを二倍にして酸素の配送量を二倍にするしか代わりの方法がないとしたらどうなるか考えてみればよい。

ヘモグロビンは二種類の立体構造を取ることができるタンパク質として、最もよく知られた例だ。タンパク質の全体の形が一つではなく二つある。二種類の構造中では、四個のグロビンサブユニットの配置が異なり、各々のグロビン鎖の折りたたまれ方もわずかに変化している。ヘモグロビンの一方の構造は酸素を結合する親和性が高く、活性状態あるいは酸素結合状態といわれる。他方の構造は酸素を結合する親和性が五〇〇分の一しかなく、不活性状態あるいは酸素放出状態といわれる。二つの状態間の移行は全か無か、すなわちヘモグロビン分子の四つすべてのサブユニットがそろって不活性状態か活性状態になり、図15に示すように、分子全体は一方の構造から他方へと急速に変

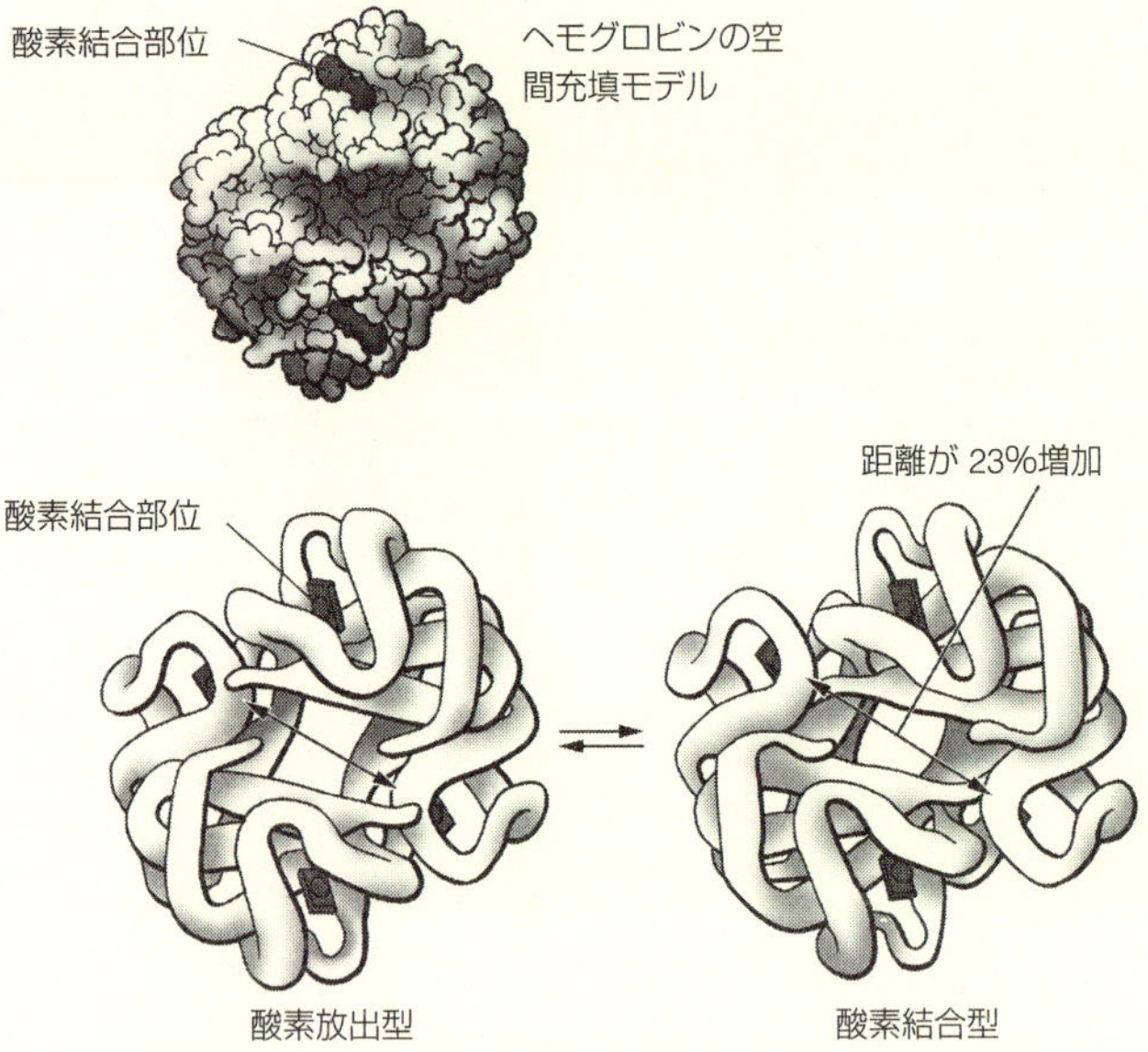

図15　ヘモグロビンの二種類の状態．上段：1000 万倍に拡大したヘモグロビン分子．黒い部分は酸素結合部位．4 つのうち 2 つしか見えていない．下段：ヘモグロビン分子の 2 種類の型を，模式的なペプチド鎖として示す．これらの型は急速かつ自発的に相互転換する．右側の型は酸素を結合しやすく，左側の型は放出しやすい．

化する。

この挙動がヘモグロビンの酸素配送効率の秘密のもとだ。ヘモグロビンは条件に応じて酸素結合型と放出型のどちらかの型になる（図16参照）。酸素が存在しないと不活性状態がより安定になり、ヘモグロビン集団の中で活性状態より一万倍も多くなる。酸素はどちらの状態にも結合するが、活性状態に対してはるかにしっかりと結合するので、この状態が不活性状態に戻るのを妨げる。したがって酸素が存在すると、ヘモグロビン集団のより多くのメンバーが活性状態になり、集団全体としてますますそれ以後の酸素分子

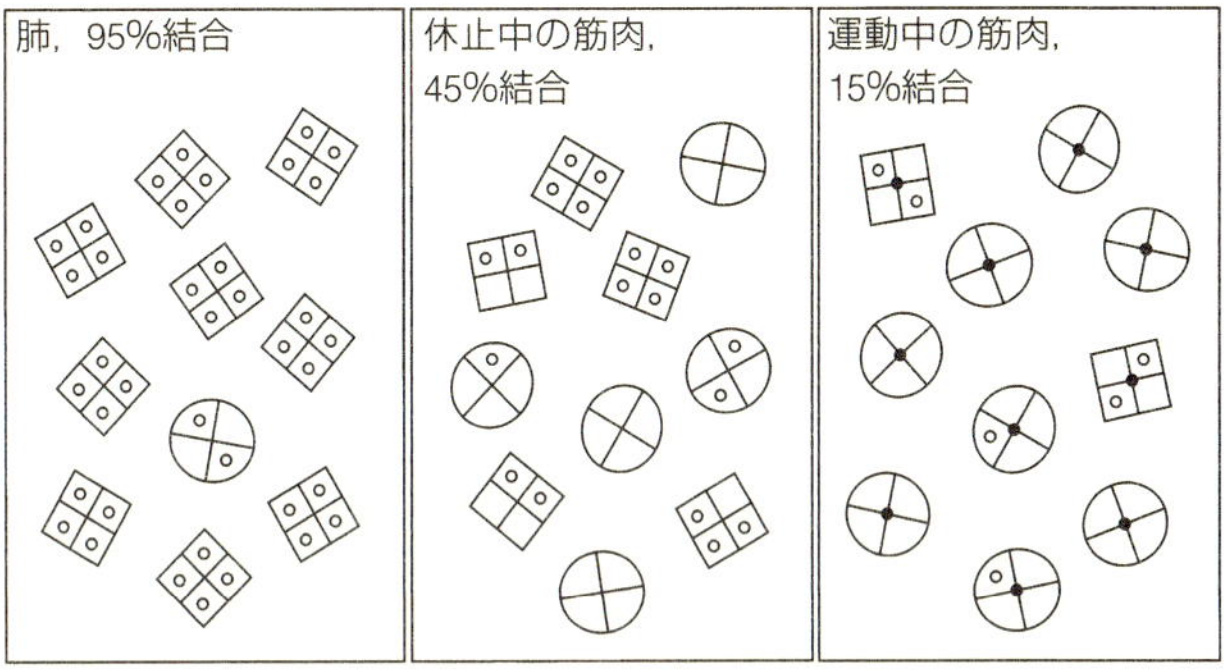

図16　ヘモグロビンの応答．左：血液が肺を通過すると，ほとんどのヘモグロビン分子は酸素結合型となる（結合型ヘモグロビンを大きな正方形で，結合した酸素を小さな白丸で示す）．中央：血液が休止中の筋肉を通過すると，およそ半分のヘモグロビン分子は放出型（大きな円で示す）に変わる．つまり酸素の半分が放出される．右：血液が激しい運動中の筋肉を通過すると，ほとんどすべてのヘモグロビン分子が放出型に変わる．筋肉が運動するときに生じる熱，酸性度，ビスホスホグリセリン酸（ヘモグロビン分子の中央の黒い点で示す）によってこの型が優勢になる．この条件下では酸素の 80 - 90％が放出される．

が結合しやすくなる。ヘモグロビン分子に平均して二個の酸素が結合すると、その集団はこの時点で活性状態と不活性状態が等量存在するようになる。平均してどの分子にも四番目の酸素が結合するようになると、活性状態がほとんど一万倍も多くなる。この集団の転換の様相、すなわち酸素の結合は、徐々にではなく急激に起きる。ヘモグロビン分子が酸素を結合すればするほど、次の酸素が結合しやすくなるからだ。

放出のプロセスも急激で、酸素が一個失われると次の酸素が失われやすくなる。酸素濃度の高い肺の毛細血管中では、ヘモグロビンはほとんどすべてが活性状態で完全にたっぷり酸素を結合している。運動中の体の組織ではエネルギー生産のために酸素が急速かつ不可逆的に消費されて低酸素濃度になるが、このようなときにはヘモグロビンはほとんどすべてが不活性状態で酸素をほとんど放出してしまっている。ヘモグロビンは酸素の欠乏に応答して酸素親和性を下げ、酸素を放出する。二つの状態の相対的な安定性と、酸素に対する相対的な親和性は、このタンパク質自体にこのように設定されているので、標準的な条件（一気圧、穏やかな活動）ではヘモグロビンは肺の中では酸素をほとんど完全に結合しており、組織内ではおよそ半分を放出する。

さまざまな条件がこの平衡状態を乱し、そうすることによってヘモグロビンの酸素結合－放出の挙動に影響を及ぼしているだろうと想像できる。まさにそのとおりで、外部環境の変化だけでなく、ヘモグロビン自身の突然変異という内的変化も影響を与える。過剰な酸素要求（低酸素症）、温度、盛んに働いている組織付近の酸性度も環境条件である。ヘモグロビンは、一般に最大限の結合－放出を達成するよう調整されている。ヘモグロビンは非常に応答性のよいタンパク質で、調節を受けやすい。筋肉が最大限に活動すると、生み出された熱と酸性度の上昇により放出型が優勢になる。これらの条件に応答して、ヘモグロビンは酸素の八〇－九〇％を放出する。完璧に近い輸送担体だ。

高山に登ったときなどに経験する低酸素症のような異常な生理条件下では、海水面に対して最適化されたヘモグロビンの二つの状態間の平衡全体をリセットしなければならない。三六〇〇メートル以上の高度では、酸素が海水面の三分の二ほどしかないので、おもな影響として呼吸数が増加する。この増加は高地に順化した後も維持される。呼吸数の増加により肺では酸素添加量が増える。これは酸素の結合を増やすが、組織での酸素放出は高めないので、呼吸数が増えたにもかかわらず全プロセスとしては効率的ではない。系をリセットして酸性度の低い条件下でもっと効率的な酸素放出ができるようにするために、赤血球は低酸素条件の下で代謝の副産物である2、3－ビスホスホグリセリン酸という小分子をつくる。この分子は不活性状態のヘモグロビンに結合し、平衡を放出型に傾け、組織内で酸素の効率的な放出をさせる。
単純な二状態間の平衡なので、酸素結合の活性化物質と阻害物質の両者による調節ができる。酸素結合の一つの活性化物質は、すでに述べたように酸素自体である。ヘモグロビンの四つのサブユニットの一つに酸素が結合すると、集団が活性状態に転換され、すなわち四つの部位すべての酸素親和性が高まった状態になり、別のサブユニットへの二つ目の酸素分子の結合が促進される。水素イオン（酸）やビスホスホグリセリン酸のような阻害物質は、不活性状態のヘモグロビンに酸素よりも強固に結合して阻害する。集団をそちらの方向へ転換させ、四つの部位すべての酸素結合性が同時に弱くなり放出がうまくいくようになる（図16）。

　哺乳類は低酸素条件の下で酸素のバランスをリセットするためにビスホスホグリセリン酸を使うのに対し、他の動物は別の方法を使う。鳥類は別の糖、イノシトール五リン酸を利用する。これもビスホスホグリセリン酸のように不活性状態に結合し、酸素が組織で放出されるようにする。ヤツメウナギの系は恐らく最も単純だろう。ヘモグロビンの構造には二つの状態間の平衡がある。活性状態は単一の折りたたまれた鎖、つまりサブユニットが単独で存在するときである。不活性状態では、二つのサブユニットは複合体を形成しており、酸素を結合しない。明らかに、酸素は単一のサブユニットにだけ結合することによって、ヘモグロビンの集団を単一サブユニットに解離した活性状態に転換させ、酸素の結合を増加させる。組織内では〔高い〕酸性度が平衡を不活性な複合体の方へ移動させ、酸素は放出される[21]。

進化の過程での改変

ヘモグロビンは、構造がどのようにして生理に影響を与えるか、構造と生理の両者が進化によってどのように改変されてきたかを示す最適の例であることは疑いない。医学研究者は、機能の一部に欠陥があり病気の原因となる多様なヒトヘモグロビンが存在することを確認した。分子レベルで性質が解明された最初の病気は鎌状赤血球貧血である。これはたった一個のアミノ酸の変化で引き起こされる。この節では、ヘモグロビンを病理学的に見るのではなく、ヘモグロビンの活性型と不活性型の間の平衡を動かしてきた進化過程での改変を見ることにする。

進化の間に、動物たちが新たな生理条件に適応できるような多くの改変がヘモグロビンにほどこされた。哺乳類は特殊な適応をしており、胎盤を用いる発生で生じる問題に対して三つの解決法を編み出した。胎児の位置は母親の肺から遠いので、十分な酸素を得るために母親の組織と競合する。哺乳類では通常、胎児の赤血球は母親の赤血球よりもビスホスホグリセリン酸の生産が少ない。したがって胎児の赤血球のヘモグロビンは活性状態に留まり、周囲の母親の組織を犠牲にして酸素を結合させることができる。この単純な生理的適応には、成体も利用できる仕組みと同じものが使われている。

霊長類は元のヘモグロビンの遺伝的変異体として、胎児用のヘモグロビンを進化させた。主要なアルファ、ベータヘモグロビン鎖は、およそ四億五〇〇〇万年前に魚類で出現した。その際、祖先型のグロビン遺伝子が重複し、配列に変更が生じていた。その後、ジュラ紀に当たる一億五〇〇〇万年前、ベータ鎖の遺伝子がふたたび重複してさらに分岐し、後に霊長類となった初期の哺乳類系列で胎児用の変異体が生じた。この胎児ヘモグロビンはアミノ酸配列がわずかに異なる。ヒトの胎児ヘモグロビンは成体ヘモグロビンとほぼ同じ酸素親和性をもつが、アミノ酸配列が数ヵ所異なるため、ビスホスホグリセリン酸を十分に結合できず、活性状態に留まる傾向がある。母体の循環系中のビスホスホグリセリン酸は母体のヘモグロビンの平衡を不活性状態に押しやるのに対し、胎児ヘモグロビンはビスホスホグリセリン酸に感受性でないので酸素を母体の循環系から奪うことができる[22]。

ウシ、ヒツジ、ヤギでは、重複したベータ遺伝子から、胎児ヘモグロビンのさらに別の種類が約五〇〇〇万年前に生み出された。これらの動物では、成体ヘモグロビンはビスホスホグリセリン酸ではなく赤血球中のリン酸によって酸素の放出が促進されるような影響を受ける。胎児ヘモグロビンは、胎児赤血球中のリン酸によって不活性状態が安定化されないこともあって、酸素にもともと高い親和性をもつ。したがって胎児ヘモグロビンは活性状態に傾き、ここでも反芻動物の母体のヘモグロビンに打ち勝つことができる。ヘモグロビンの平衡を移動させるための方法が多数あって、すべて同じ結果をもたらすことは、驚くには当たらない。いずれも二状態間の平衡のシステムが先に進化したことが基礎にあるのだから、当然のことなのだ。

ヘモグロビンの最も驚くべき遺伝性の適応の一つは、酸素が海水面のたった二九％しかない高度九二〇〇メートルのヒマラヤ山脈の上空を飛ぶインドガン（インド雁）の例だ。低地にすむ類縁のガンと比べて、たった一つのアミノ酸しか変化していないが、この変化が酸素の足りないところでもヘモグロビンを活性状態の方向に押しやる。こうしてヘモグロビンは低酸素状態でもよく酸素を結合する。もし同じ突然変異がヒトヘモグロビンに起きると、やはり活性状態に押しやることになる。脊椎動物のヘモグロビンと同様に、無脊椎動物の一部にも、生活環のさまざまな段階で酸素に対する親和性の異なるいろいろなヘモグロビンを順番に発現するものがいる。これらの親和性の違いがどうして生じるのかはわかっていないが、遺伝子にもとづいたアミノ酸の置換を通じて二状態間の平衡を移動させておこなっていることは十分考えられる。[23]

生理的適応と進化的適応

これらの例から、動物たちは（胎児が通常経験するものも含めた）低酸素状態に応答して、遺伝的な戦略と生理的な（体細胞の）戦略の両方を使えることが明らかだ。どちらのメカニズムも、すでに存在する二状態平衡をどちらかの方向にずらすことで目的を達成している。活性状態と不活性状態、すなわち酸素の結合が勝る状態あるいは放出が勝る状態のどちらかを選ぶのだ。進化の中で優れた発明を選ぶとすれば、この「協調した二状態間の遷移」は確実にそのうちの一つに入るだろう。それは非常に古く、非常によく保存されており、自在に改変できる。最も重要なことは、この改変の自在性こそ、生理的な適応を可能にするものとして、生物の各世代で選ばれてきたということだ。

右の例に加えて、アンデスの高地にすむラマの成体のヘモグロビンを考えよう。突然変異によってビスホスホグリセリン酸に対する親和性が低下しており、霊長類の胎児のヘモグロビンによく似ている。同地域の同じ高度にすむ家畜化されたニワトリのある系統は、低地の系統と同じヘモグロビンをもつが、突然変異によって赤血球中のイノシトール五リン酸の濃度が低い。これらの適応は非常に多くの方法によって達成できる。どれもが構造的には小さな一歩にすぎないが、その生物にとって大きな利益を生み出している。(24)

ヘモグロビンの進化の過程での改変は、遺伝的制御と生理的制御がどれほど簡単に互いに代役を務められるかを示している点で、性決定を思い起こさせる。ヘモグロビンの二状態系では、単一の突然変異が外からの調節に取って代われる。高所を飛ぶガンの場合のように、一個のアミノ酸の変化が新たな生理作用を生み出すのだ。ヘモグロビン分子は微妙なバランスを保った系なので、環境からの入力あるいは突然変異が、酸素の結合や放出を変化させる引き金を引くことができる。高所への順化や胎児のヘモグロビンのような新たな生理作用の進化は、ほんの一歩か二歩の距離にある。

ボールドウィンとシュマルハウゼンが予言したように、ここで論じた例では、きっと体細胞の適応が先にあり、それから突然変異が生じてその適応の一つの状態を固定し、恐らくさらに広げたのだろう。しかしボールドウィンの筋書きを証明するのはどの例をもってしても難しい。高所を飛ぶガンのヘモグロビンは、普通の二状態へモグロビンをもつ普通のガンが、食糧や渡りのルートを探したときに進化したと想像できる。ヒマラヤ地方を普通の酸素運搬の適応能力が許す限りの高度まで飛んでいるうちに生じたのだろう。この状況が強い方向性をもった選択圧を生み、ヘモグロビンの酸素親和力を高めるために一個のアミノ酸を変化させることになったのだろう。すでにそこにあるものが利用され、もともとの（高親和性の）活性状態が安定化されたのだ。

この方法によって、体細胞適応は進化的適応となった。突然変異へのささやかな投資は、表現型の大きな利益をもたらし、エヴェレスト山を越える渡りが成功した。時が経つと、表現型の変化がもたらす発生上と機能上の結果はさらに変異と選択を受け、最もよく適応した狭い領域内に収まるようになる——シュマルハウゼンの言う、「安定化選択」である。

ヘモグロビンの分子レベルの研究により、シュマルハウゼンやボールドウィンの考えをはるかに超えて理解が進んだ。ここで新たに付け加わった知見は、非常に厳しく拘束され、保存された微妙なバランスを保ったスイッチのような系にはたらきかけることによって、進化が生理作用の基礎の上に築かれうるということだ。この表現型（酸素の輸送）は二つに分けられる。(1) ヘモグロビンタンパク質とその動的な平衡のような、ある程度複雑な保存された適応系、(2) 酸素とビスホスホグリセリン酸のような単純なシグナル、である。この構成のおかげで、単純なシグナルをタンパク質構造中の単純な突然変異で遺伝的に置き換えることが容易にでき、この方法によって小さな遺伝的変異が表現型の変異に対して大きな影響をもたらすことができるのだ。

体細胞適応と進化

ボールドウィン、シュマルハウゼン、ウォディントンが教えてくれることは、生物は体細胞による適応の中に潜在的な新規性を多量にもっていることだ。ウエスト゠エバーハルトがこの考えを拡張しているように、すべての表現型の新規性はすでに存在する表現型の再編成である。実際に生物は二つの表現型から一方を選んで発現できる場合が多く見られる。昆虫の異なる階級や雌雄の性決定のように安定なもの、あるいはヘモグロビンの酸素結合型と放出型のようにたやすく入れ替われるものなど。これらの表現型はすでに進化の間に試されているので、必ず生存可能かつ周囲の条件に適応している。これらは表現型の特殊なセットであって、決してランダムなものではない。

これらの体細胞による適応には単純なものもあれば、さまざまな形の可塑性を示す発生のように、形態・生理・挙動のすべてを組み込んでいるものもある。これらの発生の選択式の経路は、ある段階から次の段階へ進むのに通常はシグナルが必要なこともあって、容易に安定化や改変ができる。単純な突然変異によって、シグナルの省略や阻害が簡単にできる――これは遺伝子と環境の互換性の例で、自然界と実験室の研究の両者で形態的なレベルで証明されている。

体細胞適応の安定化は進化的適応を促進する重要な方法だという主張に対して、その場合は新しいことはそれほど多く成し遂げられていないと懐疑論者は反論するだろう。改変はささやかなものだとか、ときには進化でつくりあげられた複雑なものの単純化にすぎないとされることもある。ミツバチがさらに手の込んだ進化のために二つの表現型から一つを選ぶことと、その表現型を創出することとはそもそも別物だ。生物に豊富な新規性がすでに内在していなければならないという必要条件は、この考えのネックになっている。悪くすると、進化は複雑なものから単純なものへ進むと述べていることにもなりかねない。

しかしここで述べた例は単純化ではない。メカニズムのはっきりしたヘモグロビンの場合でさえ、新しい型のヘモグロビンの生理的性質に依存して発達した胎盤の生理作用は、すでに存在するものからこしらえたものではない。突然変異や、集団内に存在する遺伝的変異の新たな組み合わせによって、生理作用の幅を調整できるヘモグロビン分子の能力を利用したものだ。ヘモグロビンの調整可能な性質は、進化する際に遺伝的な改変がしやすいからと将来を見越して選択されたわけではなく、環境条件に応じて可逆的に調整できるという、どの世代にも役に立つ性質のために選択されたのだ。

ハチの表現型多型、爬虫類の性決定、ヘモグロビンの生理作用など、生物の生態の多くはそれぞれ特殊なように見えるが、非常に一般的なある古いメカニズムがこれらのプロセスの根底にある。後述するように、ヘモグロビンは微妙なバランスを保った多くのタンパク質の中の一例にすぎない。ただしそのようなタンパク質は、ヘモグロビンとは異なって、私たちの体のすべての細胞中で機能しているのだが。適応の能力は真核生物の多くの保存されたコア・プロセスの重要な性質である。表現型多型も、環境による性決定も、いろいろに改変可能な転写メカニズム（また別のコア・プロセスのひとつ）を利用している。これは胚発生でも大きな役割を演じている。

酸素の調節などのメカニズムは、環境の変化の影響を和らげることによって現在の表現型を維持する役割を果たしているが、このようなメカニズムが同時に進化において変異をつくりだす手段となっていることは、直観に反するように思われるかもしれない。この安定性と変化の見かけ上の矛盾は、保存と多様性が一見矛盾するように思えることと重なる。ヘモグロビンの酸素輸送や哺乳類の性決定のような高度に保存されたプロセスが、どのようにして多様性の創出に対する障壁を下げるのだろう？

これらの見かけの矛盾に対する答えは、分子レベルで考察すれば非常にはっきりしている。生物が**ロバスト**〔内外の不確定な変動に対して、系が現状を維持できること〕なのは、ストレス下でもゆがめられないほどに堅固にできているからではない。ロバストさは適応性のある生理作用から来ている。生物が同じ状態に留まるのは、変化できないからではなく、周囲の変化を補償するからだ。表現型の安定性の秘密は動的な復元作用なのだ。突然変異や遺伝的な新たな組み合わせが、これらの動的な復元系にはたらきかけて最適条件をリセットし、死亡率の低い一群の重要な表現型を生み出す。体細胞適応の新たな型が進化によってたやすく達成されるのは、生物があらゆるレベルで変化できるようにつくられているからなのだ。

第四章　弱い調節的な連係

生物の形態・生理・行動のほとんどを生み出す保存されたコア・プロセスを、いよいよ直接調べることにしよう。これらは三〇億年前から五億年前までに進化したプロセスであり（第二章）、代謝・遺伝子発現・細胞間のシグナルのやりとりが含まれる。

問いを突き詰めていきながら、すべての保存されたコア・プロセスは適応能力をもっていること、またそれらは、外部の条件に反応するために使われていることに目を奪われがちだが、むしろ生体内の変動する条件に反応するために使われているという事実を述べる。ここでまた以前と同じ問いかけをしよう。これらのコア・プロセスはどのようにして進化において新規な変異の創出を促進できるのだろうか？

コア・プロセスは「保存」と「節約」を内にもっている。保存の面については、コア・プロセスのRNAやタンパク質をコードしている遺伝子が、クラゲからヒトに至る多様な生物を通じて非常によく保存されているという証拠がある。コア・プロセスは数回の革新の大波の中で確立され、それ以来基本的には変化せずに維持されてきたことを見てきた。節約の面については、複雑な生物がどれほど少ない遺伝子で機能しているかが明らかになっている。ヒトの遺伝子はわずか二万二五〇〇個であり、ショウジョウバエのおよそ一倍半にすぎない。

保存と節約というこれらの二つの事実は、比較的少数の保存された要素を重複して用いることによって複雑性が生じるに違いないことを物語っている。たとえば適応可能な範囲の中のどこを選ぶかによっても違いが出るし、保存された要素の組み合わせを変えても違いが出るために複雑さが生じる。コア・プロセスの要素が多様な組み合わせでさまざまな結果をもたらすような性質をもっている限り、保存と節約は両立しうる。生物が異なる**細胞タイプ**や細胞の挙動を生み出すためには、多様なシグナルを生産したりシグナルに応答したりして、ゲノムから種々の情報を引き出し、細胞挙動のいろいろな組み合わせをつくりださなければならない。限られた構成要素を用いてこれらすべての情報を処理する能力が、コア・プロセスの体細胞適応の基礎になっている。

進化の過程で既存の細胞挙動や発現される遺伝子の組み合わせを変えて、新たな挙動や遺伝子の組み合わせをつくらなければならない。保存されたコア・プロセスの互いの連係方法を改変することによって生じる体細胞適応の能力もある。本書では通常、「連係」あるいはもっと正確にいうなら「調節的な連係」という言葉によって、情報が要素から要素へ伝えられる仕組みのことを示す。すべての情報伝達は分子レベルで起きるので、具体的には、ある分子が情報を他の分子へ伝える仕組みのことを指す。シグナルは細胞の外部あるいは生物の外部から来る。それらは一連の伝達反応によって伝えられて最後に応答が生じる。その後、その応答は環境あるいは生物自体に対して影響を与える。

飴をなめると糖を取り入れることになる。体が糖を摂取した後、複雑な経路によって血糖レベルを感知すると、膵臓が適切に応答してインスリンを放出する。血液中のインスリンの増加は、組織内にさまざまな反応を引き起こす。脂肪細胞では脂肪をつくり、肝臓ではグリコゲンをつくり、筋肉では糖を取り込む。糖やインスリンのような比較的小さな分子は、直接にはこのような異なった複雑な結果を引き出せない。糖は間接的な作用でインスリンの分泌を引き起こさなければならず、インスリンも間接的な作用でさまざまな細胞の応答を引き出さなければならない。

これらの結果をもたらすには、糖とインスリン、インスリンと組織の応答の間の、ほとんどすべての段階に連係が存在する必要がある。これらの連係がつくられる仕組みは非常に重要である。それがわかれば、進化でどのようにして新しい連係が生み出されるのかがわかるからだ。個々のコア・プロセスは新たな連係の出現と消滅が簡単にできるように組み立てられていることが、生物の機能の至るところで判明している。ヘモグロビンの例のように、新たな生理作用や挙動が生じるには、生物の現在の複雑なものが遺伝的にわずかに変化するだけでよいのだ。

本章では、一九九〇年にマイケル・コンラッドが創り出した**弱い連係**という用語を使う。これは間接的な、要求の緩やかな、情報量の少ない調節的な連係のことで、簡単に壊したり他の目的に流用したりできる。物理的にも弱いかもしれないが、最も強調したいポイントは、簡単に変更が可能な、最小限のつながりとしての性質をもつということだ。一つたとえを挙げれば電気のコンセントとプラグが似ているといえるかもしれない。つくりが規格化されていて、さまざまなものが接続できるという点で。ここでは連係について、簡単に再編できるという特殊な性質の真価がわかる分子レベルで考える(1)。

一九五〇年代と六〇年代におこなわれた細菌の遺伝子機能の研究から、これらの生物情報回路中の連係の分子レベルでの性質についての重要な知見が得られた。ジャック・モノーとフランソワ・

ジャコブの実験は分子生物学の歴史の中の伝説となっているが、彼らの遺伝子機能の研究も進化に対して強い関わりをもっていた。彼らは、生物が小さな分子によって代謝調節をする際の、多目的な利用と生理的なロバストさを同時に達成する仕組みを説明した。

ジャコブとモノーは細菌の回路を研究対象にした。多細胞生物の回路ほど複雑でないからだ。とはいえ細菌も比較的単純な回路の中で、弱い調節的な連係を用いている。真核生物の細胞はこれらの連係をさらに複雑かつ融通のきくものにしたが、細菌で確立された原理は動物にとっても同様に重要である。じつは細菌の代謝研究は、はるかに複雑な生物機能の研究を代表するものだった。というのは、それらは小さな分子がどのようにして生物の表現型を制御できるのかという、適応の問題を問うていたからだ。また、これらの研究は遺伝子調節のプロセスを扱う最初の研究でもあった。

胚発生を理解することは、動物の表現型の新規性の説明に必須である。形態的・生理的複雑さを備えた表現型のほとんどが確立されるのは胚の時期なのだ。表現型の多様性が生じる基礎をなすとスウォール・ライトが主張した、あの「細胞の適応的な挙動」は胚で見つかるのかもしれない。胚発生の多くの複雑なプロセスも代謝と同様に、かなり小さな分子によって仲介される比較的単純なシグナルに依存しているという意味で、細菌の代謝の研究が驚くほど重要になってきた。単細胞生物である細菌にとっては、小さな分子のシグナルは単に環境に含まれる成分にすぎない。しかし多細胞生物では、これに相当する小分子の多くは、生物自身の細胞がつくって他の細胞に渡すシグナルである。これらのシグナルは構造は単純でも、神経系全体をつくりあげる発生回路のような非常に複雑な回路の調節ができる。これは進化にとって強力な意味合いをもつ。もし複雑な発生が単純なシグナルによって導かれるなら、複雑な発生の変化も、高度に統合された複雑なプロセスの変更によらずとも、これらの単純なシグナルの量や場所を変えれば達成できることになるからだ。

これらの調節経路の性質を調べることは有益だが、最終的な目標は、何が連係を「弱く」しているかをさらに化学的なレベルで理解することだ（弱いという用語を、最小限であり、たやすく変更できるという意味で使っていることを覚えておいてほしい）。新規性の創出や既存の系の再編を可能にする性質は、分子レベルで最もよく意義を理解できる。

ここでもジャコブとモノーは、最初で恐らく最も一般性のある考えを提出し、弱い調節的な連係メカニズムについての、最初でかつ歴史の検証に堪える分子レベルの説明を与えた。このメカニズムは、すでにヘモグロビンの例で説明した。後述するように弱い連係はコア・プロセスそのものではない。しかしこのような連係の能力はプロセスのコアとなる性質である。これは転写や細胞間のシグナルのやりとりなどの多くのコア・プロセスのメカニズムの基礎となっている。化学反応の内容はそれぞれ異なっても、すべてのコア・プロセスは他のプロセスや状態と弱く連係する能力をもっている。

遺伝子機能の制御

二〇世紀の中ごろまでは、生化学研究の対象は代謝が主だった――エネルギーを引き出すための食物の分解や体の成分の合成などだ。その代謝が体外の環境変化や体内の必要性に応答して調節される仕組みにはほとんど注意が払われなかった。しかしＤＮＡや、タンパク質合成の解明とともに調節の生物学が発達してきた。分子生物学が調節の分野へ進出したことにより、細胞の挙動や細胞の生産物が時・場所・量・状況に応じて制御される仕組みが初めて分子レベルで明らかにされはじめた。言い換えれば、生物がゲノムを変化させずに表現型を変えられる仕組みに問題の焦点が合わせられた。調節についての知識が得られはじめると、進化とともにこの調節がどのように変化するのかが問われるようになった。こうして分子生理学が生まれ、促進的変異の研究にはずみがついた。

この初期の分子的研究はフランスの分子生物学者ジャック・モノーに負うところが大きい。他の科学者の誰にも増して、彼は遺伝のメカニズムと生理のメカニズムを最も基本的な分子レベルで結びつけたのだ。モノーはときに高圧的になるほど熱心な人物で、第二次世界大戦後のパストゥール研究所では卓越したフランス人研究グループの中心だった。彼は当時の生化学の最先端のテーマであった代謝への興味から、調節の問題を扱うことになった。二〇世紀の半ばまでにほとんどの代謝物質の正確な分子構造や、酵素の触媒によってそれらをつくりだしたり利用したりする反応がわかっていた。

モノーは大腸菌をいろいろな糖で増殖させ、不思議な現象にぶつかったが、じつはそれは非常に幸運なことだった。二種類の糖の混合物で大腸菌を増殖させたときの増殖速度は、それぞれの糖で増殖させたときの速度の合計にはならない。図17に示すように、細菌はまず一方の糖を使ってしばらく増殖し、いったん休止し、その後他方の糖を使ってふたたび増殖を始める。

細菌がある糖を使って増殖するには、それを分解する特異的な酵素を必要とするが、最初からそのような酵素をもっているわけではないことにモノーは気づいた。まず一方の糖を代謝するためのある種類の酵素を生産し、次に他方の糖の代謝用として別の種類を生産する。実験を始めたとき、

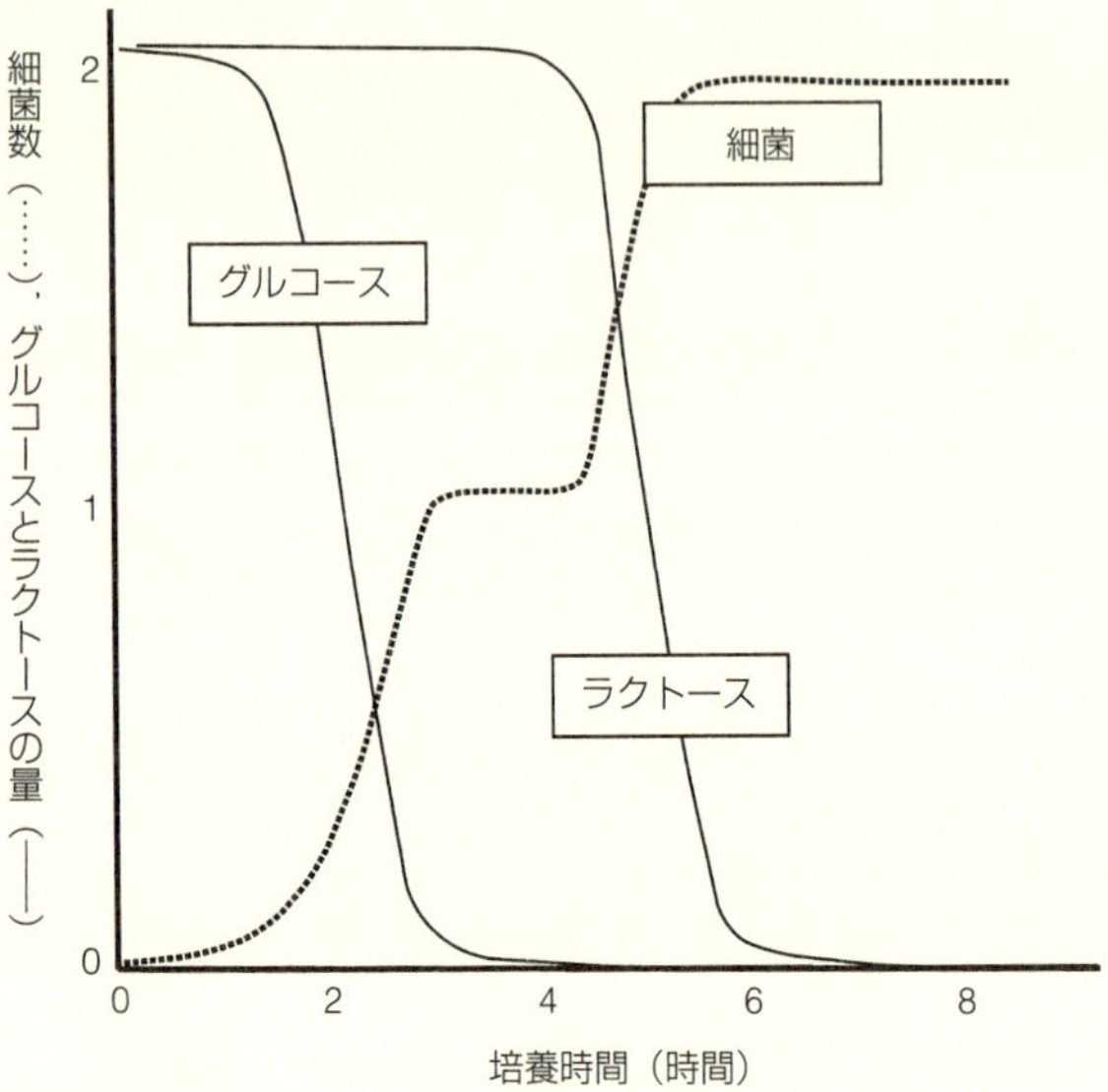

図17　モノーの実験．細菌をグルコースとラクトースの２種類の糖を含む液体培地で増殖させる．細菌はまず優先的にグルコースを使う．グルコースがなくなると１時間ほど増殖をやめ，新たな酵素，ベータ - ガラクトシダーゼを合成してラクトースが利用できるように適応する．細菌はラクトースがなくなるまで再び増殖する．ジャック・モノーによるこの「酵素適応」の解析が糸口となって，すべての生物での遺伝子発現の制御についての現在の解釈が導かれた．

モノー自身はこの理解しにくい現象を知らなかったが、じつは他の研究者たちには一九〇一年から知られていた現象だった。「酵素適応」とは、節約家の細菌が食糧の供給に合わせて代謝を調整するという、実験事実を示している。

　細菌が糖を同時にではなく一種類ずつ使うのはなぜかという、モノーの疑問に対する説明は、ある糖は他の糖に優先して、細菌を刺激してその糖を分解する酵素をつくらせると同時に、他の糖を代謝する酵素の生成の阻害もするから、というものだった。ここに生理的な適応が見事な形で現れていた。生物が環境条件の変化に反応して、生成するタンパク質（表現型の一部）を几帳面に変えていたのだ。(2)

モノーはラクトースとその代謝酵素ラクターゼ（ベータ‐ガラクトシダーゼとも言われ、現在はラクトース耐性のない人のために乳製品からラクトースを除くときに使われている）を選んでさらに研究を続けた。乳児が乳を飲むと、乳児の腸内の大腸菌はラクトースに出会い、それをすさまじい速度で代謝する用意がすぐにできる。哺乳と哺乳の合間には、その酵素の生産をやめ、他の糖を代謝する。ベータ‐ガラクトシダーゼは活性な形で蓄えられるのではなく、毎回アミノ酸から新たに合成されることを彼は発見した。このようなわけで、酵素適応は酵素の活性化のプロセスではなく、酵素の合成プロセスであった。結局、調節はDNAからのRNA転写産物の合成に対してかかっていた。酵素自体が適応するのではなく、細菌がその酵素の合成量を調整することによって適応していたのだ。この現象は、改めて酵素の誘導と改称された。

これは単に（酸素の供給に対応した酸素の取り込みと同じ）生理的適応の別の例にすぎないと思われるかもしれないが、これにはタンパク質の合成が関わり、最終的にはそのタンパク質をコードしている遺伝子に結びついている点が異なっている。当時は、生物がDNA中にコードされている多くのタンパク質の中からどのようにして一つを選択して合成することができるのかはわかっていなかった。すべてのタンパク質がそれぞれ専用の誘導機構をもつことも可能ではあるが、ほとんどのタンパク質は絶えずつくられているとする方がはるかに筋が通っていそうだった。ベータ‐ガラクトシダーゼのような誘導タンパク質は、合成されていないときがあるので例外だった。

モノーは、誘導タンパク質の合成は細胞が絶えずつくるリプレッサーという特殊な抑制タンパク質によって抑えられていると理論づけた。ラクトースが存在すると、それがリプレッサーに結合してDNAから取りはずすことでタンパク質合成の抑制を解除する。この考えでは、本当の誘導物質そのものは存在せず、リプレッサーがあるだけだ。活性化は抑制の対抗作用、すなわちモノーが抑制解除と呼んだ作用によってなし遂げられる。彼は抑制解除しか可能性はないと強硬に主張した。しかし彼の同僚フランソワ・ジャコブは、DNAに結合できる真の活性化物質が存在するだろうと正しく推測していた。これらが特定の遺伝子を活性化してその遺伝子のRNAをつくらせ、それがタンパク質をつくり出すのだと。

ゲノムの情報を選んで使うために生物がとる解決法はすっきりとして単純だった。細菌の細胞は、単純な刺激応答回路によって遺伝子の抑制と抑制解除をおこなって、環境の変化に適応できる。ジャコブとモノーの実験は、このモデルを細菌で申し分なく証明した。たとえば、彼らはリプレッサータンパク質をコードしている遺伝子に欠陥のある細胞を単離した。これらの細胞は予想通り、培地にラクトースがあろうとなかろうとベータ－ガラクトシダーゼをつねに合成しつづけた。

この単純な生理回路は、さまざまな細胞のさまざまな遺伝子の発現を調節する一般的な方法として提唱された。DNAの普遍的構造、普遍的遺伝暗号、代謝の普遍的反応段階といった、新たな普遍的概念が続々と生まれる気運にあって、ジャコブとモノーは新たなコア・プロセス、すなわち無限の応用性をもつ「遺伝子発現の調節」というプロセスを発見したと信じて疑わなかった。

モノーはモデルのある部分が気になっていた。生理的反応は通常は滑らかな連続的な変化を示し、オン－オフのような両極端ではない。この性質はラクトースの代謝にも当てはまり、培地中のラクトースの広い濃度範囲にわたって、ラクトースが多いほど細菌はたくさん酵素をつくる。彼ら二人が描いたのは生理作用としては不十分なオン‐オフスイッチモデルだった。ジャコブはこの理論的な難点を解決できた。「息子の一人が小さな電車のおもちゃで遊ぶのを見ているときにひらめいた。可変抵抗器がついていなかったのに、かなり素早く電気のスイッチを入れたり切ったりすることによって電車を高速でも低速でも自在にしかも一定の速さで走らせていた」

細菌の酵素合成の生理的適応は、いまや素晴らしく単純な方法でほとんど解決された。リプレッサーを遺伝子に結合させて遺伝子スイッチをオフにし、誘導物質でリプレッサーを取り除いてオンにする。スイッチがオンになっている時間の長短が合成の速度を決める。より詳細なメカニズムはすぐに明らかになった。すなわち、ベータ‐ガラクトシダーゼ合成のリプレッサータンパク質は、この遺伝子配列の開始点に隣接した特異的な短いDNA配列に結合し、RNAの転写に必要な装置の結合を妨げるのである(3)(図18)。

この系には二つの結合が関与している。第一に、リプレッサーはDNAの特定の場所に結合し、RNAポリメラーゼのRNA合成を、その遺伝子についてのみ妨げる。第二に、ラクトースがリプレッサーに結合し、DNAに結合できないように変化させる。ラクトースのようないくつかの分子は自分の代謝を調節するが、どれもDNAに直接は結合せず、すべてリプレッサータンパク質を介して間接的に作用する。

このような間接的な系では、反応は容易に改変や一般化ができる。もしこのラクトースリプレッサーが他の遺伝子の隣接部位に結合するとすれば、その遺伝子もラクトースに反応することになる。実際に、ラクトースに特異的な輸送タンパク質の遺伝子がそうであり、その合成はベータ‐ガラクトシダーゼと同調して調節される。シグナル（ラクトース）とそれへの反応（RNA合成）の間の連

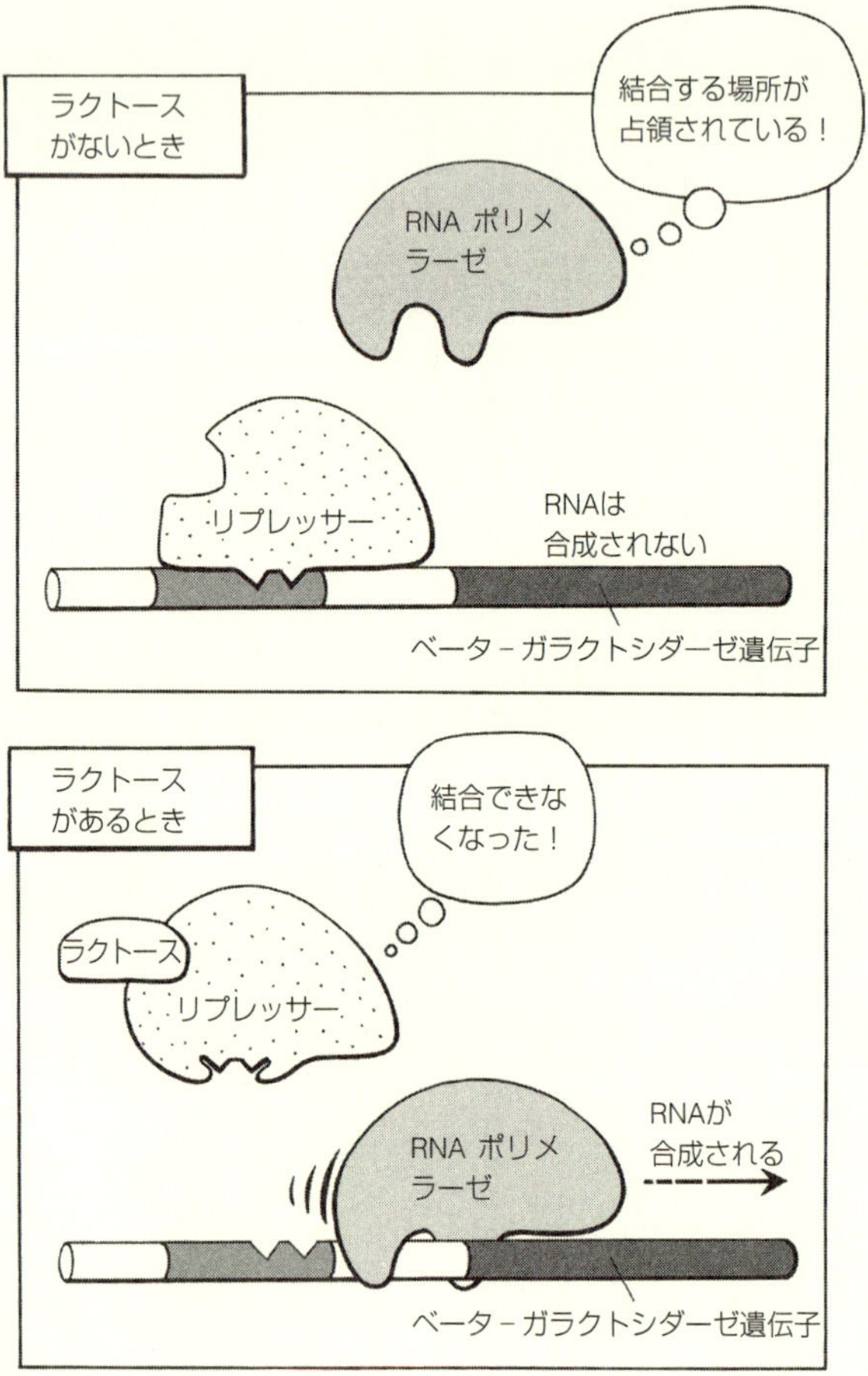

図18　ジャック・モノーとフランソワ・ジャコブによって発見された遺伝子スイッチ．特異的なリプレッサータンパク質がスイッチとして働く．ベータ - ガラクトシダーゼをコードしている遺伝子の近くの DNA 配列にリプレッサーが結合すると，RNA ポリメラーゼは遺伝子に結合することも，RNA を合成することもできなくなり，遺伝子はオフになる．ラクトースが存在すると，これがリプレッサーに結合して DNA への結合を妨げるので，遺伝子はオンになる．

係が間接的だということが、遺伝子調節の変化の機会をふんだんに与えている。

連係を弱める

これは細菌の適応的な糖代謝のモデルとしては整ったものではあったが、すべての多細胞の発生にとって中心的な保存されたコア・プロセスとしての資格を得るには至らなかった。それでもすぐにこのモデルは、すべての生物の遺伝子調節を理解する基礎となった。メカニズムが厳密には同じでなくてもよかった。遺伝子発現調節の問題の解明は、多細胞生物で特に急がれていた。たとえばヒトでは、細胞のタイプが見分けのつくものだけで三〇〇種類以上あり、およそ一〇〇兆個の細胞が複雑に配置されて成り立っている。各々の細胞のタイプは独特の遺伝子セットを発現して、それぞれの活動を支える特有のタンパク質のセットを取り揃える。確かにヒトは大腸菌よりもたくさんの遺伝子をもってはいるが、それでもその数はこの単純な単細胞生物のたった六倍でしかない。しかし細菌の遺伝子をはるかにしのぐ度合いで、ヒトの遺伝子は異なった場所、異なった時、異なった状況、そして恐らく多くの異なった組み合わせで読み出される。

結局、ヒトを含むはるかに複雑な真核細胞での遺伝子調節を説明するには、細菌のモデルにいくつかの大きな改良を加えなければならなかった。これらの改良によって、もっと複雑なものを容易に生み出せるようになり、動物体内の異なる状況や場所に応じてその複雑なものを変化させることも容易になる。

最初の改良点としては、ジャコブとモノーが唱えたような強力な抑制メカニズムに、正に作用するプロセスが付け加えられた。正と負にはたらくタンパク質は合わせて転写調節因子、あるいは**転写因子**と呼ばれる。第二の改良点は、数種類の転写調節因子と遺伝子を複雑な回路として連係させることだった。その中には、いくつかの調節物質が他の調節物質の遺伝子の発現を制御するような回路も含まれる。これらの回路はコンピューターの回路のように、論理的な性質や操作的な性質をもつことができる。生物の機能は個々の回路を複雑にする方向ではなく、単純な回路をつなぎ合わせる方向に発達してきた。これらの回路の論理的構造はようやくいま解析されているところだが、工学の論理回路に非常によく似ている。第三に、真核生物では遺伝子の編成が異なっており、これによって細菌には見られない調節方法が可能になる。最後に、一九五〇年代と六〇年代の細菌遺伝学者たちは気づいていなかったことだが、真核細胞では核内の転写レベルだけではなく、細胞質でもタンパク質の量や活性が広範に制御される。これはタンパク質を条件に応じて修飾して制御する方法で、こうすることによってタンパク質やＲＮＡの活性化や分解が引き起こされる(4)。

二〇億年前から一〇億年前の間のどこかの時点で、真核細胞はタンパク質の量と活性を調節するためのさらに充実した装置のセット（ツールキット）を備えて、十分な能力をもったプロセスをつくりあげ、多数の関連遺伝子群を非常に複雑な回路によって調節できるようになった。それ以来、回路が精巧になり多様化したことを除けば、プロセスの性質はほとんど変わっていない。これらの調節のメカニズム自体は保存されているにもかかわらず、それらが創出された後に起きたすべての進化を促進するだけの十分な力と融通性をもっていたようだ。したがって真核生物の遺伝子調節は、恐らく最も強力な、保存されたコア・プロセスということができ、それによって表現型変異の多くが生み出され、そこに選択が作用することになった。

一般的に真核生物では、さまざまな調節タンパク質が、制御される遺伝子の近くにある特異的なDNA配列に結合し、細胞外のシグナルに応答して転写を直接活性化する。ジャコブ－モノーの抑制解除メカニズムのように転写の障害物を取り除くのとはまったく異なる。たとえばヒトの甲状腺ホルモンは、成長に関連する遺伝子など、多くの遺伝子を調節する。このホルモンは甲状腺でつくられ、血流に乗って体内の細胞に輸送されると、細胞の核に入って甲状腺ホルモン受容体と結合する。この受容体タンパク質は、まるでリプレッサーのようにDNAに結合して（さらに別のタンパク質の助けを借りて）転写を妨げている。この受容体はホルモンが結合してもDNAからは離れず、DNA上に残ったまま活性化因子に変わり、RNA合成装置を活性化する。

哺乳類の典型的な遺伝子は、何十ものこのような因子によって調節される。これらは調節を受ける遺伝子近くの特異的なDNA配列を識別して結合し、それぞれが別々のシグナル系からの、時間・場所・量・細胞タイプ・その他の情報を指定するメッセージを担っている。これらのシグナルはオン－オフスイッチではなく、部分的オン－部分的オフスイッチである。ある遺伝子から生成されるRNAの量は、複数の因子の作用によって決められることになるのだ。(5)

別の形の遠隔制御

真核細胞、とりわけ多細胞生物の遺伝子発現の制御は、シグナルと転写応答間の連係を二つの方法で弱めている。両者ともDNAの制御領域を広げる過程の一部として起きている。第一は、リプレッサーと転写装置の相互作用に必要なゲノムの条件を緩めたことである。細菌では、RNA転写産物を合成する酵素の結合を物理的に妨げるには、リプレッサーはDNA上の特定の位置に正確に結合しなければならない（図18）。結合部位がわずかに移動してもこの調節は効かなくなる。一方、真核生物の転写制御は、前記のように弱い連係の典型である。タンパク質因子はDNA上の正確な位置に結合する必要はなく、遺伝子の近くに結合すればよい。RNA合成の開始部位の前でも後ろでもよい。転写因子が遺伝子近傍のどこかへ結合すればよいだけなので、遺伝子調節の新たな特性を進化させるのは難しくない。

多細胞生物の遺伝子の調節領域は非常に長く、細菌の調節領域の一〇〇〇倍の塩基配列のものもある。真核生物の転写調節は原核生物の系よりもはるかに緩やかに構成されている。調節因子の結合位置は偶然にまかされているように見える。しかし「いいかげんな」結合位置を許容する寛大さこそ、新たな配列の参入や、遺伝子発現レベルでの表現型変異の出現に対する障壁を低くする性質なのだ。

連係を弱める第二の性質は、遺伝子の近くの配列に結合するDNA結合タンパク質のいくつかは、転写装置にまったく「触れる」必要がないことだ。それらは装置と直接に相互作用はせず、遺伝子の付近に酵素をもち込み、それが遺伝子を包み込んでいるタンパク質の構造を変える。遺伝子の活性は結局、多数の競合する入力によって達成される「総意」にもとづく。あるものは遺伝子を活性化し、あるものは抑制するが、どれもRNA合成装置と直接に化学的な接触をする必要はないのである。

シグナルに対する細胞の応答

遺伝子発現の調節は、表現型の変異を生み出す最も重要なコア・プロセスの一つである。遺伝子を調節する連係の改造の容易さは、とりもなおさず進化において新たな遺伝子発現パターンが容易に生じることにつながる。多細胞生物では形態に変異が生じるおもな舞台は、胚発生のプロセスである。空間的・時間的に調節される遺伝子発現パターンがこれらのプロセスをはたらかせる。次の二つの疑問に答えるために、弱い連係と個々の遺伝子の発現とをもっと直接的に関連づけることが現在は可能になっている――多細胞生物の形態は発生の間にどのようにして生じてくるのか？　発生は進化の過程でどのように変わってきたのか？

ジャコブとモノーは細菌での酵素誘導の単純な説明が、胚発生中にゲノムから遺伝子を選択的に読み出す複雑なプロセスのモデルになると考えた。この場合には誘導物質は環境中の糖ではなく、胚の他の細胞がつくるシグナルであるだろう。二人は単純なスイッチをさまざまに接続して複雑な回路をつくることができることを理論的に示した。発生学と遺伝学の分野は二〇世紀の始まりとともにはっきり分かれたが、関心の方は最終的に遺伝子発現に関する二つの疑問に収束した。単一のゲノムをもつ単細胞である受精卵は、どのようにして胚や成体を構成する多種類の細胞を生じるのだろうか？　各細胞のタイプはどのようにして独自の機能を発揮するための特有のタンパク質のセットをつくりだすのだろうか？　進化の過程で遺伝子発現のパターンはどれくらい容易に変化できるのだろうかということも、それらに続く疑問だ。[6]

発生学者たちはこれらの疑問は胚に対してのみ向けられるのだと考えた。遺伝学者と生化学者たちは、もっと単純で扱いやすい系から答えを推論することで満足していた。結局はいずれのアプローチも正しいことがわかった。早くも一九三四年、T・H・モーガンは答えの一部を概説した。「[胚の]原形質領域の最初の差が遺伝子の活性に影響するのだろうと思われる。その後、こんどは遺伝子が原形質に影響を与え、こうして相互に影響しあう一連の新たな関係が始まる。このようにして胚のさまざまな領域がしだいに精巧になり分化していくようすが想像できる」[7]

このモデルは一連の酵素誘導の仕組みに非常に似ているように思われる。すなわち誘導物質は細胞内の物質か細胞がつくる物質であり、誘導される酵素はどれもみな、分化した細胞の状態に特異的なタンパク質であるというモデルである。本当に細菌の酵素誘導の単純なモデルが、動物の発生の仕組みについてのもっと大きな疑問の答えになったのだろうか？　もしそうならば、弱い連係のような概念が表現型の変異の可能性に直接影響することになる——胚の発生中につくりあげられているのは表現型なのだから。

一九〇〇年から一九三〇年にかけては発生学の黄金時代だった。なかでも最も素晴らしい業績は一九二四年のハンス・シュペーマンとヒルデ・マンゴルトによる胚の誘導の発見だった。図19に示したように、シュペーマンとマンゴルトは、細胞が分化するかなり以前の初期段階のイモリの胚から小さな組織片を切り出した。胚のその領域からは、しばらく後に、体幹と背側構造が発生してくる。この小さな領域を、同時期の別の胚の本来は腹側の構造になるはずの部位に移植すると、移植片は近くの細胞に腹側構造になるのをやめさせて、そこにほぼ完全な新たな胚を「誘導する」。移

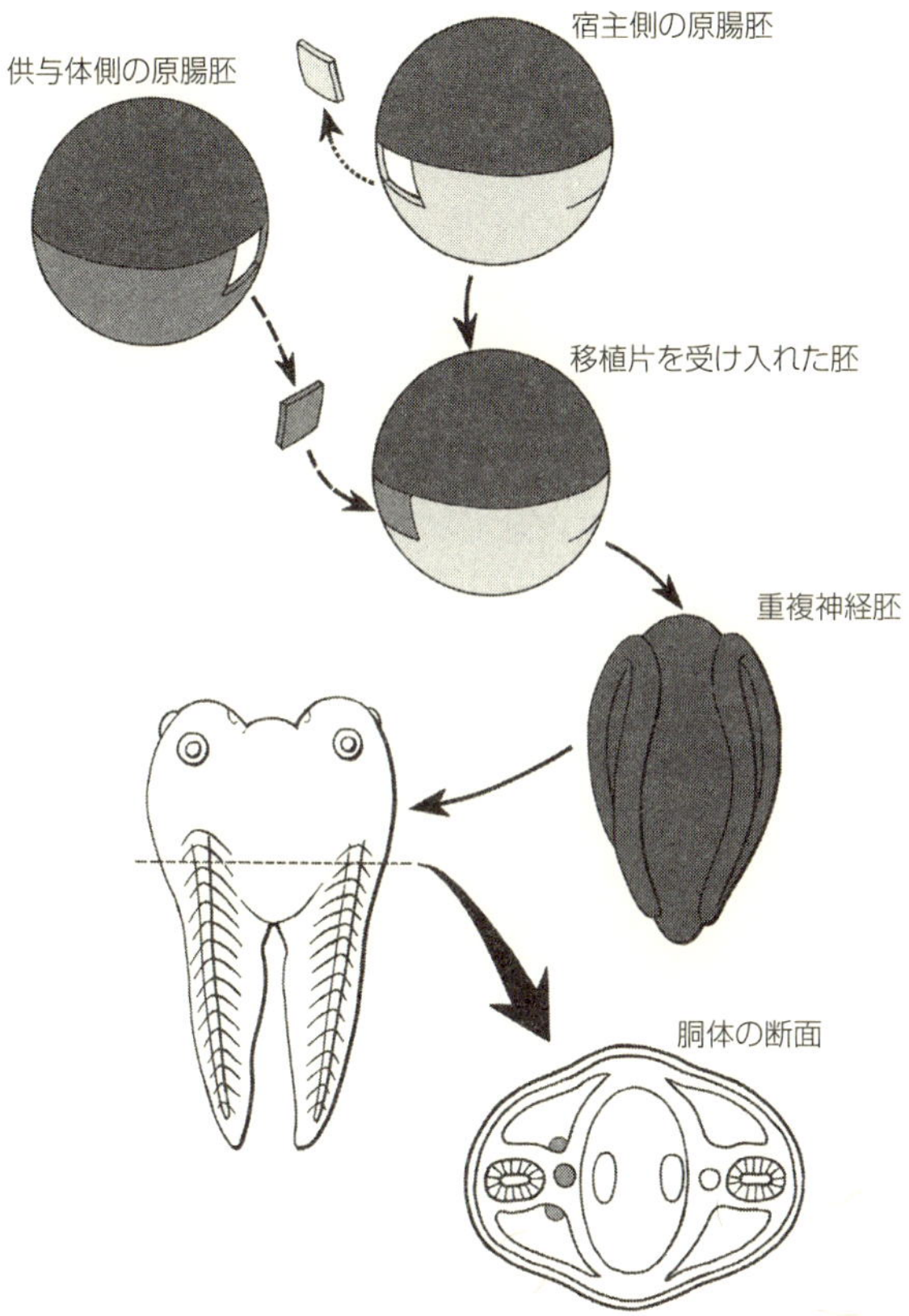

図19　胚の誘導．オーガナイザーと呼ばれる特殊な細胞の集団は誘導タンパク質を放出し，その付近に神経系や筋肉組織を発生させる引き金を引く．オーガナイザーの活性は，ここに示すようなハンス・シュペーマンとヒルデ・マンゴルトの移植実験によって解析された．カエルやイモリの原腸胚は，右側のオーガナイザー細胞（胚にできる水平なすじによって見分けられる）によって決定づけられる．別の胚からオーガナイザーを移植された胚は，発生して２つの初期段階の神経系をもつ神経胚になり，最終的には癒合双生児となる．双生児の断面図に示したように，移植されたオーガナイザーの細胞は左側の体の中にわずかな数しかない（灰色の丸）．左側の体の残りの細胞は，移植されたオーガナイザーに誘導されたものである．

植片を受け入れた胚は、二つの完全な頭（もとのものと誘導されたもの）、二つの脊髄、二揃いの骨格筋をもった結合性双生児となる。新しい胚の構造中には、移植された組織由来の細胞はごくわずかしか組み込まれていないので、移植組織は受け入れ側の胚の腹をつくるはずだった組織から新たな胚の部分を誘導したのだと彼らは結論した。(8)

胚のほんの小さな領域だけが誘導能力をもっていた。その不可欠の役割を表して、この領域は動物の体軸のオーガナイザーと呼ばれた。一九六〇年代までに**誘導**という言葉は二つの非常に特殊な意味をもつようになった。発生学では「胚のある領域が胚の別の領域の影響や活性によって、特定の形態形成パターンに向かって発生、あるいは分化を決定すること」であり、生化学では「（特に微生物の）細胞がある特定物質（誘導物質）にさらされた結果、酵素合成速度が増加すること、あるいは酵素合成が開始すること」である。(9)これらの定義は非常に異なって見えるが実はこの「誘導」という言葉が単なる同音異義語ではないことを示しているのではないだろうか？

胚の誘導体は捕えどころがなく、二〇世紀半ばの発生学をもってしても究明できなかった。移植された組織は、腹の前駆細胞を正常な形の脳や神経に変容させるのに必要な特殊な情報を伝えるように思われる。移植片が効果を発揮するには生きていて無傷でなければならないと最初は考えられていた。しかし切り刻まれ、熱せられ、すりつぶされた組織でも誘導活性をもつことが発見されて、探究は化学シグナルへと急速に方向転換した。発生学者は現代の錬金術師になったかのように、モルモットの骨髄や魚の浮き袋といった風変わりな外部組織から得た未精製のままの試料を試した。驚いたことにこれらの組織の多くは誘導物質を含んでいた。アンモニアや酸などの単純な有毒物質さえ効果があった。

実験をすればするほど、誘導物質は特異的な化学情報を提供する必要がないのかもしれないと思われてきて、研究は混乱し挫折した。実験発生学が一九八〇年代半ばに四〇年ぶりに復活したとき、実験への取り組みはかなり別の方向――ショウジョウバエの発生の遺伝的研究、新たな分子生物学、初めて単離に成功した哺乳類のシグナルタンパク質（「成長因子」）――からおこなわれた。一九九五年までに、オーガナイザーの誘導活性は一揃いの少数の分泌タンパク質から成ることがわかった。これらは特別な機能をもち、意外なことに様式としては細菌の抑制解除の現象に似ていた。

生物学では情報伝達について、つねに二つの極端な考え方があった。**許容的**なものと**教示的**なものだ。刺激と反応、あるいはもっと一般的には原因と結果があるときには必ずその区別が問題になる。ある反応や結果について、原因であると思われる刺激がその結果をもたらすためにどれだけの情報を与えているのか？　種に水をやることは刺激を与えてはいるが許容的な入力である。種に水がかかることが、種に発芽の方法を教えているとは誰も思わないからだ。これとは対照的に、ギルバートとサリヴァンがオペラ『ミカド』を共同制作したとき、どちらもが作品に重要な貢献をしたと誰もが思う。サリヴァンが作詞も作曲もし、ギルバートは彼にお茶を出しただけでは決してない。ギルバートの詩がサリヴァンの曲を引き出したのなら、この作用は明らかに教示的である。ギルバートは不可欠の情報を提供したが、もちろんすべての情報ではない。許容的、教示的といっても程度の問題であることは明らかで、それぞれの作用因子が反応にどれだけ寄与するかの尺度である。

ジャコブとモノーのモデルの重要な内容の一つは、複雑な反応が単純で許容的なシグナルから生じる仕組みを説明していたことだ。単純なシグナルであるラクトースは、一〇〇〇個以上のアミノ酸が特異的な配列で一列に並んでできた酵素、ベーター-ガラクトシダーゼの合成という非常に複雑な応答を生み出す。ラクトースは細胞にこの酵素のつくり方を教えるのだろうか？　そうではない。細胞内の合成系は、遺伝子にもとづいて、いまにも酵素をつくるばかりに用意ができている。ラクトースによる誘導シグナルは、単に障害となっているリプレッサー（これ自体も複雑な構造をしている）を取り除くだけである。種に水を注ぐようなものだ。いったんＤＮＡからリプレッサーが除かれると、転写装置は意図されていた仕事をおこなう。このようにラクトースによるベータ‐ガラクトシダーゼの誘導は許容的な相互作用である。

許容的なシグナルはベータ‐ガラクトシダーゼの調節にはうまくはたらくが、多くの生物学者には、胚の誘導のシグナルが許容的に作用できるとは思われなかった。胚の誘導の結果は結局、とてつもなく複雑で、何百という種類の細胞と完全な神経系をはじめとする多くの器官がすべて正しい場所に収められた、きちんと組織化された完全な胚をつくりあげることになるからだ。シュペーマンが誘導物質の源に与えた「オーガナイザー」という名称は、細かなところまで管理する教示的なものを想像させた。しかし誰もが驚いたことに、胚の誘導は許容的なプロセスであることが判明した。オーガナイザーは複雑とはいいがたいシグナルを出すのだ。

イモリでは最初は胚のすべての領域は、神経系・脊柱・頭部の筋肉・胴体・尾など、ほとんど何にでもなれる。この潜在力は、すべての細胞が分泌し、また受容するシグナルタンパク質その他の因子によって体全体にわたって抑制されている。これらは先に述べたリプレッサーと形の上では同等なものを構成している。ただ、シグナルタンパク質は遺伝子の直接的なリプレッサーではなく、細胞表面に作用し、（数種類の中継ぎの中間物質を含む）経路を介して最終的に遺伝子を抑制・活性化のどちらにも調節する。この抑制は、何段階かのシグナルによって数種類の回路とつながっているという点でベータ－ガラクトシダーゼのものとは異なる。これらの回路はまた別の分泌シグナルを生み出し、それが他のさらに込み入った反応を引き出す。

すると胚の誘導とは何か？　局所的に結合して、全体に行き渡っているリプレッサーシグナルを打ち消す分泌タンパクの集まりにすぎないのか？　これらのアンタゴニスト（拮抗因子）の近くでは胚の細胞は自己抑制から解放されて、神経系・脊椎・背側の筋肉組織を形成する。通常はオーガナイザーからのアンタゴニストは胚の反対側までは届かず、そこではまだ抑制されている細胞が腹側構造を形成する。別の胚からとった誘導活性のある組織を、本来なら腹側を形成するはずの場所に移植すると、アンタゴニストの第二の領域ができあがり、二次胚が二つ目の神経系・脊椎・筋肉を形成する。誘導物質は、単に本来の能力を自己抑制から解放して、これらの構造を形成させる。

いまとなって見れば、胚にとって無関係の単純な化学物質が完全な神経系を引き出すことができるという面食らうような発見がなされたことは、全体に行き渡っているリプレッサーシグナルを打ち消すことが非常に容易であることや、細胞には複雑な発生を遂行するための内在的な能力が非常によく備わっていることを反映していたのに違いない。(10)

許容的シグナルに代わるものを考えるとしたらどんなものがあっただろう？　誘導機構が解明される以前の多くの発生学者の見解は、胚の誘導に関わるシグナル分子は進行するプロセスにとって不可欠の情報を提供しているはずだというものだった。シグナルを発する細胞はDNAあるいはRNAを応答細胞に渡し、細胞のまったく知らない発生の次の段階についての情報をもたらして「教示」しているのではないか。そうでないとすれば、放出されるシグナルは空間的に配置された複雑な暗号になっているのではないか。あるいは酵素が細胞内に入り、そこで新たな形質転換をおこなうのではないか。以前推測されていたこれらの代案はどれも実際には確認されなかった。組織間で交換されるシグナル分子は、既存のプロセスの活性化あるいは抑制以上のことをするのは稀で、結局は、酵素の誘導と非常によく似ていた。

複雑なプロセスの抑制や抑制解除のおかげで、体細胞適応に対しても、有用かもしれないある種の非致死的な表現型変異の生成に対しても、多くの機会が与えられる。反応そのもの、すなわち神経系の形成のように大きなものにしろ、毛嚢の形成のようなささやかなものにしろ、ある発生プロセスの全体は、極端に込み入っていて多数の細胞タイプや複雑な細胞の挙動が関与するものであって差し支えない。一種類のシグナルによって導くとするならば、シグナルの位置を変えたりそのシグナルの阻害物質を分泌したりすることによって、量的な変化や空間的・時間的な変化をさせることができる。

既製の発生経路や既製の細胞タイプを単純なシグナルの影響下で転用すれば、同じプロセスを構成部品から組み立てる骨の折れる複雑な仕事を回避できる。進化を調節の観点から考えるとき、一つのプロセスの複雑さを二つの多少とも簡単なプロセスに均等に分け、それらを同時に同じ場所で実行可能にするのは難しい。プロセスの複雑さを、単純で局所的な許容的シグナルとそれに対する広く複雑な応答へと不均等に分ける方が道理に適う。このようにすれば、適切に調節しなければならない複雑なプロセスは一つになり、あとは単純なプロセス一つを適切に配置すればよいだけになる。

タンパク質の機能の仕組み

細菌の酵素誘導の中心はリプレッサーであり、これがラクトースの結合に応答して何らかの方法で形を変え、ＤＮＡから遊離する。これはある種類のシグナル（代謝物質の濃度）が別の種類のシグナル（タンパク質のＤＮＡへの結合）に変換されるという、シグナル伝達の一例である――この型の連係は生物全般で広く用いられている。リプレッサーがラクトースに応答する仕組みを理解するために、これよりはるかに一般的な問題、分子が互いに対話してシグナルを伝達する仕組みを説明する。

ジャック・モノーの最初の素晴らしい洞察、抑制解除は、ゲノムが単純なシグナルにうまく応答できる仕組みを示した。彼がアロステリーと呼んだ第二の素晴らしい洞察は、タンパク質が難しい決定をする仕組みを説明した。ギリシャ語で「他の」を意味する「アロ」と、「固い」を意味する「ステリ」からつけられたアロステリーは、最初はタンパク質が二種類の相互作用部位をもつことができることを示した。一つは機能する部位、他方はその機能を調節する部位である。つまりタンパク質には機能をもつ部分と調節をつかさどる部分があるのだ。現在ではこれはごく当たり前のことしか思われないが、一九六五年には深遠な洞察だった。深遠だというのは、当時の生化学者たちの間で優勢だった「酵素は化学反応をおこなうための部位を一つしかもっていない」という考えに反していたからだけではなく、タンパク質が制限のないさまざまな調節相互作用に自由に携われるようにしたからだ。タンパク質の挙動は、分子のレベルでは、もはやあいまいでもその場限りでもなく説明できるという事実も、深遠さの理由の一つである。タンパク質は化学と物理の法則に従わなければならない。アロステリーは決して内容のないモデルではなく、分子スイッチのはたらく仕組みを示す化学モデルである（モノーの概念モデルはタンパク質の最初の三次元構造が解明された直後に発表された）。彼のモデルでは許容ということが分子レベルで説明されていた。これらの洞察がモノーに彼独特の尊大なせりふを言わしめたのだ。「私は生命の第二の秘密を発見した」[11]

同時期に生化学者たちは調節の別の問題に取り組んでいた。酵素合成の制御ではなく、酵素活性を直接制御することによる調節である。酵素の阻害剤についてはよくわかっており、数種類はよく知られた薬剤だった。たとえばサルファ剤はＤＮＡの構成要素を合成するための酵素を直接阻害し、ペニシリンは細菌の細胞壁をつくる酵素を阻害し、エイズ治療薬ＡＺＴ（アジドチミジン）はヒト免疫不全ウイルスの複製に使われるウイルス酵素を阻害する。

これらの阻害剤はすべて、「基質」すなわち酵素の通常の標的をまねることによって作用する。阻害剤は酵素の化学反応が起きる部位を占領し、本来の基質の結合を物理的に妨げる。エミール・フィッシャーが一八九四年にたとえて以来、酵素と基質は鍵と鍵穴のようなものだと言われてきた。阻害剤は偽の鍵で、鍵穴にうまくはまり込んで他の鍵が入れないようにするが、中の金具を回して錠前を開けること、つまり化学的な変換を受けることはできない。したがって阻害剤は基質と多くの類似点を備えているはずだと考えられていた。[12]

ところが、数種類の酵素は基質とは似ても似つかない分子によって阻害されることが一九六〇年までに知られるようになった。生合成経路の初めに位置する酵素は、経路の何段階も先の最終段階でつくられる化学物質によってしばしば阻害される。したがって、この全体のプロセスはフィードバック阻害と呼ばれた。

フィードバック阻害は論理に適っている。自動車工場の経営者なら、売れ行きが不調で完成した自動車がショールームに山をなしてしまったら、鉄やゴムやガラスなどの原料の買い入れを削減するだろう。塗装などの製造の最終段階のペースを落とすだけでは意味がない。完成した車の生産は減っても、製造工程は相変わらず高価な原料やエネルギーや労力を費やすことになるからだ。

生合成経路の最終産物は、最初の段階の酵素の基質とは似ていないことが多く、最終産物が基質のふりをすることはできない。調節的な制御は別の部位、すなわち「アロステリック」部位に対しておこなわれなければならない。DNA構造の発見者の一人であるフランシス・クリックは一九七一年にアロステリーを評して次のように述べた。「これはつまり、どんな代謝回路どうしでもつなげられるということだ。なぜなら触媒部位で起きていることと、制御にやってくる分子の間には何の関係もなくてよいのだから」[13]。二つの部位は互いに無関係に設計されていたのだ。

モノーとジャコブは、このモデルが代謝制御に留まらず、複雑なプロセスを整合する回路の進化にとって、したがって複雑な生物の進化にとって重要な意味をもつことに気づいていた。酵素の仕事の側（触媒部位、すなわち基質の主たる結合部位）を調節の側から自由にすれば、一つの部位が二つの機能の条件を満たさなければならないという制限を受けずに、独立した進化ができる。触媒部位は触媒のための特殊な化学反応全般によって拘束されるが、調節部位は調節に関連したほとんどどんなものとでも相互作用するようにつくることができる。進化の多くは、保存されたコア・プロセスの新たな連結が関わるので、タンパク質の機能部分が調節部分から分離されると、拘束されずに進化できることになり、非常な強みになるのだ。

現在では、多くのタンパク質はいくつかのモジュールから成り、機能部と調節部は別々であることがはっきりしている。また調節部を通じて、細胞増殖からタンパク質合成、代謝から心拍数、炎症から細胞死などなど、じつにさまざまな経路でシグナルのやりとりをすることもわかった。タンパク質は単純な方法で新たな調節的な連係を組み入れる能力をもつおかげで、多細胞生物の進化の間に盛んな変化を遂げた。さまざまなドメインをもつタンパク質が進化の過程でたやすく生じ、これが調節的な連係の進化に大幅な拘束解除をもたらした。

タンパク質がドメインに分かれていることは生物学的には重大な意味をもっているが、アロステリック部位が離れたところにある触媒部位を実際に制御する仕組みが解明されるまでは、機械論的な考察はできなかった。タンパク質分子は固いものではなく、複数の折りたたみ構造、すなわち形を取ることができるという考えを支持する証拠が集まってきていた。モノーは、アロステリックタンパク質が活性の程度の違う二つの形態をもつと論じて、アロステリー機構に概念的な突破口を開いた。タンパク質自体が酵素活性に関して活性と不活性の二状態をもつ分子スイッチなのだ。彼はタンパク質が二つの形態の間を自由に行き来できると仮定した。別の状態にパッと変身し、形がまったく変わってしまうおもちゃのようなものだ。これは第三章で詳しく述べたヘモグロビンの活性型と不活性型をも説明できるモデルだった。ヘモグロビンは酵素ではないが、高親和性の酸素結合状態と低親和性の酸素放出状態をもつアロステリックタンパク質として認められていた。

アロステリック酵素の二状態は、触媒活性が異なるだけでなく、調節因子を結合する能力も異なる。もし不活性な形態が、ある調節因子をより強く結合するなら、その調節因子はアロステリック阻害物質である。この阻害物質を結合すると、タンパク質は本来の不活性な状態に保たれる。もしある調節因子が酵素の活性状態により強く結合するなら、それはアロステリック活性化物質である。この調節因子を結合するとタンパク質は活性状態に保たれる。

アロステリックタンパク質であるリプレッサーの場合、ラクトースを強く結合する形態はDNAに弱くしか結合せず、DNAに強く結合する形態はラクトースを弱くしか結合しない。したがってラクトースが存在すると、このリプレッサーはDNAに弱くしか結合しない状態に保たれるので、リプレッサーはDNAから離れ、転写が始まる。ヘモグロビンの場合は、ビスホスホグリセリン酸は不活性な状態に結合するのでアロステリック阻害物質であり、組織中で酸素を放出させる。アロステリーはタンパク質の「固い」形が変化することを思い起こさせるので、適切な名前である。アロステリーはタンパク質が「選択可能な二つの形態」すなわち「二つの状態」をもつことを意味するようになった。

それぞれ独自の活性部位と調節部位をもつサブユニットが集まってできたタンパク質では、すべてのサブユニットがある形態から別の形態へ協調して移ると主張したことを、モノーは特に誇りに思っていた。このような構成は、タンパク質の応答反応を全か無かにする。この方法でリプレッサータンパク質のオン－オフの反応が転写のオン－オフの反応に変換できる。モノーは生物の機能はどんなものも全か無、オンかオフだと主張した。中間レベルの活性は、完全にオンの分子と完全にオフの分子が混ざった集団の表れなのだ。ちょうどおもちゃの電車のスイッチのように。この単純なアイディアは時が経っても生き残った。

アロステリックモデルは分子レベルで考察しても、許容的シグナルと教示的シグナルを忠実に区別している。モノーのモデルでは、アロステリック調節部位に結合する阻害物質は、酵素に活性状態から不活性状態への変化を指示するのではない。すでに存在している不活性状態を選んで結合し、その状態が持続し集団中に蓄積するのを助けるだけだ。阻害物質はじつは既存の応答の選択機であって、応答の製造機ではない。選択は許容的シグナル系の機械論的基礎である（第五章では、無数の状態の中から選ぶ選択について考察する。選択の自由は増すが、原理はアロステリーと同じである）。アロステリック酵素の調節の多くは、調節因子がやってくる前からタンパク質の中にもともと設計されている。許容的シグナル系が教示的な系よりも単純だというわけではない。受容側の準備の整った複雑な応答のおかげで、許容的シグナルが単純なのだ。許容的シグナルは実際のプロセスを変化させるのではなく、選択するだけなので、このシグナル系は弱い連係である。

ここまでで、保存され、拘束されたメカニズムのおかげでその周囲で変異が起こりやすくなる仕組みが以前よりよく理解できるようになった。アロステリックタンパク質は強く拘束されている。平均的なタンパク質には弱い化学的相互作用が何千もあり、それらがまとまって作用して一つの安定な構造が保たれている。タンパク質をつくり上げるには、アミノ酸の合成、RNAの合成とその翻訳など、多量の代謝エネルギーを使う。アロステリックタンパク質というのは、活性も、アロステリック部位に調節因子が結合する強さも異なる二つの安定な構造をもち、その二つがあやういバランスを取ったシーソーのようなものである。絶えず一方から他方へと動く。アロステリックタンパク質のつくりは非常に拘束されているので、突然変異が起こるとアロステリック作用が損なわれてしまう。それでもこの徹底した内的拘束は、調節の連係の進化の過程で、徹底した拘束解除の手段を与えている。アロステリーのおかげで、タンパク質は弱い連係をつくることが可能なのだ。

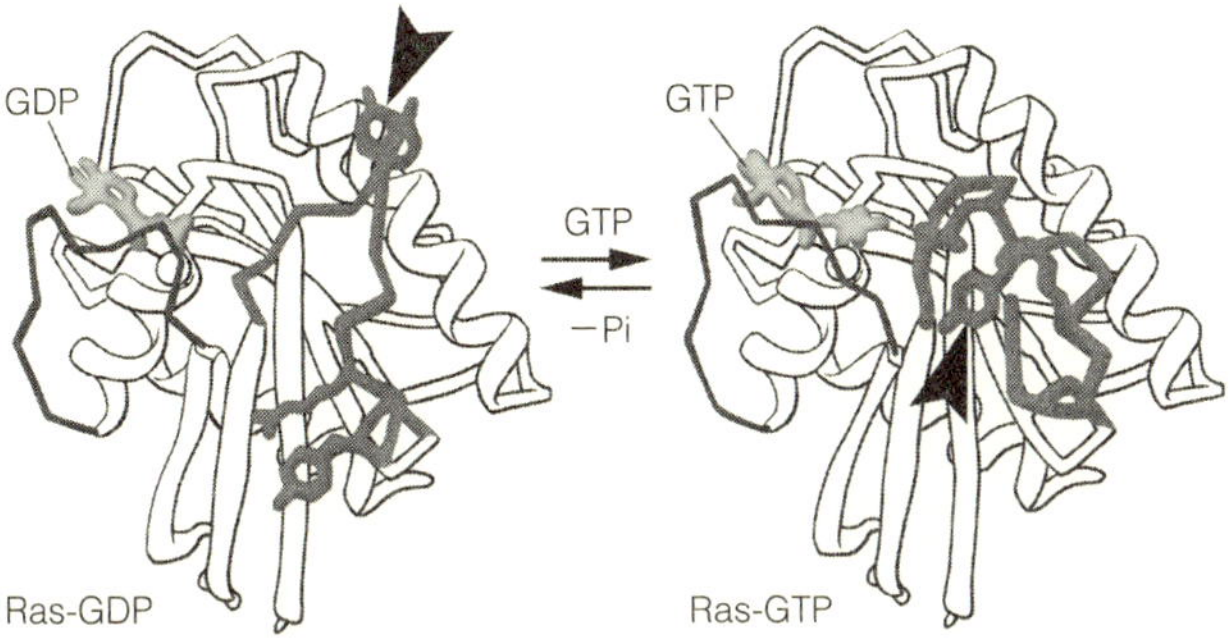

図20　スイッチのようなタンパク質，Rasタンパク質の全体構造を示す．GTPを結合した形とGDPを結合した形がある．GTPとGDPはすべての細胞がもつエネルギーに富む代謝物質である．矢尻で示したポリペプチド鎖の折りたたまれ方が変化していることに注目．これらの二状態は，シグナルタンパク質との相互作用の仕方が異なる．

調節シグナルは活性状態や不活性状態をつくりだす必要はない。これらはすでに内蔵されている。単に二つのどちらかの形により強く結合してそれを選べばよい。そのような調節部位の進化は、調節因子が大して何もしなくてよいので、ほとんど拘束されない。強く拘束された精密な触媒部位と相互作用する必要もない。調節部位はタンパク質表面のほぼどこにあってもかまわない。

二つの状態をもつタンパク質の生理作用を深く考察したのは、これらがこの種の代謝制御に留まらず広い分野で重要なためである。多細胞生物で進化してきた最も顕著な新規性は、情報の伝達であって、代謝中間体の化学的な創出ではない。情報伝達の多くは二つの形態を取ることができるスイッチのような分子が担っている。スイッチのような分子の要となるメカニズムはアロステリーである。このような分子は、細胞増殖や細胞分化の制御についての情報の多くを伝達する。図20に示したのはスイッチのようなタンパク質Rasの分子構造である。ヒトの癌の大多数、特に膵臓や結腸の癌では、このスイッチ機能に欠陥がある。Rasには二つの状態があり、細胞外のシグナルからの情報を細胞内の経路に伝達し、細胞増殖につなげる。

アロステリーは調節を機能から分離して、弱い連係を促進する。弱い連係が継続的に選択され維持されることが、表現型の変異の生成を促進し、新たな機能と新たな調節的連係の進化を拘束解除する。

局所化と特異性の改変

アロステリーが仲介するシグナルは、酵素の活性部位に対する直接的、間接的な作用以外の方法で酵素活性を制御できる。生化学者たちには活性部位に対する先入観があり、酵素の特異性はすべて、基質を識別する活性部位が担っていると考えていた。しかし基質結合部位の特異性は別の方法で簡単に代替できる。基質に関して非特異的な酵素をつくり、そのかわり潜在的な基質への酵素の接近を制御すれば特異性を生み出すことができる。すなわちアロステリック部位を利用して、非特異的な活性部位へ基質候補だけを近づけ、不適切なものは締め出すようにすることができるのだ。

真核生物では局所化による制御は広くおこなわれている。真核生物は原核生物に比べて非常によく区画化されていて、タンパク質を配置する場所がたくさんある。細胞内に、核やミトコンドリアなど、膜に囲まれた数種類の区画をもつ。細胞質フィラメントに囲まれた多くの領域もあれば、鞭毛・繊毛・軸索・樹状突起のような細胞質の突起物もある。

酵素活性はそのような局所化によって制御されることが多い。その場合、酵素はつねに活性をもち、低濃度で存在するいろいろなタンパク質を区別せずに変化させうるが、実際の特異性はアロステリック部位が基質を酵素の近くへ集中させることによって達成される。この方法は拘束解除を促す。なぜなら、酵素は広い特異性を維持したまま進化できるし、効果を及ぼす対象は酵素の局所化を決めるアミノ酸からなる短い結合部位によって制御できるからだ。結合部位の配列は非常に単純でよいので、基質への接近の制御を巧みにおこなうための設計変更はごく簡単である。そのような結合部位の短い配列は、ありふれた遺伝子変化によってタンパク質に組み込める。強く拘束されたアロステリックな形態の変更は必要なく、酵素を別の構造につなぐ小さなひもがあればよい。すでに見てきたように、真核細胞の遺伝子調節の多くは、タンパク質の接近を制御しておこなわれている。(14)

タンパク質はいろいろな部位を備えるのにはおあつらえ向きだ。分子は非常に大きいので、（酵素）活性部位は全体のごく一部しか占めていない。表面の大部分は他のタンパク質と結合したり、修飾を受けたりするために自由に使える領域だ。二つのタンパク質が結合するとそこには多数の弱い相互作用ができる。進化の間のランダムな変化によってこの結合を目的にかなうようにうまく変更することは、たとえば研究者が薬剤を設計するのに比べれば比較的容易である――薬剤の場合は特異性と親和性を狭い表面に詰め込まなければならないから（通常のタンパク質は薬剤よりも一〇〇倍ほど大きい）。このようにアロステリーという設計概念、すなわち結合と調節に別の部位を使うことで、進化での広範囲に及ぶ変化を可能にし、少し設計を変えるだけで活性化と阻害ができる可能性を広げた。

進化の促進

転写とシグナル伝達は進化の過程で高度に保存されたコア・プロセスであるが、その調節的連係は生物の機能の中でも最も多様に変化したものである。進化で生じるすべての遺伝子は転写調節プログラムと何らかの方法でつながらなければならないし、既存の遺伝子の調節も変化を受けつづける。革新が生じるたびに、これらのプロセスは必ず変わる。変わっていないように見える発生の経路でさえ、DNAの調節配列のとどまることのない変化を隠しもっている。調節的連係そのものは、たとえば異なる種のショウジョウバエの遺伝子に見られるように、表面上は変わらぬ結果をもたらしつつも、実際はかなり流動的なことが多い。胚発生に関わる特定の遺伝子の発現時期と場所は、(形態が互いにわずかに異なる)別々の種でも同じことが多いが、これらの遺伝子の調節領域のDNA塩基配列は大きく変化している。恐らく強い選択圧がかかっているので、発生の機能は維持されるが、調節配列は変わりうるのだ。もちろん、もし選択条件が変われば、調節配列の急速な変化によってその遺伝子の発現時期と場所は刷新されるに違いない。すなわち新たな表現型が生じる(15)。

複雑な生物は、高度に保存された転写とシグナル伝達の経路を比較的少数しかもたないのになぜやっていけるのか、そしてさらに生理的適応や進化的適応の並外れた能力をなぜ維持できるのかは、弱い連係で説明がつく。分子レベルでは、弱い連係は二つの意味をもっている。第一に、連係は構成要素間の物理的相互作用が独特なわけでも非常に特殊なわけでもないので、簡単に再構成できるということだ。タンパク質は既存の複雑なプロセスを安定化したり効果的にしたりして相互作用するのであって、プロセスを根本的に変えるために重要な構造的要素を付け加えて相互作用するのではない。もう一つは、これも正しいことが多いのだが、タンパク質どうし、あるいはＤＮＡとの相互作用は、軟骨を構成するコラーゲンサブユニットのようなタンパク質間の「強い」構造的相互作用に比べて、エネルギー的に弱いということだ。弱い連係というときの「弱い」という言葉は、生物の多くのプロセスの許容的でスイッチのような挙動の根底にある二つの意味、すなわち再構成が可能なことと、不安定な相互作用とを表している。

マイナス面として、相互作用が強くないときわめてミスを起こしやすく、ミスは生物の回路に簡単に広がるだろうと思われるかもしれない。個々の要素に関しては確かにそうだが、回路自体は複雑で、途中のどこかでミスを防いだり正したりするようにつくられていることが多い。生物の非常に多くの経路が他の経路、いわゆる重複経路によってバックアップされているように思われるのは、こういう理由があるからなのだと筆者らは信じている。マウスの遺伝実験では、非常に重要そうな遺伝子を欠損させても、あまりひどい表現型にはならなかったり、まったく影響がなかったりすることはよくある。たいてい後から、他の遺伝子の機能がその欠損をカバーしていることが発見される。

なぜ生物は、確度の低いサブ経路の集積した複雑な経路でなく、確度の高い単純な経路をつくらなかったのだろう？　その答えは、弱い連係が経路の設計原理となっていることにあるだろう。同一の経路が同一の生物内で異なる目的のために繰り返し使われている。したがって、それらがさまざまなプロセスと相互作用し、異なる環境と細胞タイプの中ではたらくためにはわずかに改変されなくてはならない。構成要素や経路の使い道の広さは、かなりの代償を払って手に入れたものだ。

複雑な生物が確度の低い回路を使って生きていくためには、それらの回路は冗長性をもち、また失敗を補償する別の回路を維持しなければならない。

シグナル伝達経路の例としてグルコース濃度の制御が挙げられる。グルカゴンというホルモンが膵臓で作られて血中に放出され、肝臓の細胞にグリコゲンをグルコースに分解するように合図する。インスリンとは反対の作用である。この回路では、グルカゴンシグナルとグリコゲンの分解を触媒する酵素の間で直接的な相互作用は起きない。グルカゴンは細胞には入らず、細胞表面の受容体に結合する。膜を貫いて細胞内に達している受容体は、細胞質に存在するスイッチのようなアロステリックタンパク質、たとえばRasタンパク質のように活性状態と不活性状態をあらかじめもつタンパク質を活性化する。タンパク質の相互作用は弱く、特異性も低いので、すでに待ち構えているプロセスを刺激するのにちょうどよい。活性状態になったスイッチタンパク質は、別のタンパク質である酵素に結合して活性化し、細胞内に環状AMPという小さい分子をつくらせる。この分子はいたるところに拡散していって、別のアロステリック酵素に結合し、今度はこれが三番目のアロステリック酵素を変化させ、この酵素が実際にグリコゲンを分解する。これは弱い連係の連鎖になっている。このような系は生理的に柔軟性がある。他からの入力を受け取れる場所が多いし、構成要素ははじめから活性－不活性状態をもっているからだ。たとえば、心拍数を上げるためにグルコースがよけいに必要になると、環状AMPの濃度を前記の経路とは独立に上げることができるもう一つの間接的な経路がはたらく。

グルカゴンが膵臓から肝臓へ行き、肝細胞に入り、グリコゲン分解酵素に結合し、直接に酵素活性を高めるという経路を設計することも可能だったかもしれないが、じつはそのような経路は場所や形の適合などがあちこちで厳密に要求され、拘束が多く、つくりあげるのが難しい。第一に、細胞膜を横切ってグルカゴンを輸送する特殊な機構を開発する必要があるだろう。第二に、大きな基質であるグリコゲンに加えて、グルカゴンのような異なる分子を収容できるような触媒部位を酵素上に設計することは難しい。第三に、インスリンのようなほかの入力もこの酵素の活性に影響するので、これらの場所も非常に狭い活性部位付近に確保しなければならないだろう。最後に、そしてこれが最も重要なのだが、グルカゴン／環状ＡＭＰ経路はわずかに改変されて、さまざまな細胞やさまざまな生物で繰り返し繰り返し使われているのだ。融通性のある同じ回路を保存するのは経済的だ——出力は簡単に変えられるのだから。もしシグナルと応答が密接に結びついていたら、そうは行かない。同じような例としては、アドレナリンシグナルが共通の経路を使いつつもさまざまな結果をもたらすことがあげられる。心臓では収縮力を増し、肝臓ではグリコゲンの分解を高め、肺では細気管支を拡張し、腸では蠕動運動を弱める。

手軽な連係には手軽な受容性があればよい

これまでに弱い連係は新たな連係を生成するうえでのしきいを低くすることを述べてきたが、連係相手の系にこれに対応して「連係できる」能力が必要なことを無視してきた。電気でいえば、コンセントとプラグが合うだけでは不十分で、器具を使うためには電圧と周波数も一致しなければならない。

ニューロンがさまざまなシグナルに対して適応する様子は、生物の弱い連係の「連係能力」を恐らく最もわかりやすい形で描き出しているだろう。神経細胞は古い細胞タイプであり、先カンブリア時代のクラゲのような動物に遡ると考えられている。一つの生物内でも、またさまざまな生物の間でも、神経細胞が非常に多様なことは、神経細胞間や筋肉へのシグナル伝達に種々のシグナルが使われることを反映している。すべての神経細胞は細胞膜を隔てて電位を発生させる。神経細胞から分泌される神経伝達物質は他の神経細胞（あるいは筋細胞）の細胞膜の受容体に結合する。神経細胞は多種類の受容体とイオンチャネルをもち、これらのチャネルには陽イオンを通すものと陰イオンを通すものがある。神経細胞はそれぞれのチャネルからの正と負のイオンの入力を総計して、小さなコンピューターのようにはたらく。電気信号は最終的にカルシウム流入の引き金を引き、これが神経伝達物質の分泌の引き金となり、この神経細胞に別の神経細胞へのシグナル伝達をさせる。膜電位を上げるチャネルと下げるチャネルの寄与は、反対向きである。総計電位があるレベルに達したときだけニューロンは興奮する。

神経細胞は準備の整った二状態系で作用する弱い調節的連係の絶妙な例だ。シグナルと応答には物理的な結合はない。受容体イオンチャネルは、細胞の反対側の端で用意して待ち受けている分泌装置に接触してはいない。受容体イオンチャネルと分泌装置を結びつけるのは、神経細胞の端まで伝わる電気的インパルスである。受容体イオンチャネルと遠方の分泌装置の間には物理的な結合がなく、ぴったり合う必要もないとすれば、新たな関係を結ぶのに拘束はほとんどない。

しかし神経細胞自体は変化が拘束され、基本的な性質や構成要素は保存されている。すなわち膜電位を生み出し、インパルスを伝搬し、カルシウムを流入させ、神経伝達物質を放出する。図21に示すように、細胞全体は分極状態（分泌オフ）と脱分極状態（分泌オン）の二状態が存在するように

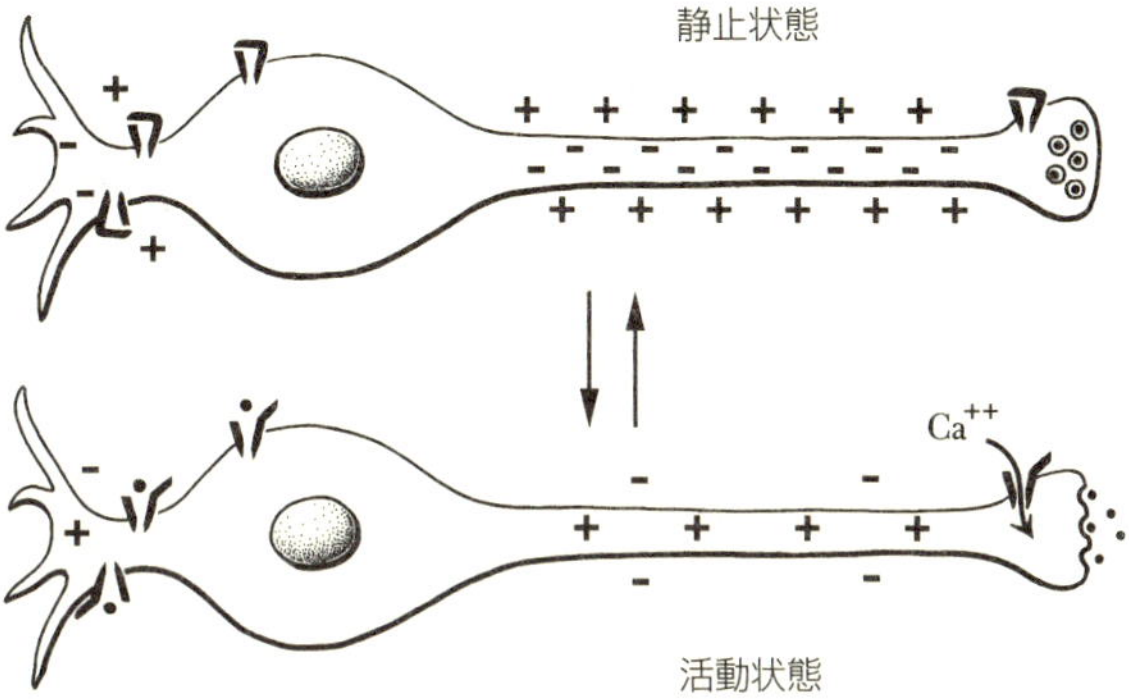

図21　神経細胞のオンとオフの状態．細胞全体は静止状態（神経インパルスを伝達していない）あるいは活動状態のどちらかの状態を取れるようにつくられている．閾値以上のシグナルを受け取ると活動状態になり，その後静止状態に戻る．

構成されている。内的な拘束が厳しい代わりに調節については拘束解除され、非常に多くの入出力に対応できる。多様な受容体やイオンチャネルのどんなものでも受け入れられ、すべてがうまくはたらくのは、それらが共通の通貨、すなわち膜電位に寄与するからだ。このようにして細胞の基本設計は同一ながら、いろいろな受容体や神経伝達物質をもった異種の神経細胞が、一つの生物内でつくり出される。生物はシグナルや応答を変化させて数種類のニューロンを生み出し、進化はこの同じ性質を用いて長い間にこれらを変化させるのだ。

多細胞生物のゲノム自体は、ゲノム中のタンパク質をコードしているドメイン間の弱い連係のようなものを利用して、新たな遺伝子の進化を促進するようにつくられている。先カンブリア時代の後生動物の進化の間に、既存の遺伝子のさまざまな部分を融合して新たな遺伝子がつくられた。特にシグナル伝達経路や細胞外マトリックスの構成成分の新たな遺伝子がそうしてつくられた。遺伝子断片の融合には問題がつきまとうのが常である。というのは機能をもつすべての断片の「読み枠」がきちんと合わなければならないからだ。DNAは三塩基が組になって一個のアミノ酸を決めるトリプレット暗号であることから問題が生じる。一塩基足りない融合が起きると、接合点の下流のすべてのトリプレットの読み枠がずれて、まったく異なる、機能をもたないタンパク質ができる。

ゲノムの大きさとDNAの非翻訳領域の多さを考えると、多くの断片を正確につなぎ合わせて一つの大きなタンパク質をコードする大きな遺伝子がつくられる可能性は小さいと思われるかもしれない。しかし現在では、ほとんどの遺伝子はタンパク質をこま切れにコードしていることがわかっている。短い翻訳領域はイントロンと呼ばれる長い非翻訳領域に囲まれた島のようなものだ。転写にひき続いてイントロンは正確に切り取られ、複数のドメインをもつタンパク質をコードするメッセンジャーRNAができる〔スプライシング〕。

RNAをスプライシングする装置は、およそ二〇〇種類のタンパク質とRNAから成る、複雑で、厳しく拘束され、非常によく保存された複合体である。この装置は、翻訳配列にはさまれたイントロンの両端の配列の一般的な特徴を識別する。これらの境界でイントロンを間違いなく切り取り、残ったRNAの端をつなぎ合わせる。このスプライシング装置は、厳しく拘束され、よく保存されているが、二つの境界に挟まれたイントロン配列の長さにはこだわらない。もしイントロンの境界配列（と少量のイントロン）をもった新たな翻訳配列断片が、ゲノム中の既存のイントロン内に入り込んだとしたら、この配列はきちんとスプライシングされ、最終的なメッセンジャーRNAの中へ正しい読み枠で組み込まれる。

DNAの一つながりの領域をゲノムの中で移動させせたり、既存のイントロン内に挿入させせたりするメカニズムは数種類あるので、長いイントロン配列をもったゲノム構造は、複数のドメインをもつ新しいタンパク質構造の形成を促進する。ＲＮＡスプライシング装置のおかげで、新たな配列は正確に狙いをつけて挿入させなくても、新たな構造の中へ正確に組み込まれることになるのだ。複数のドメインをもつタンパク質の発展は、六億年前の多細胞生物の創出の時期と重なり、また恐らくこれを助けたことだろう。この発展は、翻訳配列とイントロンから成るゲノムの構成と、ＲＮＡスプライシング装置の効率のよさを見事に利用したものである。

弱い連係と進化

大型多細胞生物の複雑さを支えるものとして、さまざまな状況下で十分融通のきく少数の保存されたコア・プロセスが選択されてきたのは、生理的適応能力が選択された結果である。適応能力の高いコア・プロセスは、弱い連係の能力も高いというおまけがつく。このようなプロセスは調節の面では遺伝的変化によく応答する。弱い連係が可能なこれらのプロセスは、生物の発生や生理作用においてさまざまな時期や場所でさまざまな組み合わせで使われてきたので、将来もさまざまな組み合わせ・時期・場所・量で、ほとんど抵抗なく利用されるだろう。

これらのプロセスの中に組み込まれている弱い連係の能力は、生理的な適応能力とともに再三選ばれそれゆえに保存された性質である。シグナル伝達や転写などの古くからのプロセスは変化が拘束されているが、保存された構成要素の入力と出力に対する相互作用を変更する調節的変化はたやすくできる。入力や出力と自由に連係できるということは、拘束解除の重要な一形式である。

ランダムな突然変異や遺伝的変異の新たな組み合わせに、表現型の変化を生み出す力があるのかという長年の懐疑のほとんどは、遺伝的変異が非常に特殊で多面的で複雑な表現型変化を生み出さなければならないという仮定から生じている。筆者らの見解では、特殊さと複雑さは、調節的連係の性質がそうであるように、保存されたプロセスにすでに組み込まれている。それらの特性は遺伝性の変化にとって必要ではあるが、遺伝的変異がそれらをつくりだす必要はない。

遺伝的変異の標的は完全にわかってはいないが、遺伝子を調節するDNA上の領域だけでなく、小さな抑制RNAや、リン酸化や分解シグナルをはじめとするタンパク質の調節部位や、翻訳の制御配列とスプライシング配列や、恐らくシグナル伝達経路における一群のタンパク質修飾装置も含むに違いない。調節は多様で、至るところでおこなわれるので標的は多い。これらの標的は、わずかな突然変異が起きるだけで互いに弱い連係で簡単につながれる。弱い連係の能力とその受容力は、生物では強く選択された形質であり、高度に保存されている。

体細胞適応は、新たな変異が生じるためのもとになりうること、そして、それはあらかじめ準備されていることを述べてきた。適応範囲内のそれまでとは異なった状態が遺伝的変化によって安定化されればよいからだ。しかしボールドウィン効果をこのように適用することは、進化における新規性の説明の万能薬として広く支持されてきたわけではない。というのは進化で最も興味深いと思われるたぐいの変異は、現存する系を量的にわずかに変動させるものではないからだ。確かに形態の新規性については、生物が新しい構造をつくる能力をあらかじめ体の中に備えていると想像するのは難しい。最初の翼や最初の眼が現れたのは画期的なことであって、あらかじめ用意されていたとは思われない。

生物に用意されていて、突然変異によって安定化されて、新たな形態や新たな生理や新たな行動を生み出す新規性があるとすれば、それはどのような種類の新規性だろうか？　温度に対する適応や、得られる食物の変化に対する適応のような、高度に統合された現在の生理プロセスから目を転じて、生理プロセスの根底にある保存されたコア・プロセスに注意を向ければ、その適応可能な範囲は非常に広いことに気づく。それぞれのコア・プロセスがその範囲全体にわたって変化することができるとしたならば、つくりだされる表現型の全体にわたる変化は、一個の動物の通常の適応可能な生理的な範囲よりもはるかに広い。

これらのコア・プロセスの一部をなすプロセスを、探索的な挙動を示すコア・プロセス、すなわち**探索的プロセス**と筆者らは呼んでいる。探索的プロセスの機能の核になっているのは、このプロセスのもつ適応能力だ。その例は、細胞以下のレベルから行動のレベルまで、生物のさまざまなレベルで見られる(1)。

探索的な挙動は体細胞適応の独特かつ効果的な一様式である。それは無限とはいわないまでも多くの特殊な状態を生み出し、これらの状態の中から個々の生理的要求に最もよく合致するものを選ぶためのメカニズムを提供する。非常に多くの状態を生み出すため、そのほとんどが利用されないが、別の選択条件の下ではこれらが新たな構造をつくりだすことができる。また道具箱でたとえるなら、私たちは規格外のサイズのナットを締めなければならないときには調節のできるレンチに手をのばすだろうが、これは絶えず変化する体細胞適応と似ている。しかしもし道具箱が探索的な原則にもとづいているとしたら、あらゆるサイズの固定された直径の無数に近いセットを魔法のように生み出すだろう。私たちはその中から合うものを選べばよい。探索的プロセスは弱い連係を利用する。それは多数の可能性の中から選択肢となる少数のものを選ぶために利用するのだ。弱い連係と探索的プロセスを活用する細胞のはたらきは、進化を促進する上で主要な役割を果たす。

ここで探索的プロセスの例をいくつか挙げて、生物がこれを用いる状況の幅広さと、探索的プロセスのメカニズムの多様性を示す。どのメカニズムにも共通の特徴がある。完全にランダムでほとんど制限されない変異を生み出した後、多様な状態のうちから機能的な選択がなされることだ。これは生理的な領域での変異と選択であると言える。

細胞骨格を見るとほとんどの細胞で（横紋筋のような高度に編成された特殊な場合を除いて）、繊維の無秩序な集合のように見えるが、それでも細胞の形に関係した全体的な秩序の偏りを示す。これらの繊維は単に細胞の形におさまっているだけでなく、じつは細胞の形をつくりだしていることが実験からわかっている。細胞骨格は非常に可塑性に富み、細胞外部の刺激や内部のシグナルに敏感である。生化学的な研究により、細胞骨格のおもな構成成分は試行錯誤しながら構成されることが示された。このようなプロセスは、方向のランダムな繊維を絶えず生み出し、機能を損なわずに細胞の形を補強する繊維が選ばれて安定化される。この種のプロセスにより、細胞は構造的な編成の変異にかけてはほとんど無限の能力が与えられ、外部のシグナルに対してその編成は広い応答性をもつことになる。

試行錯誤は、一つの生物自体の行動という別の作用レベルでも重要な役割を果たす。たとえばアリが食物を探し、発見物のありかへの道を仲間がたどるようすを観察すると、細胞骨格が自己組織化する方法と気味悪いほど似た試行錯誤戦略が見出される。

進化生物学者たちは、新規性、特に形態の変化に関しては、単に既存の体細胞適応により安定化された変異から生じるということに納得しなかった。いったい何がヒトの高い認識能力をもつ脳の原型となりえたのか？　神経系の発達を目の当たりにしてこの疑問が生じるとともに、ヒトはわずか二万二五〇〇個の遺伝子でどのようにして何兆個もの細胞やシナプス結合を指定できるのかという、これに関連した疑問も生じた。まだ予想もつかない未来における適応がゲノムのどこに隠されているのかという疑問以前に、現在の複雑な生物を形づくっているもろもろの事柄がゲノムのどこに書かれているのかをまず問いたくなる。

現在と未来の多細胞生物の構成の複雑さの謎に対する答えの一部は、ランダムさと実用的な選択にもとづく探索的なプロセスにある。この方法によれば、神経系は比較的少ない規則によって自己構築できる。生理的変異と選択によって与えられた可塑性を考えれば、生物が神経系などの複雑な構造を生み出す仕組みの大半がわかるだけでなく、これらの系が損傷を治す仕組み（傷や打撃からの回復）もわかる。また、新たな構造が既存のものから進化できる仕組みを説明する助けともなる。探索的挙動は、空間的次元で作用する保存されたプロセスでは特にはっきり見られる。

生理的変異の生成と選択のプロセスは、それ自体が複雑である。生物は生理的適応の各段階で生理的変異を生み出すために、あらゆることをやってみる場合がある。この能力は脊椎動物の適応性のある免疫系に顕著で、それは探索原理にもとづいている（空間的・構造的な編成の方へ話を進めたいのでここではそれを論じない）。また、ある程度の多様性は、限られた変異性とランダムさを生じる許容範囲の広いプロセスによって生み出される場合もある。

生物がどのようにして体内のすべての細胞に酸素と栄養を、要求の多寡に応じて届ける脈管系をつくりあげたかを問うとすれば、アメリカの州をつなぐ高速道路網よりも相当に複雑で、しかも要求が増えたときにもラッシュアワーの渋滞を起こさないような系を説明することになるだろう。脈管系は局所的な要求に反応するために探索的なメカニズムを使う。限られた変異を生み出し、最終的な構造は選択的安定化によって達成する。このような系は個体ごとに発達でき、要求に合うように変化でき、進化の間に容易に変更できる。

筆者らが本書で探索的プロセスに特に注目するのは、その進化上の役割のためである。それらは通常の生理作用をする間に新たな構造を生み出すので、新規性への障壁を乗り越えられるように思われる。この能力は、都合のよい変化が同時に起きなければならないような進化的適応の問題を処理できる。眼の進化は説明のしようのない典型的な問題だ――選択のはたらきうる最小限の機能をもつ眼をつくるのにさえ、非常に多くのことが同時に適切に運ばれなくてはならないという難しい条件がある。この問題は解決できるとダーウィンは考えた。もし「単純で不完全な眼から複雑で完全な眼までおびただしい段階があり……、どの段階も所有者に有益である」なら、「完全で複雑な眼が自然選択によってつくられると信じることの難しさを、私たちの想像力では克服できないとしても、進化の理論を覆すものとしてとらえるべきではない」。そうだとしても、個々には選択されるほどの価値もない非常に多くのことを積み重ねることが、最初の単純な眼や翼や肺や胎盤をつくることになると信じてよいのだろうか？　通常の営みの中で大きな生理的変異を生み出すプロセスも、新規性を生み出すための段階の数を大幅に減らすのではなかろうか？(2)

この章の終わりに、探索的プロセスが、同時変化の必要性を克服するために果たす役割について力点をおいて論じる。例として脊椎動物の肢を選んだ。肢も眼と同じように、形態は複雑で多くの細胞タイプから成る。たとえばコウモリの翼が急速に進化したかどうかは、効果的な選択がはたらくだけの十分に実質的な改良が変化の各段階でなされたかどうかにかかっている。翼の場合、滑空や飛翔をするため哺乳類の前肢に加えられた最初の改良は実質的だっただろう。(この問題を正当に評価するために付け加えると、コウモリはムササビや、以前考えられていたようにヒヨケザルから進化したのではない。現在ではコウモリはクジラ、イヌ、シカに最も近縁だと考えられている)。しかしいったいいくつの性質が同時に変化しなければならなかっただろう？

肢の進化には多くの組織の同時変化が必要になる。骨や軟骨の構造が革新され、骨に対して筋肉が適正な配置を取り、遠距離にある神経細胞から新たな筋肉へ神経が分布し、血管系を通して栄養と酸素が新たなバランスで供給されなければならない。これらの系が本来もっている体細胞適応が探索的プロセスを用いると、新規性に対する障壁が激減することがわかるだろう。探索的プロセスは新規性に至るまでの各段階で、遺伝的変化なしに形態の変化に適応できる。このような高度に適応性のあるプロセスは、生存可能な新たな重要な変異の生成を助け、そこに選択がはたらくことができる。

ここでいう生理的な変異と選択はもちろんダーウィン進化モデルの基礎であり、それによって生物全体としては膨大な数の遺伝可能な表現型変異を生み出し、変異のうちの最も適するものが選択によって安定化される。進化的適応と体細胞適応の類似は表面的なものではなく、探索系が進化に対して非常に重要な寄与をすることがその理由の核心をなしている。探索的プロセスが関与する体細胞適応は、（生物の他の変化による二次的な損傷を減らして）致死率を下げるばかりでなく、遺伝的変化が肩代わりすることのできる体細胞変化をふんだんに提供している。これは第三章で性決定とヘモグロビンを題材にして論じた、遺伝的変化と環境の変化の互換性の、もう一つの例である。

幅広い応答性をもつ探索系は多くの状態を生み出し、そのどれもが周辺のシグナルによって安定化されうる。概して探索的プロセスは高度に保存されていて、変わるのは安定化させるシグナルの方だ。生物によって生み出されるこれらのシグナルは、遺伝的変異の新たな組み合わせや突然変異によって変えられる。するとシグナルが探索系を選択する規準が変わるが、多様な状態を生み出す能力は変えずに残す。したがって選択シグナルを変化させることによって、どんな経路に沿ってでも細胞を遊走させることができ、どんな場所からでも軸索を伸ばすことができ、どんな方向にも血管系を分岐させられる。体細胞に可能な多数の状態は簡単に多数の可能な表現型に転換され、これに選択がはたらくことができる。選択は非常にわずかな改変だけを安定化するという必要条件はこれで緩められる。実質的な表現型変異は、生物の通常の営みの中で生み出される多くの体細胞変異から現れる。

細胞が形をつくる仕組み

細胞の建築は建築士なしに完成される。中央からの規制がされているようすもない。実際に細胞はいろいろな形が取れる。多くは周囲の状況に応答して構造を変えるカメレオンのようだ。自由生活をするアメーバ *Amoeba proteus* は、どんな姿にも変身できるギリシャの海神プロテウスに因んでうまく名づけられている。この能力は体細胞適応の巨大な貯蔵庫となり、これが進化を支える基盤となり、その多くは探索的原理にもとづいている。

細胞の形をつくりだすために使われるタンパク質は、他のすべてのタンパク質と同様に細胞のDNA中にコードされている。DNAの塩基配列は発現の時期や状況を制御するが、タンパク質を細胞のどこに配置するかは指示しない。細胞群の大規模な組織化についての遺伝的情報は存在しない。さらに、同じDNAをもち、同じ環境下にある細胞が、非常に異なる形を取ることができる。細胞の形は遺伝的制御とは無関係に、発生と環境の信号に応答する。形を変える能力は重要なプロセスを支えている。たとえば傷の修復のために傷口を目指す細胞の移動、神経系の発生の際にさまざまな標的に向かう軸索の伸長、白血球が大きな粒子を飲み込むときや血管の壁を潜り抜けて病原体を追い詰めるときの変形、細胞分裂中に各細胞がおこなう大幅な再構築などだ。細胞の組織化を遂行するプロセスの一部は、タンパク質集合のレベルでの表現型変異と選択という形の試行錯誤に依存している。

細胞の形の適応能力が進化にチャンスを与える仕組みを理解するために、ふたたび分子レベルで考えなければならない。細胞の骨格をなす要素がようやく発見されたのは一九七〇年代になってからであり、そのはたらきに関わる性質の解明にはさらに一〇年を要した。細胞には細胞骨格と呼ばれる内部骨格があり、それらは三種類の細長い繊維でできている。これらの繊維は細胞の形を反映した並び方で細胞内部を交差して走っている。どの種類の繊維もそれぞれ固有の球状タンパク質からなる——一〇万個あるいはそれ以上の同一の球状タンパク質が線状に集合して、それぞれの繊維ができているのだ。紡錘体は「微小管」からなる。この繊維は細胞分裂時に染色体を極につないでいることが初期の顕微鏡学者たちによって認められていたが、この微小管は神経細胞のような分裂しない細胞の細胞骨格としても広く使われている。アクチンフィラメントと中間径フィラメントという、他の二つのおもな繊維は、微小管とともに細胞内で構造的な役割を果たすが、それぞれ別の役割である。細胞骨格は細胞に機械的な変形に対抗する安定性を与える堅さをもつとともに、いろいろな形を支えるために解離しては再集合を繰り返して使われるという融通性も備えている。

微小管の適応能力の鍵は、そのダイナミックな動きにある。通常の分裂していない細胞中では、何百本という微小管が細胞の中央にある構造体から細胞膜へ向かって放射状に広がっている。この構造をした微小管は、車輪のスポークのように、ほぼ多角形の細胞に剛直性を与えているように見える。

しかし、細胞に形を与える堅い棒だという微小管の最初の性格づけは誤解のもとだった。これは組織学用に固定した初期の細胞試料から得られた印象だった（フットボールの試合も、ビデオと違ってスナップ写真一枚では、間違った印象を与えてしまうのと似たようなものだ）。生きている細胞内での微小管が特殊な方法でビデオに撮れるようになって、微小管は絶えず変化していることが証明された。絶えず成長し、分解し、ふたたび成長し、個々の微小管はわずか五分間しか存在していない。一本の微小管はしばらく伸びたかと思うと、自発的に縮んで原点へ戻り、新たなものが取って代わり、別の方向へ伸びだす。個々の微小管は入れ替わるが、全体の数とでたらめに近い分布は時間が経ってもほとんど変わらない。

微小管の成長や収縮の全プロセスにはエネルギーが必要である。ウイルスのようなはるかに複雑な構造さえ自発的に集合するので、このエネルギーの必要性は当初不思議に思われた。実際にはエネルギーは、微小管の集合にではなく、解離を起こさせて動的なターンオーバー（解離再集合）を維持するために用いられている。

ターンオーバーの目的は最初ははっきりしなかった。現在では動的不安定性と呼ばれているこのプロセスは、個々の繊維の伸長と短縮の無駄なサイクルを繰り返すのみで全体的な分布が変わるわけでもなく、何の意味もないように思われた。すでに選択を伴わない生理的な変異があることを見てきたが、もしここに選択が加わるなら、これは体細胞適応の新しく、有効なメカニズムになるはずだ(3)。

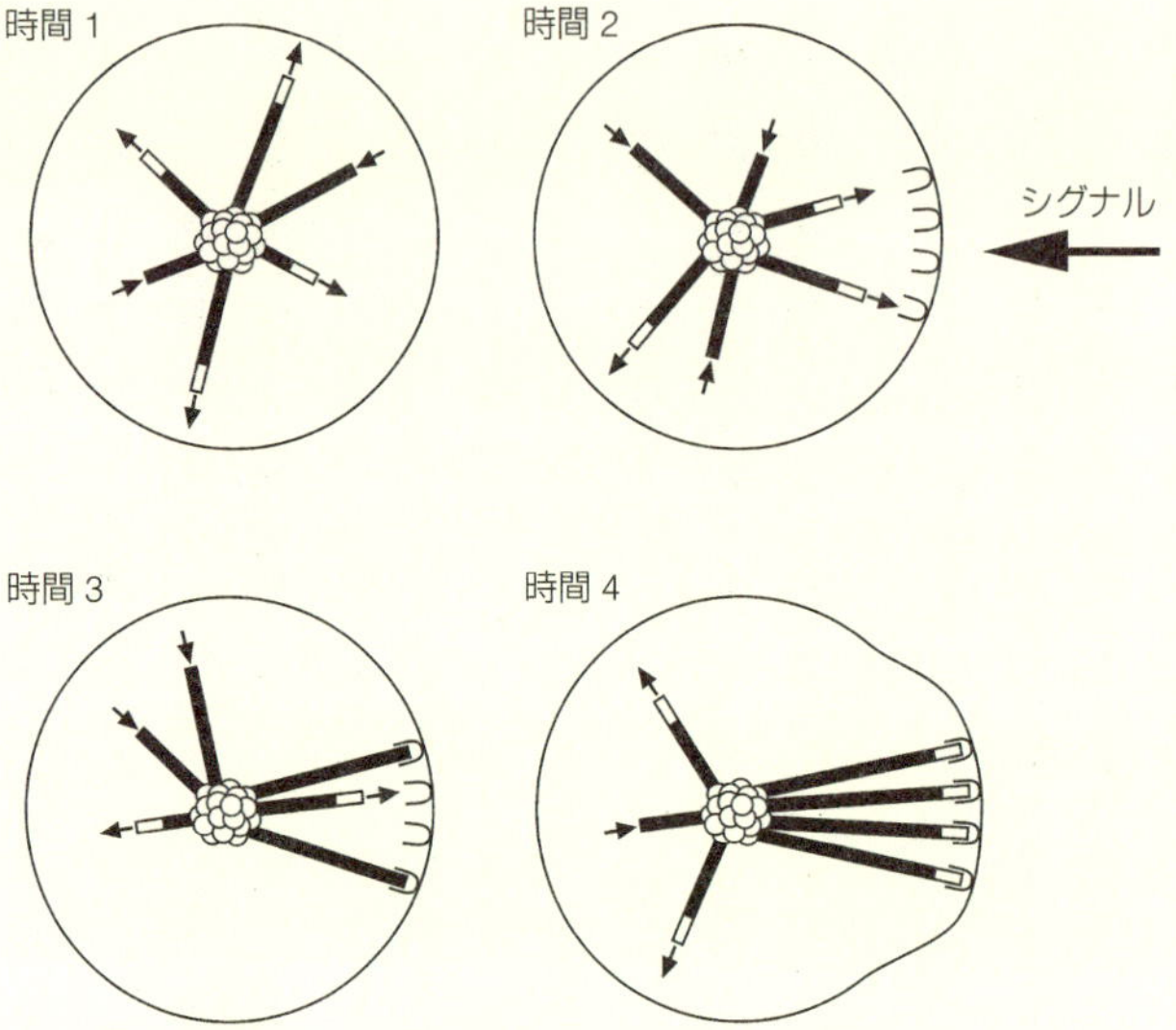

図22　微小管の探索行動．すべての真核細胞は，状況によって配置や長さの変わる微小管をもつ．それぞれの微小管は，一端から伸びたり（外向き矢印）縮んだり（内向き矢印）する（時間 1）．シグナルが来ると（時間 2）細胞の一方の側の安定化因子が活性化される．たまたまそれらに到達した微小管は安定化され（時間 3，4），縮まなくなる．微小管の最終的な配置は，安定化因子の分布に依存する．

　動的不安定性の機能は、個々の微小管の集合だけでなく、それらを配置して編成する能力の中にも見出される。微小管は図22に描いたように、先端からランダムに伸長し、また先端から脱重合して中心へ戻る。中心部位から遠い細胞の周縁部で、微小管の先端の脱重合を止める安定化の作用に出会うまで、重合と脱重合を続ける。安定化領域にたまたま入った微小管は存続するが、その他のものは急速なターンオーバーによってついには消滅する。特定の極性をもつ、あるいは非対称的な配置は、局所的な安定化によって段階的に完成される。最後にはほとんどの微小管は中心から伸びて周縁の安定化領域に達する。細胞の形がついに完成すると、微小管のダイナミックな動きは減じ、配置はより長く安定化される。

こうして急速なターンオーバー（変化）と局所的な安定化（選択）は、変転極まりない配置を、極性をもつ安定なものに変えることができる。このプロセスの適応能力は非常に高いので、安定化シグナルがどんな方向から来ても微小管の配置と細胞は、適切に応答できる。このメカニズムは教示的ではなく明らかに選択的である。外部シグナルから指示が出て、微小管を特定の方向へ重合させているという証拠はない。

微小管の配置の適応性は高いので、同じタンパク質分子および同じ方法を用いながら、有糸分裂（双極の紡錘体が形成される）と神経の軸索形成（単極で非常に長い）のように異なる状況下でも機能を発揮できる。有糸分裂時には染色体は細胞のあちこちに散らばったまま凝縮する。細胞ごとに染色体の配置は異なり、生物が違えば染色体の数も異なる。微小管の成長端が染色体の特殊な領域（セントロメア）に偶然ぶつかると、捕捉されて安定化される。すると捕捉された微小管は染色体を細胞の中央に引き寄せる骨組みとしてはたらく。

有糸分裂では、微小管の動態と安定化以外の力が紡錘体の形成に寄与する。それでも紡錘体が組み立てられて機能を発揮するのは、たまたま幸運にも染色体と接触した微小管を染色体が捕捉し安定化することが大きな要因である。この戦略によって有糸分裂は非常にロバストなものになる。染色体の数や最初の位置はいろいろだが、きちんと機能が果たされる。これは進化にとって必須である。一般的に細胞骨格は、周囲の変化にも内部の遺伝的変化にも合わせて、さまざまな環境下ではたらく適応能力をもつからである。

微小管の形成は探索的プロセスである。安定した環境条件下でも一つの遺伝子型から、多くの細胞の形が生み出される。細胞は多数の可能な表現型のうちの、どれを安定化するシグナルに対しても適応できる。微小管のターンオーバー・メカニズムが、微小管の最終的な配置を決めるわけではない。細胞の組織化は、微小管形成の幅広い応答性と偏りのないプロセスに対して周辺からはたらきかける安定化作用によっておこなわれる。

コア・プロセスと考えられる動的な微小管は、新たな形態を繰り返し生み出すことによって二つの面で進化を促進する。微小管を安定化する外来因子の存在する場所は進化によって定められるが、実質的にそれがどこにあってもよい。また環境の変動や他のプロセスの適応的変化によって引き起こされるランダムな変異の致死率を下げることができる。体細胞変異の能力と、ストレスの巧みな緩和は、互いに協力して事に当たる。新たな表現型は細胞骨格の幅広い適応能力に起因するので、細胞骨格は新規性の登場を助ける。変異と選択の原理は、進化それ自体を強く連想させるものであり、実際、挙動も含めた多くの保存されたコア・プロセスで広く利用されている。

挙動の変異と選択

非常にありふれた行動のうちで、アリの餌探しは定量的研究に特に向いており、結果は単純な言葉で表せる。アリは餌を求めて知っている場所も知らない場所も探索するが、餌のありかは絶えず変化しているので、付近の状況をよく知っていても大して役には立たない。巣穴から出て来るアリには、餌が見えるわけでも臭いが感じられるわけでもない。餌のありかへの手がかりは何もない。種《たね》がすぐ下の地面に埋まっていることだってある。微小管のときと同様に、餌の感知やそれをもち帰る作戦を指示する教示的なプロセスは組み立てるのが難しい。餌を効率よく利用するためには、アリは見つけるだけでなく、コロニー全体にそれを伝えなければならない。餌探しの効率を最大にすることは、アリのコロニーの繁栄にとって主要な決定要因だろう。

最も単純な餌探しの方法は、散開作戦だ。各々のアリが出かけて、餌をもってあるいはもたずに巣に戻る。互いに連絡は取らない。コロニー全体としては、餌を見つける機会を増やすためにそれぞれが違う道をとれば利益が生じるだろう。この点で差異（変異）は重要である。しかし数種のアリが使うこの作戦は（だから恐らく彼らにとってはうまく行っているのだろう）、選択の段階がないので、せっかく発見した餌を無駄にしないための進歩がない。(4)

もっと有効な餌探し作戦は、最小限の連絡と適応性の高い個体の行動にもとづいており、行動の変異と選択が組み合わされている。この作戦では、各々のアリのランダムな探索でたまたま餌を発見すると、他のアリを呼び寄せる。これは図23に示すように、発見した餌をより経済的かつ効率的に活用することになる。

アリは巣穴から出て、ランダムに探索する。彼らは歩きながら揮発性の高い臭気物質、すなわちフェロモンを分泌して通ったしるしを一時的に残し、巣に戻るときはその臭いをたどる。しばらく探しても餌が見つからないと、アリは臭いの道をたどって巣まで戻る。アリは餌を見つけると、さらにフェロモンを分泌しながら巣へ戻り、通った道の臭いを強化するようにプログラムされている。

巣穴から出てくるアリは、フェロモンの印のついた道をたどる傾向があるのだが、強化されてい

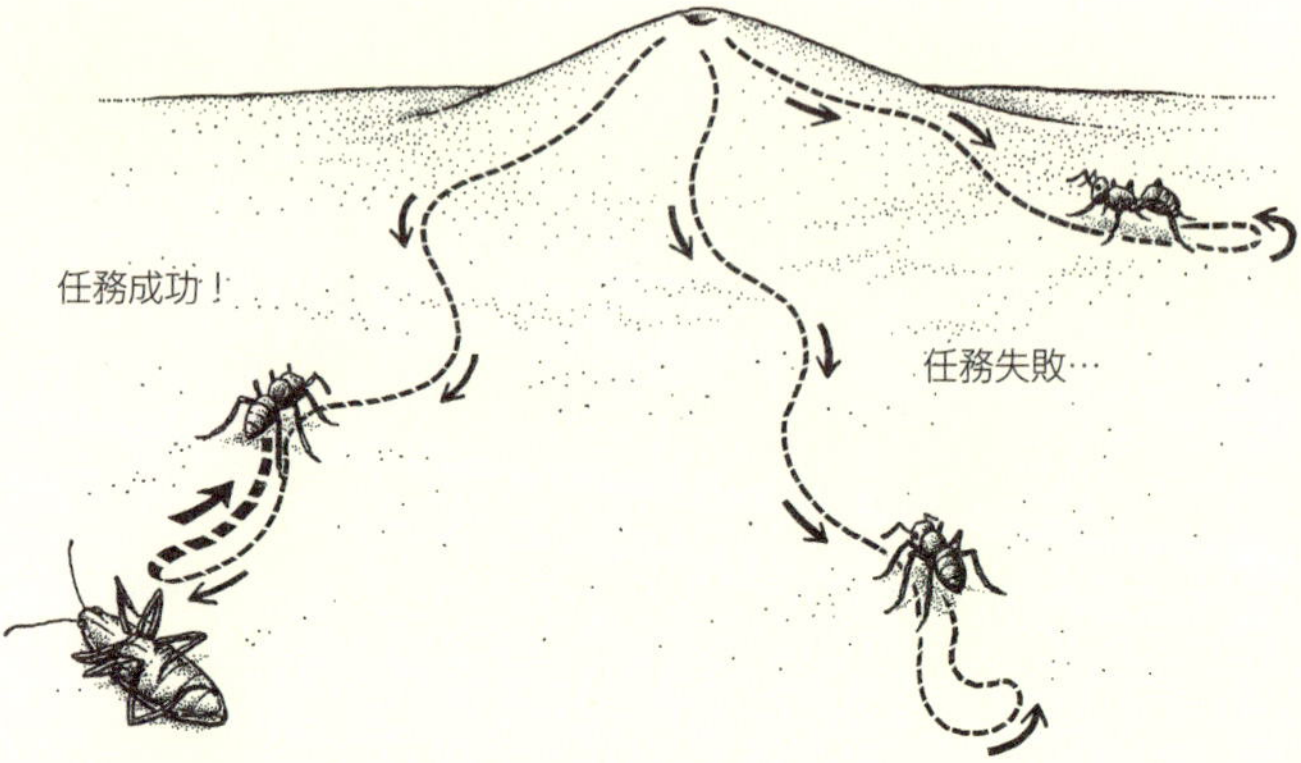

図23　アリの餌探し．探索中のアリがたまたま餌を見つけると，来た道をたどって巣へ帰るが，道々フェロモンで印をつけながら進む．巣から出て来るアリは，新たに探索を始めず，フェロモンの強化された道をたどって餌へ向かう．

ない道はすぐに臭いが消えてしまう。餌が見つかった道はますます強化され、巣穴から出てくるアリは餌へ向かう道をたどることになる。この作戦の一つの問題は、最良の餌ではなく、最初に見つかった餌にコロニーの仲間を集中させてしまうことだ。この理由のためにアリの反応は完全に決定されているわけではなく、つねにある程度のばらつき（変異）が残っている。フェロモンの臭いの強い道に出会っても、少数のアリはそれをたどらずに新しい探索をおこなう――私たちも心に留めるべき教訓である。

アリの通り道のパターンは環境や餌の分布を反映する。アリは種によって通り道のパターンも異なるので、餌探しの行動も異なるように思われる。しかし詳しく調べると、これらの「種」による違いはアリに本来備わっているものを反映しているのではなく、環境の違いや餌の好みの発生によるらしい。そしてこれは餌の分布と好みの違いを反映している。つまり個体の行動の規則は同じなのだ。フェロモンを分泌し、フェロモンの付いた道をたどり、来た道を引き返し、強化し、ランダムな逸脱を示す。これらのプロセスはアリの遺伝的構成の中に組み込まれている。これらの固定した規則から、変化する環境に応用できる適応性の高い作戦が生まれる。

微小管の重合とアリの餌探しは概念的に似ている。両者とも変異と選択が関与する探索的プロセスである。アリと微小管は拠点から外方向へランダムに動いて行き、「標的」に出会わなければ戻ってくる。標的（微小管では安定化作用、アリでは餌）に出会ったときに微小管の配置や個々のアリの分布を変更するのは、選択プロセスだけである。

微小管の場合、その微小管の端が収縮を妨げられる。他の微小管は伸び縮みを繰り返すが、毎回少数のものは安定化される。その結果、全体の配置は新たな構造へと再編される。個々のアリはフェロモンを分泌して、新たなアリを呼び集めて特定の道をたどらせる。個々のアリが自分の方針を変える必要もなく、しだいに増員される。どちらの場合も、変化は個々の単位にではなく、集団のレベルに見られる。この選択は、環境は個体を直接に変えるのではなく、個体の集団を偏らせるだけだというダーウィンの選択と非常によく似ている。

アリの集団と同様に、微小管の配置にも適応性がある。安定化シグナル（あるいは餌）は確実に同じ場所にある必要はない。このプロセスは間違いを許容する。微小管は多くの細胞タイプの中ではたらくことができるし、アリは多くの環境ではたらくことができる。安定化された微小管の最終的な分布は、周辺のシグナルの分布を反映するのであって、微小管重合のコア・プロセスの変化を反映するのではない。ちょうどアリのたどる道の分布は餌の分布を反映するのであって、異なる餌探しの作戦を反映するのではないように。探索的な変異と選択の組み合わせは、既存の行動の単なる延長ではない行動や生理を生み出す効果的な手段である。どちらのプロセスでも、ゲノムに書かれているのは探索の方法であって、探索の結果ではない。

少なすぎる遺伝子

多細胞生物の遺伝子の数が少ないことと（ショウジョウバエでは一万四〇〇〇個、ヒトでは二万二五〇〇個）、それらが高度に保存されていることから、生物を理解する上で二つの懸念が生じる。第一は、動物の驚くべき複雑さ——ヒトの中枢神経系ではいわばその極みに達している——がどのようにしてそんな少数の遺伝子産物から生み出されるのかということである。具体的に述べると、ヒトの脳のニューロン数は一〇〇〇億個、シナプスの総計は一〇〇〇兆個と見積もられている。それらは複雑な三次元ネットワークをつくって働いている。第二の懸念は、この少数の遺伝子のうちの多くが高度に保存されていることだ。あまり違いのない遺伝子で、地球上の生物の非常に多様な形態や生理をどのようにしてまかなうのだろうか？

両者に対する答えは、これらの遺伝子の組み合わせにあるのに違いない。組み合わせの種類は膨大な数になる——二〇種類の因子でさえ、すべての可能な組み合わせの数は一〇〇〇兆をはるかに超える。

遺伝子の組み合わせが複雑さの問題の答えだと言ってしまうと、問題を避けていることにもなる。細胞が一〇〇〇兆種類の応答ができるとしても、この複雑な応答を引き起こす一〇〇〇兆種類のシグナルはどのようにして用意されるのだろうか？　相互作用の単純な規則にもとづく探索的な系が、複雑なシグナルを生み出し、それに単純な機能的応答で対応する方法を提供してくれるかもしれない。

私たちがヒトの脳の発達を理解したというには時期尚早だが、神経生物学や発生生物学のこの領域の進歩は目覚ましい。脳のパターン形成は、教示的相互作用と選択的相互作用が混じり合ってなされることがわかっている。これに関わるシグナルは、数は比較的少数だが、中枢神経系の全体の形態をつくりだす際の使われる時期や場所がいろいろに異なる。探索的プロセスには、教示的相互作用の指示の及ばないところで神経系を配線する重要な役割がある。(5)

進化は生と死、マルサスの指数関数的増殖と生存にからむものである。同じたぐいの生と死の選択が、胚の発生プロセスの一環として細胞レベルでおこなわれる。現在では、細胞死は神経系の配線プログラムでは普通に起きることや、そのプロセスはよく調節され定型化された細胞の自殺の形であることがはっきりしている。自殺の能力は多細胞生物のすべての細胞に備わっているが、通常は抑制されている。胚の神経系以外の系では、細胞の自殺は新たな構造を生み出すために局所的に利用される。たとえば手足の指をつくるのには指の間の細胞を死なせる。アヒルの足の水掻きは、自殺によって細胞がなくなってしまわないように選ばれて残っているのだ。細胞死によって、ある種の原腎管や腎細管、あるいはオタマジャクシの尾のような一時的な構造物も変態の間に取り除かれる。(6)

神経系では、探索的プロセスによって潜在的な標的との仮の接続がされると、不必要な神経細胞が死んで取り除かれる。ニューロンは正しい位置に伸びて行って特定の接触をしない限り、自殺するように初期設定されている。

細胞が正しい接続をするとどのようにして自殺が妨げられるのだろうか？　一九五〇年代にヴィクター・ハンバーガーとリタ・レヴィ＝モンタルチーニは、ニューロンが細胞死を免れるためには標的組織によってつくられる生存因子（成長因子）を必要とすることを発見した。この因子を供給しない領域へ延びていったニューロンは死ぬ。中枢神経系は、脳も脊髄も、末梢の標的との神経接続に最終的に必要とされるよりはるかに多くのニューロンをつくりだすことがわかっている。餌を探すアリのように、これらの細胞は細長い軸索を体の周辺部へ多少ランダムに伸ばす。軸索の先端がたまたま構造的に適切な領域に入ると、標的組織がそこにつくりだした生存因子を受け取り、生き延びる。もし間違った領域に入ると、生存因子を受け取れず、自殺する。適切な領域内でも生存因子の量は限られているので、ニューロン間で競争と選択が起きる。(7)

ここでも体細胞の適応能力は進化を促進し、変異と選択という進化の基本的プロセスをなぞっている。細胞の適応性と進化との潜在的な関連は実験的に調べられている。ニワトリ胚の発生の初期段階のうちに余分の肢をわき腹（前肢と後肢の間）に移植すると、近くの脊髄領域からニューロンが軸索を伸ばし、正常な肢にも五番目の肢にも神経を分布させる。余分の肢は生存因子を生産する細胞の範囲を広げるので、わき腹では普通なら標的がなくて死んでしまったはずのニューロンが生き残る。

進化で新たな肢が獲得されることはありそうもないが、肢の相対的な大きさや位置の変化はいろいろ生じる。たとえばカンガルーの前肢と後肢は非常に大きさが異なる。実験により、そのような肢への神経分布のプロセスは、神経の増殖や生存のプロセスをつくり直すまでもなく起きることが示されている。少なくとも進化の最初の段階では、肢の進化は肢を制御する神経系の進化とはほとんどつながりがなかっただろう。ニューロンが余分に生産されて、末梢で安定化あるいは除去されるという仕組みが、神経の標的の違いを許容し、そのことが正常な発生をロバストにするとともに、進化に新たな機会を与えている。

正しい接続

神経接続の精巧なパターン形成は、探索的プロセスに依存している。進化上の再設計のおもな標的と思われるのは、ニューロン間、ニューロンと筋の間の接続である。通常の発生では、運動神経支配に関わるニューロンの細胞体は脊髄の中にあって、末梢の筋まで長い軸索を伸ばしている。座骨神経（細胞体は腰にあり、軸索は足の親指まで届く）の軸索は最も長く、一メートルを超える。末梢では軸索はしばしば分岐していくつもの細い枝をつくり、それらは最初は数個の別々の標的筋細胞と接触している。最終的には一つの骨格筋細胞は一本の軸索だけと接触するようになる。

神経細胞と筋細胞間の最初の無差別な接続は、刈り込まれて単純な一対一の接続になる。選択はあらかじめ決められているわけではない。神経軸索が体の周辺部へ伸びていくとき、筋細胞がすでに別の軸索の枝と接続しているかどうかに気づいていないのだ。軸索は接続先の具体的な番地ではなく、大体の地域しか教えられていない。最終的な状態は、ある筋細胞のシナプス領域に群がったさまざまなニューロン間の競争によって決定される。これは機能的な競争で、各ニューロンが電気シグナルを出し、筋が応答して、シナプス伝達の相対的な強さを試す。図24に示すように、最も強いシグナルを出すニューロンの枝の先端が勝ち残り、他の軸索は枝の先端を引っ込めて、力を他の

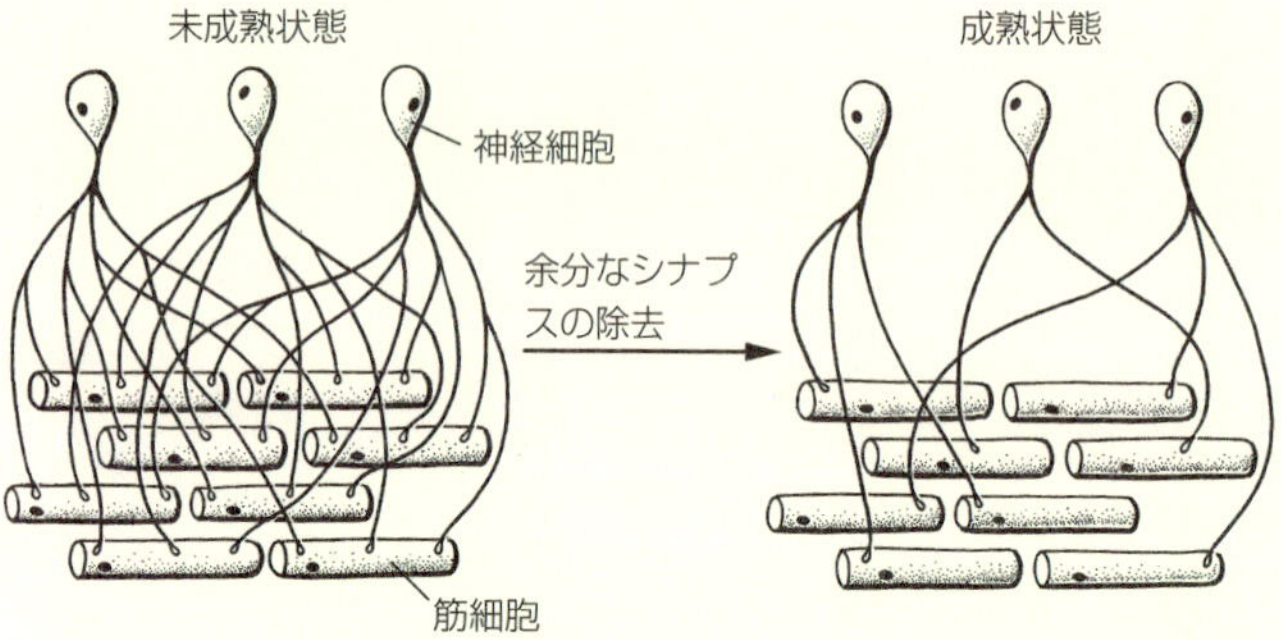

図24　神経末端の刈り込み．脊椎動物の胚の発生に伴って，神経索中の各神経細胞は数本の軸索を筋細胞に向かって伸ばす．最初は数本の軸索の先端が各筋細胞と接触する（左の図）．時間が経つと余分な軸索は刈り込まれ，各筋細胞は神経細胞の先端 1 個だけと接触するようになる（右の図）．刈り込みは接触の機能的効率にもとづいて決定される

標的に振り向ける(8)。

神経系が変異と選択にもとづく可塑性を示す例は多く、神経細胞と標的細胞間の機能的なフィードバックのはたらきで接続が精巧なものになるという証拠が増えてきている。機能的な相互作用は経験によって改良されうる。それは神経系がいろいろな条件に反応して変化するからだが、その変化はその個体には影響するが子孫には影響しない。しかしこの系は筋の発達や消滅といった遺伝的変化に反応するので、進化上の革新や改変を促進する。

神経系の可塑性の高さを考えれば、遺伝的変化への最初の適応には、配線の規則の改変は必要なかっただろうと思われる。末梢の変化が発生プロセスの通常の変動によるものであっても、損傷・実験操作・他の環境の影響によるものであっても、あるいは進化をもたらす遺伝的改変によるものであっても、神経系はこれらに適応する。ただし進化による変化は、最初の適応の後に、変化を安定化するさらなる遺伝的変化が蓄積するのに時間がかかるという点では異なっているが。これも遺伝因子と環境因子が交換可能なもう一つの例だ。神経系を配線する基本プロセスは保存されうる。というのは、神経系の接続は接続を生み出すプロセスを変えないでも、生物の形態の変化に合わせて変化できるようにつくられているからだ。

入力と出力の再構成

生物について知れば知るほど、新たな構造が選択に耐えられるほどの機能をもつに至るには、いくつもの変化が同時に起きることが必要だという、ダーウィンの懸念がますます深刻に思われて来る。つまり、ある系にどんな変化が起きても、他のプロセスでそれにうまく調和した変化が伴わない限り、きっと元の系よりも劣った系しか生じないだろうという懸念だ。少なくとも機械の改良では経験的にそう言える。自動車のシリンダーを四本から六本に増やすとき、追加したシリンダーをうまくはたらかせるには多数の改変が必要になる。非常に重要なのは、クランクシャフト、潤滑油・冷却系、点火系を同時に改変しない限り、自動車はたとえ動いたとしても非常に効率が悪いだろうということだ。ダーウィンは眼の水晶体と網膜について悩んだ。その彼も脳内の視覚のための複雑な回路構成には気づいていなかったが、これは眼の進化をはるかに難しくするように思われる。

脳と末梢神経には協調が必要だ。そうでないと、末梢の形態の変化によって感覚受容器のパターンが変わっても、感覚を処理すべき脳ではこの形態変化が適切に反映されないことになる。胚では脳と体表は一緒には発達しない。脳で触覚が正確に反映されるべく、この二つの組織が発生の初期に協調しているとは誰も期待しないだろう。脳が体の三次元構成をどのように反映しているかという問題は、さまざまな細胞内反応と細胞と組織が協調してつくりあげなければならない表現型を進化させる仕組みを問うのと同じことだ。この問題はマウスの頬髯の発生に如実に示されている。

頬髯はマウスが暗がりで狭いところを通るのに必要な感覚器官である。脳の高次の中枢には、バレル（樽構造）と呼ばれる解剖学的に独立した構造があり、ニューロンの集団を含んでいる。各バレルは顔面の一本一本の髯に対応し、脳内にマウスの顔が位相的、解剖学的に投影されている。各バレルは約二五〇〇のニューロンの凝集体すなわち集団であり、大脳皮質の五層を突き抜ける円柱としておおまかにまとめられている。バレルの直径はおよそ〇・三から〇・五ミリである。

髯のニューロンは直接大脳皮質に接続してはおらず、髯から大脳皮質までの経路には、一連の神経構造が存在する。それぞれの髯は多くの神経末端に支配されており、それらがまず脳幹の一部である三叉神経核へ接続する。三叉神経核の神経は軸索を視床へ伸ばし、この視床は中継センターとして情報を大脳皮質へ入力する。皮質では視床から来る神経は編成されてバレルをつくる。これらの中継構造のそれぞれと、髯との相対的位置関係は一貫している。脳幹の三叉神経核では、バレレット（小さな樽）という凝集状態となり、視床では対応する構造はバレロイド（樽状のもの）と呼ばれる（図25参照）。電気生理学的に詳細な地図を描くと、一本の髯を取り囲む神経と大脳皮質内の一個のバレルの神経の間には、一対一対応があることが示された。一本の髯を触ると、一個のバレルが電気的に応答し、その経路上にある対応するバレレットとバレロイドも応答する。[9]

この正確な位置関係の図から、形態発生学上の興味深い疑問が浮かび上がる。異なる本数の髯をもつマウスの系統が、それぞれ髯の数に対応した異なる数のバレロイド、バレレット、バレルをもつことがわかってはなおさらだ。これらの解剖学的構造はどのようにしてこれほど緊密に関連して

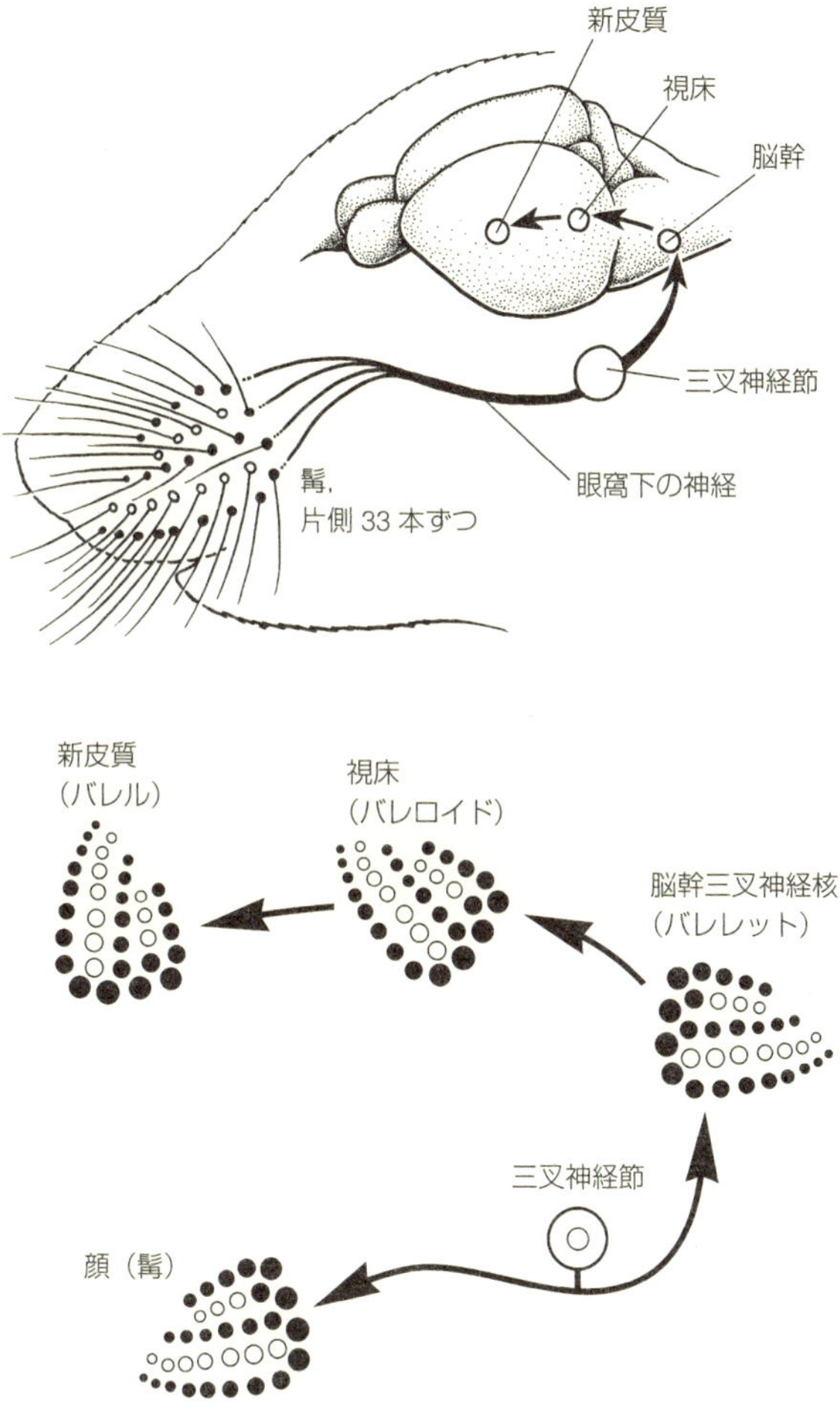

図25　マウスの鬚と脳の発達．通常のマウスには顔の両側に鬚が 33 本ずつ生える．各鬚の神経は発達中の脳に入り，2 つの中継所を通って新皮質に至る．新皮質はバレルという 33 の別々の神経集団をつくって神経に応答する．この空間配置は鬚と同じだが 90 度回転している．脳幹と視床の中継所は，バレレットとバレロイドという神経集団をつくっている．

いるのだろう？　発生のプロセスが非常に正確なために、それぞれ独立に生じた構造がすべて精密につながるのだろうか？　まるで、山の両側からトンネルを掘り始めて、真ん中でぴったりと出会うと期待するように。それとも一つの構造が最初にできて、それにきちんとつながるように次の構造に指令するのだろうか？　そうだとするならばどんな形の指令なのだろうか？

マウスのバレルは誕生から生後五日目までの間にでき、それ以後は安定である。マウスの子の髯の部分が損傷されると大脳皮質のバレルが崩壊するという観察から、バレルのつくられ方についてもいくばくかの情報が得られる。この重要な時期の後にも、それほどひどくはないものの成体でもやはり損傷の連鎖が見られることから、バレルの維持には髯からの持続的な神経支配が必要なことを示している。

何本かの髯を切ると、大脳皮質ではそれらに対応するバレルが除去され、他のバレルが大きくなってその場所を占める。髯を一本だけ残してすべて除去すると、バレルの数が減り、機能をもつ残された髯のバレルが拡大して、皮質内のもとの領域のほとんどを占めるようになる。一本の髯を切っても神経を損なうことはない。剃った髯は暗闇を走り回るときに何かに触って動かされることがないので、機能が低下するだけである。

これらの単純な実験から、髯の動きによって興奮する末梢神経が脳の組織化の制御に重要な役割を果たしていることと、脳の発達は入力に対して適応能力があることが示される。行動（髯を動かすこと）が解剖学的構造（微視的な神経構造）を変えるという驚くべき例である。

他の哺乳類でも、大脳皮質のバレル状の構造がそれぞれの感覚範囲と一対一の位置関係にある例を見ることができる。ホシバナモグラは奇妙な動物で、左右の鼻孔のまわりには星鼻と呼ばれる一一本の指のような肉の突起をもつ大きな付属器がある（図26）。各指状突起にはおよそ一〇万本の神経繊維があり、マウスと同様に、モグラも暗闇を進むのに触覚のあるこの付属器を使う。予想通り、ホシバナモグラの大脳皮質には対応する一一のバレルがあり、それぞれが一本の触覚のある指状突起に結びついている。イースタンモグラの前肢、ヨザルの手、カモノハシの嘴にさえ、対応するバレルが大脳皮質に見出される(10)。

髯、ホシバナモグラの星鼻、サルの手は、同じ位置からの神経がまとまってバレルになるように、どのようにして指令するのだろうか？　この問題に対してマウスの遺伝学と薬理学が動員されていろいろ解明されてきてはいるが、結果はまだ不明瞭である。バレルの形成は三期に分けられる。軸索が大脳皮質に伸びてくる初期、バレルが視床のパターンと位置的に関連した正確なパターンを形成する中期、そしてバレル中の神経がほとんどのシナプス結合をつくる生後一〇日から一五日目に当たる後期である。

初期は、髯のパターンとは無関係に、脳自体のはっきりしたパターン形成機構によっておもに左右される。中期は、皮質中の細胞と伸びてくる軸索の間の、電気的・化学的活動に依存する相互作用が関与する。探索的かつ競争的に働いて、最初は均一で偏りのなかった大脳皮質領域を結果的にバレルドメインへと仕切ってしまうのは、この活動である。単一の運動神経と筋細胞の間の接続の単純化のように、変異と選択と競争によって編成が完成する。

軸索は視床から皮質に到達するとき、三叉神経核と視床で中継される髯の動きに応答して興奮している。興奮すると神経末端は神経伝達物質を分泌する。この伝達が大脳皮質中で妨げられると、バレレットとバレロイドは正常に形成されても、大脳皮質中のバレルは形成されない。視床からや

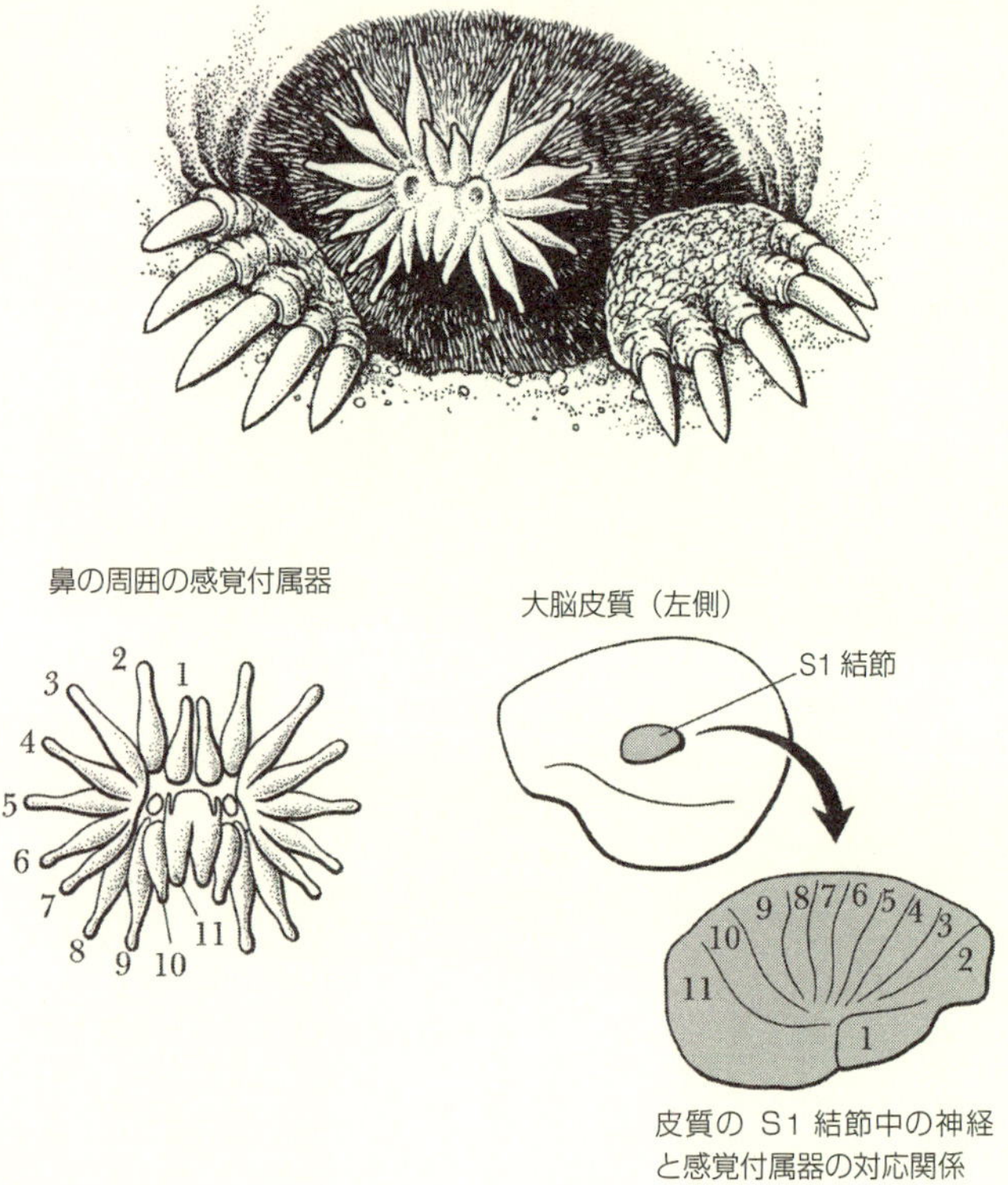

図26　ホシバナモグラの脳．大きく変形した鼻には，片側 11 本ずつの感覚をもつ付属器（星鼻）がある．これらの指状の突起からの神経を受け入れる皮質の S1 部分には，入ってくる神経に応答して 11 の対応領域が発生する．

ってくる軸索が電気刺激によって皮質領域を広く活性化する仕組みは想像できるが、髯から二段階離れた細胞が集合して凝集したバレルをつくる方法は謎である。[11]

同じ髯に応答する大脳皮質内の複数のニューロンが、なぜ互いに物理的に結合するのだろうか？カナダの心理学者D・O・ヘッブ（一九〇四―一九八五）は、シグナルの同時発生がシナプスを強化するのだと提唱した。金言にもなっている。「ともに発火（ファイヤー）する細胞はともに配線（ワイヤー）される」。髯が動くとその髯を囲んでいるすべての神経が興奮するが、他の髯を囲んでいる神経は影響されない。影響を受ける神経はつねに（あるいはほぼつねに）同期して興奮するが、影響を受けない神経は偶然稀に一緒に興奮することはあっても、通常は決して一緒には興奮しない。同期して興奮しているすべての細胞が互いに応答する何らかの方法があれば、それらは一緒にまとまることができる。ヘッブの法則はシナプスを強化するが、細胞の形や接着力も変化させる。[12]

大脳皮質のバレルでは、経験（髯の刺激）が局所的に作用して、大脳皮質中の無関係だったニューロンを構造的・機能的単位にまとめる。それらがある一本の髯と物理的な結合をしていることから必然的にそういう結果となる。皮質は髯の場の編成を先取りするような編成は前もってはとんどされていないので、この状況は高度に拘束解除されている。したがって、髯の数や髯のニューロンの活動の強さがどんなものであっても受け入れられる。

ホシバナモグラの鼻や霊長類の手のような高度に編成されたほかの構造にも、ほとんど確実に同じ方式が当てはまる。解剖学的に明確に示されてはいないが、これらは入力される感覚シグナルと皮質のニューロンとの間の、すべてではないにしても多くの接続に影響するに違いない。種によっては（たとえばハムスター）、可塑性は成体時期まで保持される。このような場合、探索や補強の能力によって損傷を治すことができる。これはヒトでも脳の損傷や脳卒中から回復の過程で大脳皮質領域が部分的に再組織化されるとき、明らかに起きていることである。

皮質のバレルから学んだことは、進化論の重大なジレンマへの解答を示唆してくれる。すなわち同時に数種類の改変を必要とする（この場合は脳の三つの領域と末梢）ような新たな構造やプロセスが進化してくるのは難しいというジレンマである。進化によって末梢から脳の高次中枢に向かって統合された回路が構築されるなんてありそうもないと思われるかもしれない。神経の接続は髯から三叉神経核を通って視床へ、さらに脳の局所的な皮質領域へと組織化される必要がある。それぞれの段階で、もとの髯の場に対応するものがつくられなければならないのだ。

皮質のバレルのメカニズムを詳細に調べると、ジレンマを回避する方法が示唆される。髯の場自体が下流のプロセスすべてを組織化できる。というのは、関わっているどの神経領域も、課せられる組織的構造に対して受容力が非常に高いからだ。このような適応的なプロセスは、微小管が細胞周縁で安定化シグナルに総体として応答するのとほぼ同様に、髯に関わる系全体としての受容力と選択にもとづいている。

皮質のバレルは非常にはっきりした例であるが、他の神経配線のプロセスも同様なメカニズムで進行し、同様に可塑性があると思われる。バレルの場は、単に生理的（たとえば髯の喪失への応答）あるいは発生的（髯の数や位置の誤りへの応答）に適応するだけでなく、髯の数や位置が遺伝的に変わるときのような進化にも適応する。生理的適応と進化的適応の互換性は、脳内では特に強いのだろう。たとえば先天的な盲人では、視覚野の一部が触覚の入力に応答するようになることが知られており、これは点字を読む助けになる。もともと目の見えないモグラは似たような進化的適応をしていて、他の哺乳類では視覚刺激用の脳の皮質領域が、広範囲にわたって聴覚刺激用に置き換わっている。

生理的プロセスと発生プロセスの互換性

胚発生と成体の生理作用は通常は別個のものと考えられてきた。それでも生物はどちらについても数種類の表現型をもつが、ゲノムはたった一種類である。胚発生では単純な卵が複雑な成体に変わるので、主として形態の変化に関わるが、生理も時として形態の変化を伴う――たとえば哺乳類の妊娠中の子宮の発達、傷の回復時の組織の修復、サンショウウオの尾や肢の再生、またヒドラなどの数種類の生物で起きる出芽による完全な成体の再生などである。したがって、修復・再生と胚発生とで同一の細胞メカニズムが使われる場合があっても驚くには当たらない。修復と発生は同じではない。発生は通常、注意深く制御された条件下でおこなわれる。胚は完全に準備され、殻あるいは母親の中に守られている。修復は出発点もさまざまなら、環境の予想のつかない変転にもさらされる。それでも両者の達成しようとする目標は正常な形態と機能である。

ここで血管系の形成を考えよう。これも配線の問題であり、組織の修復や発生、また特殊なケースとしては妊娠や腫瘍形成などで調べられてきた。血管系は他の組織の成長と互いに歩調をあわせなければならない。そうでなければ象の鼻から、鳥の翼、タコの触手といった私たちのお気に入りの新規なものはどれもできなかっただろう。血管の成長は、新規性を生み出す際の同時多発変化の必要性をどのように回避するのかという、前節と同じ問題に取り組むことになる。しかしこちらのメカニズムは細部に至るまでよく理解されている。

血管系は非常に複雑な「器官」であり、すべての脊椎動物に行き渡っている（無脊椎動物には閉鎖血管系をもたないものもある）。平均的なヒトの毛細血管の総延長は一〇万キロメートルにもなる。体内のどんな細胞も、つねに毛細血管から細胞の直径のほぼ二倍以内の距離にある。体の血管系全体を調べてみると、血管の内径は血流に応じて少しずつ違っていて、全体としては高度に編成されているのが認められる。この閉鎖血管系は胚の中でどのようにしてつくられるのだろうか？　傷の回復過程ではどのように再生されるのだろうか？　妊娠中には胎盤や子宮内でどのように増強されるのだろうか？

正常状態でも病的な状態でも、血管構造の成長の基本はランダムであるように思われる。太い血管の配置さえ不規則なようだ。両腕あるいは両脚の静脈を比べると、足の指や関節や大きな骨とは違って、鏡像にはなっていない。心臓の非常に太い冠動脈でさえ、個々人で異なる。後室間枝が右冠動脈から伸び出している人も、左冠動脈から伸び出している人もいる。一卵性双生児間でも、血縁関係のない場合と同じくらいの相違がある。恐らく血管と全身構造との間の構造的な結びつきにも、全体的なレベルでかなりの変動があるのだろう。それでも、太い血管の変化には制限がないわけではない。特に、おもな血管は心臓とその他の器官に適切につながらなければならない。

通常の発生では、血管は二つの方法で形成される。血管芽細胞という特殊な胚性幹細胞からと、すでに存在する血管からだ。発生の初期に血管芽細胞は、血管内皮細胞増殖因子というホルモン様シグナルが周囲の組織から分泌されるのをきっかけにして、合体して空洞の管をつくる。血管発生のこの段階は、非常に確定的だ。大動脈や胚のおもな静脈のような太い血管はこの方法でつくられる。その後、細い血管は血管形成と呼ばれる別のプロセスによってつくられる。すでにある血管から芽を出すのだ。まるで植物の若枝が伸びだすような成長をする。局所的な血管内皮細胞増殖因子のシグナル（や他のシグナル）に応答して、血管は拡張し、血管壁はスカスカになる。個々の毛細血管細胞は互いに離れ、シグナルの方へ移動して増殖する。最終的には毛細血管の壁はふたたび元の状態に戻って管になり、互いにつながって連続した（閉鎖した）ネットワークになる。血管に血液がたくさん流れるようになると血管の太さも増す。これらの機構がきちんと確立しているとしても、局所的な血管の発芽や成長が、結果的に効率よく酸素や栄養を供給する（そして老廃物や一酸化炭素を取り除く）一つの系になることは驚くべきことだ。(13)

この血管ネットワークのモデルは完全に応答的で、局所シグナルに応答して新たな血管を発芽する用意ができているので、それぞれの毛細血管の位置は、あらかじめ局在化された何百万ヵ所という血管内皮細胞増殖因子の放出部位によって決定されるはずである。この「設計問題」は局所シグナルの配置の問題になる。じつは増殖因子はあらかじめ局在化されてはいない。すべての組織にシグナルを出す能力がある。この系の適応性がユニークなところは、組織によるシグナル放出がその組織の酸素要求性と直接結びついていることだ。したがって、ほとんどの血管構造は機能的なフィードバックプロセスによってつくりだされる。酸素の局所的な要求が局所的な細胞の応答を促進し、局所的なシグナル（血管内皮細胞増殖因子）の生産につながり、それが毛細血管の成長を促し、それまで酸素不足だった組織に酸素の供給が増し、最後にシグナルが止み、このプロセスが終了する。

低酸素濃度と増殖因子の生産を結びつける細胞内の回路構成はよく解明されている。第三章で述べたように、体全体の酸素要求性の高まりに対する最も直接的な応答は生理的なもの、呼吸数の増加である。低酸素はまた赤血球内にビスホスホグリセリン酸をつくらせ、組織内でヘモグロビンがより効率的に酸素を放出するように仕向ける。同時に、分泌されるエリスロポエチン（EPOと略して呼ばれ、自転車競技やクロスカントリースキーなどの耐久スポーツの選手にドーピング剤として不正に使われることで有名）という増殖因子タンパク質の濃度が数百倍に増え、これが骨髄での赤血球形成を誘導する。これらは全身の応答である。しかしさらに別の、もっとゆっくりした局所的な応答もある。この応答は、低酸素濃度では新たな血管形成を誘導し、高酸素濃度では毛細血管の成長を抑制する。低酸素に応答して毛細血管が成長するということは、高濃度の酸素にさらされた未熟児の〔網膜の〕毛細血管が十分に成長していないことがわかって発見された。未熟児が通常の酸素濃度に戻されると、突然低酸素状態に陥り、それに応答して急激に成長した毛細血管はもろいため出血し、傷ついて失明する。

局所的な低酸素が血管内皮細胞増殖因子（およびその他の数種類の分子）の局所的な合成分泌を引き起こすシステムによって、全身にわたってすべての組織が適切な血液供給を確実に受けることになる。既存の血管構造は、いつでも増殖できる応答細胞の常設貯蔵庫である。これらの細胞はシグナル伝達分子によって引きつけられ、酸素欠乏領域に移動する。毛細血管細胞は酸素の欠乏した標的の大まかな位置を感知できるので、移動はアリの餌探しのようにランダムではない。しかし移動の経路は決まっているわけでもない。細胞は増殖因子の放出源に向かって移動しやすいので、ランダムな足取りながら大体正しい方向に進む。

酸素の欠乏が特定のタンパク質の生産を刺激する方法は、ループ・ゴールドバーグの梃子《てこ》の生化学版である。血管内皮細胞増殖因子の合成を調節する転写因子タンパク質は絶えずつくられては壊されている。壊される過程の一部としてこのタンパク質を酸素依存的に化学修飾することが必要である。酸素濃度が低いと、この転写因子を修飾できず、したがって壊すことができない。転写因子は蓄積し、血管内皮細胞増殖因子の合成が引き起こされ、他の因子と共に周囲の組織へ拡散していき、血管の細胞の解離・増殖・移動が起きる。低酸素状態の細胞が放出する因子は、血管細胞がどこへ移動すればよいかを示す合図として働く。[14]

新たな毛細血管形成は、どこでも、いつでも可能である。細胞は酸素の欠乏に応答できる状態に、そして既存の毛細血管細胞は血管内皮細胞増殖因子に応答できる状態になっている。組織が損傷するとシグナルがつくりだされて、損傷を受けていない血管構造が救援に向かい、局所的な必要が満たされる。このプロセスは生物の正常な成長中にも起きるが、傷の治癒や妊娠中の子宮の成長のような特別な場合にも起きる。

腫瘍も成長のために新たな血管を必要とするので、血管内皮細胞増殖因子や関連分子を分泌する。腫瘍に向かう血管の成長を阻害することは、癌治療の有望な方法である。血管成長のシステムは、中枢による制御やコア・プロセスの改変を必要とせずに、どのような酸素の要求にも見合う血液の供給を生み出すので、明らかに進化においても適応性を発揮する。

新規性の生じる見込み

探索的プロセスのおかげで新規性を生み出すハードルが低くなることは、脊椎動物の肢の進化を

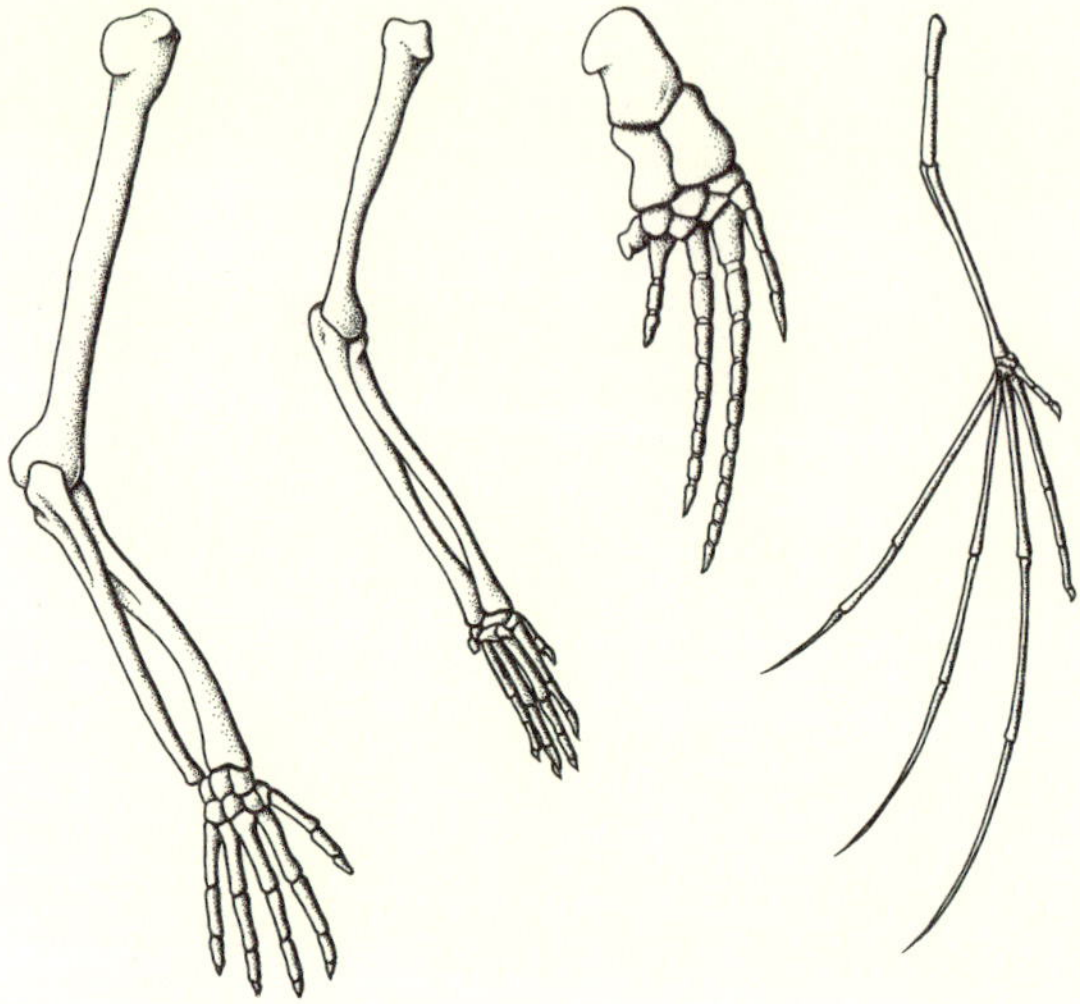

図27　脊椎動物のさまざまな肢．どれも同一のシグナルと細胞相互作用の組み合わせに従って発生し，できあがる最初の骨の原基のセットは同一である．差異はこれらの原基のその後の独立した成長によって生じ，さまざまな長さや太さの骨ができる．

見ればよくわかる。肢は脊椎動物の形態の中でも多様化した部分であり、鰭、翼、脚、手、鰭状の足などを含み、大きさも驚くほどさまざまである（図27）。機能をもつ肢ができるには、数種類の形態的・生理的な系が統合されて発達することが必要であると述べた。つまり、骨や軟骨をつくる細胞を配置し、筋細胞を骨や軟骨と関連づけて並べ、肢を動かす適切な筋肉に神経が分布できるように指示し、筋肉その他の組織に酸素を供給する血管系を備えつける。ランダムな遺伝的変異と選択が、これらの独立した複雑な系を同時に再配置し再統合するとは考えにくい。そういうわけでウィリアム・ペイリーの懐疑主義と、ダーウィンの「究極の完全な器官」に対する格闘に話を戻すことにする。

探索的メカニズムが肢の発生に果たす重要な役割について私たちが学んだことは、この問題をはるかに単純にし、遺伝的変異が同時に起きる必要性を減じる。肢の最初の骨格変化が本質的に必要だとしても、それを支える機能は探索的プロセスの連続によっていつでも確実に用意される。進化の過程で骨格においては、軟骨細胞の増殖や凝集に関わる二、三の基本的な方法に改変が加えられてきた。その結果、骨の伸長や短縮、既存の骨の小さい単位への分割や大きなものへの融合が起きた。骨の形態に変化が起きても、筋細胞は変化した肢の発達に携わるために遺伝的変化によって改変を受ける必要はまったくない。

筋前駆細胞は体幹の神経索付近に群れをなして形成される。ここから外へ向かって移動し、探索しながら近くの肢への道をたどり、そこでどんな骨や軟骨の配置に出会っても、それらと結合する。そして筋前駆体は局所的な合図に応答して増殖し分化する。したがって骨格筋前駆体が発生中の肢へ進入するのは微小管の集合によく似た探索的なプロセスであり、肢の骨のさまざまな形態に適応できるのである。初期胚の肢の前駆体を異常な位置へ移植する実験により、筋肉は骨のありかを探し当てて適切に結合して増殖することが示されている。

すでに述べたように、神経の軸索も探索的な経路をたどって発生中の肢に至る。脊髄の中には余分な数の神経細胞がつくられ、それらから伸びた軸索は肢の筋肉と多数の重複した接触をする。電気的・分泌的フィードバックが、機能をもつ神経筋接合を安定化する。肢の新たな筋肉部位への神経の分布は、軸索の伸長や神経細胞の生存シグナルへの応答性に何ら改変を加えなくとも可能である。同時に脳内では、改変された肢にやはり進入した感覚神経からの入力の、非常に順応性のある地図がつくられていることが想像できる。この地図は改変を受け入れた、新たな形態を表したものになる。

最終的に血管系が、どんなところであれ十分な酸素が得られない領域に細胞を移動させて血管を配備する。酸素の不足する組織は血管内皮細胞増殖因子やその他のシグナルを生産し、周辺の血管から枝を出させる。筋肉の活動や酸素の消費を反映して毛細管床は大きくなり、またこれを反映する血流に応じて血管の内径は大きくなる。この種の血液供給の改変は、(たとえばスポーツのトレーニングの間に)筋肉の増加に伴って生理的に起きる。

これらの状況を考えると、通常の肢の発生は、新たな肢の迅速な進化の鍵を握っているといえる。通常の発生は、骨の前駆体となる軟骨形成細胞が、ある形に置かれて始まる。次に、骨の位置によって規定されて、通常の肢の筋-神経-血管組織をつくりだす非常に適応能力の高い一連のプロセスが続くのだが、このプロセスはこれに関連した数限りない別の状態をも発生させられる。したがって、最初に肢の骨格要素さえ遺伝的変化に応答できれば、他の組織はそれに適応できる。選択条件下での遺伝的変化を含めたその後の改良によって、新たな肢の荒削りな設計図に磨きがかけられていくと想像される――ここで最も重要なのはこの段階での革新は、いろいろな系での同時多発的な革新が必要だという難しい条件によって妨げられないことだ。この段階の革新は初めのうちから、恐らく新たな機能となるための閾に達するに十分なものを備えており、したがって選択に耐えられるのだ。

肢の進化の歴史は、選択条件に適した新たな機能は急速に進化することを示している。肢の進化では選択は効果的な手段になりうる。しかしそれは各世代において重要な変化が生み出されるときに限られる。実質的な変化には数種類の系での同時変化が必要なように思われ、同時変化は極端に起きにくいように思われる。探索的プロセスはこのジレンマからの逃げ道を与えてくれる。これらのプロセスは限りなく広い適応能力をもつ。この適応能力は通常の発生や傷の治癒や再生の際に個々の生物でも利用されている。したがってこれらの広い適応能力をもつプロセスが果たす機能はつねに選択を受けており、必要とあれば進化を支えるために用いることができる。

進化のステップ

歴史を振り返ると、生物学者のなかには大きな進化すなわち大突然変異（複合突然変異）と小さな進化すなわち小突然変異の間に区別を設ける者がいた。一〇〇年前にこの問題は激しく議論されたが、大多数の意見はしだいにダーウィンの見解へと帰着した。すなわち小さな付加的変化が積み重なって大きな変化になるので、進化で大きなステップを仮定する必要はない、というものだ。この見解には三つの問題があった。ステップが小さすぎると大きな革新を達成するにはたくさんのステップが必要になり、すべての可能な変化を生み出すのに時間が十分あったかどうかという疑問が当然生じる。さらに、ステップが非常に小さかった場合、各段階で選択がはたらくための付加的な適応度が不十分かもしれない。最後に、化石の記録中に中間物が存在しないことが、小ステップの考えを弱いながらも否定する証拠となっている。

大きいステップも問題を抱えている。小さいステップで進んでこそ生物は生理的に対応できる範囲に留まれるのであって、これは突然変異や遺伝的変異の新たな組み合わせが変化を安定化するまで生き延びるためには必要なことだ。大きなステップの場合、新規性によるよい効果を実現するには、複数の系の同時変化が必要になるだろうが、適応性のある変化が同時多発的に起きるのは極めて稀だと考えざるをえない。

遺伝的変異は生物の生理的適応能力によって必然的に制限されるので、何が生理的な範囲——特に進化の基礎にある形態が逸脱できる範囲——を制限するのかを知る必要がある。探索的な性質にもとづく高度に保存され普及した生理作用が、特殊な任務を果たすのはここである。これらのプロセスは許容範囲が広いため、経験したことのない改変にも反応できる。これらは、酸素輸送のような他の多くの恒常性を維持する生理プロセスとはこの点で異なる。酸素輸送は一定範囲の応答に合わせて完璧に調整され、その範囲内で機能するように進化した二状態システムである。動的な細胞骨格、脳内のニューロンの接続、血管系はそれほど制限されていない。それらは酸素輸送とは非常に異なった原則に従って機能し、ランダムあるいはランダムに近い変異（多くの状態）を生み出し、局所的な選択に応答する。このようなメカニズムが一〇億年近く保存されているのは、多細胞生物が空間的に複雑であるためにどうしても必要だったからだ。同一の系が多数の状況で使われるためには、その系に適応力と許容力があることが求められる。何兆個もの細胞の多様な状態にもとづいて選択された系は、新たに出現する環境中の新たな状態に対して当然準備がされているはずだ。他の方法でそうするには、遺伝子がまったく足りないのだ。

探索的なメカニズムは進化を促進する二重の役割をもつのだが、それらは表面的には矛盾して見える。広範囲の応答性や適応性をもつことによって変異の影響を和らげ、致死性を減じている。この方法で変化に付随するダメージを減らし、新たな変化の存続を可能にし、こうして遺伝的変異の量を増やす。これらが両立するのは、ある種の変化による不都合を避け、別のタイプの変化は温存するからだ。脊椎動物の肢の場合、探索的な系は、血管系・神経系・筋肉系にかかるよけいなストレスを減らし、しかも同時に骨格系の変異は完全に発現させる。しかしまた一方では、探索的な系は環境による変化および遺伝的変化の標的にもなる。これらの作用も多くの形態をつくりだすことができ、次章で述べるように、他のコア・プロセスによる適応が必要になる。それらのプロセスの可塑性も表現型の変異の幅を広げるのだ。

第六章　見えない構造

さまざまな生命の形の一つとして動物たちを眺め、何がユニークなのかと問うなら、生理作用と行動の源である体の大きさと形態の多様さだと答えざるをえないだろう。化学反応でも効率性でも厳しい条件への抵抗性でもない。それらはすべて細菌・原生生物・菌類・植物の方が勝っている。複雑な形態は単細胞のレベルでは達成されず、多細胞となって初めて出現した。すなわち、まだ出現して六億年にしかならない。形態は、それ以前の革新の波によってもたらされた保存された細胞プロセスを頼みにすると同時に、何兆個もの細胞からなる体内に数百種類の分化した細胞をつくりだす胚発生の複雑なプロセスにも依存している。形態は非常に多様で特徴的なので、リンネから始まる生物や化石の分類に確実に役立ってきたし、また後にはそこから進化の系統関係が推論されたりもした。異なる動物間のＤＮＡ配列の比較の結果は、重要な食い違いも少々あるものの、基本的には形態的系統学と一致した。

それぞれの動物種の特殊な形態を生み出すのは、単細胞の卵からの胚発生である。発生の初期段階では、胚は脊椎動物の背側の中空の神経索や節足動物の体節といった、門全体に共通の保存された形質をつくりだす。発生の後期には、その動物特有の形態の局所的かつ特殊化した部分が付け加えられ、最後に細胞タイプが分化する。単細胞の卵から発生する表現型のこの見事な精密さはどうだろう？

発生は再生産プロセスの中の大きな系であり、かなりの部分がわかっている。進化で形態の特性が変化するとき、変化するのはじつはその発生である。受け継がれるのは形態自身ではなく、形態を生み出す方法なのだ。遺伝的変化の真の標的は、特性をつくりだす発生プロセスである。変化した特性をもつ突然変異が見出されると、変化した遺伝子産物の役割が追跡され、それは最後には変化した発生プロセスに行き着く。したがって、生物学者は進化における形態の変化を明らかにしようとするうちに、明らかにしなければならないのは発生プロセスの変化だということに気づいた。

ここまでの章では、主として成体の分化した組織内の保存された細胞プロセスについて吟味した。これらのプロセスは非常に適応性と融通性が高く、弱い連係によってたやすく結び付けられるので、環境あるいは突然変異によるさまざまな刺激に反応してほぼどんな結果でも生み出せる。細胞形態の領域では、細胞骨格をつくりだす方法は動的で適応能力があるので、個々の細胞の形の変化は、細胞が出会うシグナルの空間的多様性によってのみ制限を受けるということになる。また他の細胞からのシグナルに応答して細胞内につくられるタンパク質群の構成は、転写装置の柔軟なはたらきによって発現する遺伝子の組み合わせがほとんど無限だとすれば、さまざまに変えられる。

成体内の細胞の適応能力に関する説明と同等のことが、胚の中の細胞についても成り立つ。胚細胞は外部シグナルに対する応答を変化させ、形を変え、発現する遺伝子の組み合わせを改め、といった具合に自在に応答する。また、分泌するタンパク質も変化させ、これは胚の中の他の細胞の調節シグナルとしてはたらく。概して外界からは守られていて、内的には高度に変化させることができる胚の環境では、細胞や組織は同じ胚の中の他の細胞によって課せられる選択条件に第一に応答する。

二〇世紀の終わりに分子生物学によって、複雑な成体が一個の受精卵からどのようにして生じるのかという困難な問題が解明された。それ以前には、受精卵中に前もって局在化した複雑なものが隠れていて、それが成体の形態の複雑さの原型をなしているのだと多くの学者が信じていた。神経をある場所に、筋肉をまた別の場所にというように、適切な場所にふさわしい形態をつくらせるシグナルのセットが、卵の中にあらかじめ配置されていると考えられていた。しかし、成体の形態の複雑さを卵の中の局在化したシグナルに帰すのでは、ほとんど問題は解決しない。どんな胚も単細胞から出発するのだから、その細胞が、局在化した複雑さをすべて生み出さなければならないことになる。そうでなければ親がその複雑さを卵に与えなければならない。昔の生物学者たちは、卵は成体に匹敵する複雑な秩序をもつ特別な細胞だと想像していたが、現在では、卵の細胞内の秩序はたいていの場合、通常の体細胞以上には複雑ではないことがわかっている。

通常の体細胞と同程度に単純な秩序の細胞がどのようにして胚や成体の複雑な形態を生み出すのだろう？　すべての細胞が完全なゲノムをもっているのだから、卵から生じるそれぞれの子孫細胞にどの遺伝子をいつどこで発現するのかを教えるシグナルがあるはずである。これらの合図は胚の外からではなく、胚自体から来る。このように発生プロセスは外部の教示的シグナルには頼らないので、自立形成プロセスと呼ばれてきた。細胞は、卵から分裂し、シグナルをつくりだし、シグナルに応答し、結果的にその生物の遺伝子セットの一部を発現し（細胞運動や細胞増殖などの）細胞行動をとる。もしこれらのプロセスのおこなわれる位置や発現の組み合わせが容易に変えられるなら

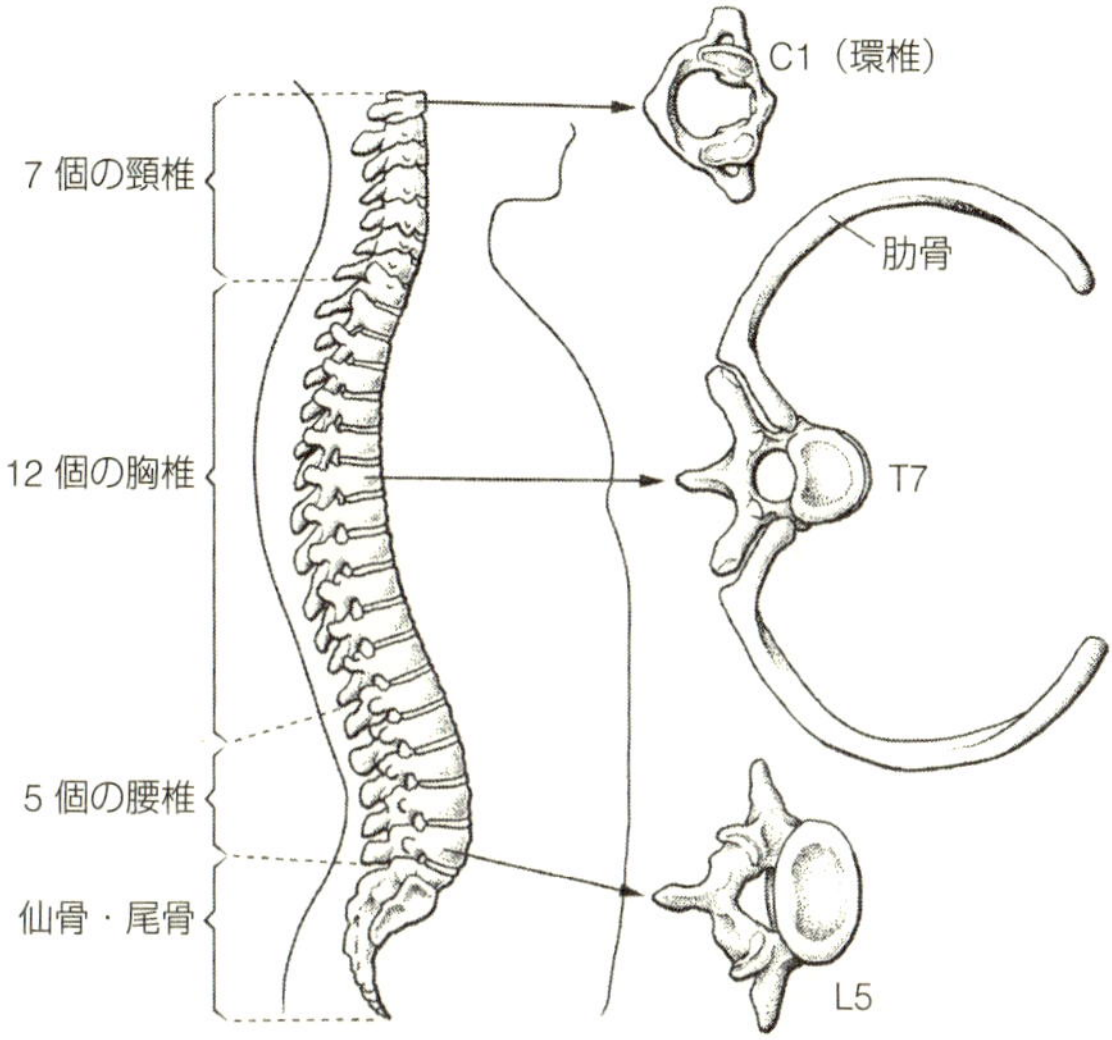

図28　ヒトの椎骨の多様性．すべての椎骨は造骨細胞と破骨細胞によって形成されるが，これらの細胞は脊椎の各部でわずかに異なり，大きさや形の異なる 24 個の椎骨（仙骨は数に入れていない）を形成する．Hox 遺伝子はこれらの差を制御すると考えられる．拡大図は，頸，胸，腰の領域の椎骨を示す．

ば、進化も容易に起こせることになる。探索的挙動や弱い連係は、この種の変異を生み出す障壁を低くする。しかし多細胞化とともに、大規模な形態の構築に特有な他のプロセスが生じ、これらも進化に寄与している。それらについても後述する。

胚発生で要求されるのは、適切な場所に特定の細胞タイプを配置すること――たとえば三〇〇種類の分化した細胞タイプの一つ一つを体内の莫大な数の場所にそれぞれ配置すること――だけではない。この分化の問題だけでもほとんど解きがたく思われるが、それ以上に、体のさまざまな部分は細胞タイプのおもな分類の下のいろいろな特殊なタイプを含んでいることが多くの実験によって示されてきた。たとえばヒトの背骨の二四個の各椎骨は、骨の形成や改造に関わる細胞によってつねにつくられたり壊されたりしている骨である。しかし図28に示すように、椎骨はすべて同じではない。胸椎からは長い肋骨が伸び出しているが、腰椎や頸椎にはない。骨の形成が始まる前に胸部の細胞を腰椎の位置に移植すると、元の位置に忠実に肋骨のある椎骨をつくる。まるでそれぞれの場所の細胞は、その場所にふさわしい特定の形の椎骨をつくるように発生の初期に決定されているかのようだ。これらの細胞は骨形成に関わる一般的な細胞のなかの特殊なタイプであり、その差異は、体の中のどの領域で、どの細胞グループのメンバーであるかによって生じるものと思われる。

胚発生中には一時的な細胞タイプがいくつも生じる――どんな局所的シグナルに出会うかによって数種類の発生経路のうちのどれでも取ることのできる、多能性の応答型である。これらの一時的細胞タイプの中には、さまざまな種類の幹細胞が含まれ、それぞれ自己を再生産しながら一種類以上の細胞タイプを生み出す。たとえば成体の骨髄には造血幹細胞があり、絶えず増殖して自己を新生するとともに、娘細胞をつくりだす。娘細胞はさらに分裂して、ついにはそれ以上分裂できない分化した細胞タイプ、赤血球・マクロファージ・血小板・白血球になる。この幹細胞は細胞タイプとしてはそこから派生したどの細胞タイプとも異なる。これらの細胞タイプをすべて数え上げると、何千あるいは何万もの種類となるだろう。それらはゲノムの、それぞれ別々の安定した発現状態を示し、発生のさまざまな時期と場所で生じる。

胚の中の地図

複雑な動物の発生には二重の問題がある。胚には多数のシグナルが入れ代わり立ち代わり放出され、それらがその領域の細胞にどんな細胞タイプをつくるのかを指示すると考えざるをえない。しかし同時に、比較的少数の遺伝子しかないことや卵が単純なことを前提とすれば、それほど多種類のシグナルがあるとは期待できない。

この発生学上の難題に対する答えは、多細胞動物の形態進化の問題の答えともなることがわかる。解答はまず、一九四〇年代に端を発し一九八〇年代以降に実を結んだショウジョウバエの遺伝的研究から明らかになってきた。それまで発見もされず予想もされていなかったのは、すべての後生動物の胚に荒削りの地図が存在することだった。その地図とは、ある細胞が局所的なシグナルをつくりだし、細胞の分化や組織の形態などの局所的な応答を引き出す、といったことを示す細胞の地図でもあり、また、それらのシグナルに応答して空間的に分化する細胞群の地図でもあった。これが胚の中を別々の区画に効率的に分けるための、部分的に重なり合った空間領域の配置を示す地図であり、区画はそれぞれの内部で発現される数種類の遺伝子によって互いに区別できた。これは形態とは単純に対応しておらず、区画の境界はしばしば形態的な境界を横切る。ちょうど政治的な境界線が時々山脈を横切るように。植民地支配をやめた大国が残した地図に似て、多少とも恣意的なもののように思われる。

区画地図は、二つ以上の区画にわたって発現される遺伝子もあるので複雑である。区画の違いを示す唯一の決め手は、発現される遺伝子のセットの違いである。局所的に発現される各遺伝子の空間的パターンを胚の表面に色分けして示すと、それぞれの区画は、独特の色合いをもつひとかたまりの細胞群となるだろう。仮想的な胚の中で、二つの遺伝子が局所的に発現しているとしよう（すべての細胞で共通に発現している遺伝子はすべて無視する）。これらを黄と青とし、胚の前方の細胞が黄を、後方の細胞が青を発現しているが、中ほどの細胞は黄も青も発現している（緑になる）とする。胚は黄と緑と青の三つの区画をもつことになる。ショウジョウバエは五〇〇〇細胞段階で、一〇〇個のこのような区画をもつと思われる。脊椎動物の胚ではもう少し多く、恐らく二〇〇くらいだろう。

区画が存在することからすぐに三つの疑問が湧く。どのように設置されるのか？　設置後には発生でどんな役割を果たすのか？　形態的な違いをもたらす進化に対してどんな影響をもつのか？　単細胞である卵には区画はない。すでに述べたように卵の内部構造は単純であるし、当然のことながら異なる区画というのは異なる遺伝子を発現している細胞から構成されなければならないからである。それにもかかわらず区画は、周囲の環境によって設定された条件の下で活動する卵に備わったプロセスから生じる。最初の少数のささいな差異が、さらなる差異を生み出すように作用する、自発的なプロセスである。ある胚の中に完成する区画地図は、門（形態や生理作用にもとづいた生物の最も大きな分類）のすべてのメンバーに共通の地図だ。門内のすべての種で厳密に同一ではないが、この地図は門の形態の最も保存された特徴である。

多細胞の状態が進み、しかし細胞が最終的な細胞タイプへと分化するよりかなり前の段階で区画計画がまとめられると、各細胞は自分の番地や身分や体内の他の細胞に対する位置関係を知らされる。この番地はその細胞と、成体に至るまでのその子孫についてまわるのである。各区画は複数の組織を発生させる。異なる区画内の（すなわち番地が異なる）似た細胞タイプは、骨の形成や神経インパルスの伝導のような構造や活性の面でも似ているように見えるかもしれない。しかし、増殖や胚内部での移動や他の細胞との接着の能力といった他の点で、互いに異なっている。胸椎や頸椎をつくる骨形成のように、微妙な挙動の面でも異なることがある。

区画の同定は、そこでどの遺伝子が発現されているかをはっきりさせなければできないので、区画図は「見えない構造」と呼ばれる。この初期の段階では、区画は形態的な特徴からは見分けられない。生物体の実際の分化は区画に依存するだけでなく、ある区画の細胞と他の区画からのシグナルの相互作用にも依存する。区画地図には伸展性があり、全体として互いの位置関係は保たれるが、個々の区画の独立した伸縮が可能である。この融通性が見られるのは、ある領域が他の領域と関わりあいながら増殖する発生時に限らない。不均等な増殖が起きる進化でも見られる――たとえばキリンの首をクジラの首と比べると、区画の位置関係は変えずに首の区画が伸びている。

区画の境界線は最終的な形態から見ると変に気まぐれに思われるのだが、ともかく胚をいくつかの領域に分ける。領域が異なれば同一の標的遺伝子を別々に制御できる。その結果、区画は局所的な分化を可能にする場となり、また、ゲノムの多種多様な利用方法の共存を可能にする場となる。保存されたコア・プロセスの観点から述べると、体内の別の場所ではプロセスを別の組み合わせにして用いることを区画地図が可能にしており、実際に区画はそのように用いられている。別の区画では別の組み合わせの遺伝子の利用が可能になっているのだ。

区画の概念は、進化の（少なくとも複雑な多細胞動物の進化の）解明に対して、細胞生物学と発生生物学が貢献した最も価値の高いものである。基本的な区画構造がそれぞれ門を明確に定めていることを見ると、カンブリア紀以来五億年以上変化しなかったのに違いない。なぜ保存されたのだろうか？　保存された全体的な特徴が非常に本質的なので、何らかの変化は死をもたらすのだろうか？　一つの門全体に共通する区画図が変わらないという性質は、形態の進化を妨げるのだろうか、進化には無関係なのだろうか、それともじつは進化を促進してきたのだろうか？　注目に値すると筆者らが考えるのは、三つの疑問のうちいままでほとんど顧みられなかった最後のものである。

当初、多くの人は区画の考えを理論的な抽象概念のように思った。しかしこれは、ヘモグロビンへの酸素の結合を制御するのと同じくらい具体的な発生メカニズムである。ヘモグロビンのように、区画は動物を、環境に対してよりロバストにするために役立つ。同じくヘモグロビンのように、区画は進化の際の基本的な改変のための場である。しかし問題としているのはヘモグロビンとは異なり、胚発生の空間的制御であって、単純な反応規準に沿った量的調節ではない。このように区画は、結局ヘモグロビンと同じ弱い連係と探索的挙動を基礎にしてつくられてはいるが、さらに複雑である。生物学の他の問題も含めた状況の中で区画をよく理解するために、区画が現在のような重要性をもつようになったいきさつを簡単に述べるところから始めよう。そうすれば進化において変異を促進することになった区画の意義が正当に評価でき、またなぜこのように強く拘束されたプロセスから形態的な拘束解除が生じうるのかが理解できる。

区画の発見

区画の予想もしない普遍性によって衝撃を受け、発生生物学の全分野は一〇年の間に完全に異なる原理の上に築き直された。この期間が組換えDNA技術の発展や、遺伝子発現を個々の細胞レベルで観察可能にする新たな方法の発展の時期と重なったことがその役に立った。区画は、二〇世紀の前半の発生学者たちによって昔から出されていた疑問に対する一つの答えとして浮かび上がってきた。これらの疑問は、単一のゲノムしかもたない単細胞の卵からどのようにして成体の複雑さが生じうるのかということに向けられていた。

胚発生に関する実験は一八〇〇年代の末期に始まった。ウニやカエルなどの卵の決まった位置に色素で印をつけると、それらは孵化した動物でも対応して決まった位置に来ることが観察された。したがって、成体の解剖学的構造のもとになる点の地図を卵の上に描くことができた。発生学者であり哲学者であったハンス・ドリーシュは一八九四年に「細胞の運命は胚の中の位置に依存する」と述べることができたが、位置とは何を意味するのか――何に対する位置なのか、まったくはっきりしなかった。[2]

ハンス・シュペーマンは一九一〇―一九二〇年の一〇年間に、両生類胚の細胞の小さな塊をある場所から別の場所へ移植する方法を見出した。彼はこの移植を発生の初期段階――細胞数が一万個の時期で、細胞分化のはるか前、（原腸形成といわれる大規模な細胞や組織の移動による）配置転換さえ起きていない時期——におこなった。これらの細胞は移植されずに元の位置にあれば、脳や腹部の皮膚といった予期されるとおりの解剖学的構造になるはずのものだ。シュペーマンが驚いたことには、移植手術を受けた胚は正常に発生し、移植された細胞は元の位置ではなく新たな位置に従った発生をした。腹部の皮膚になるはずだった細胞は移植後には脳になり、またその逆に脳になるはずだったものが腹部の皮膚になった。細胞は何らかの方法で新たな位置の情報を得ていたのだが、いったいどうやって？

第四章で論じたように、シュペーマンとマンゴルトは一九二四年に特殊な細胞群を発見した。全体のおよそ五％に相当し、オーガナイザーと名づけられた。オーガナイザー細胞を新たな位置に移植すると、周囲のすべての細胞は移植された特殊な細胞群からの距離によって新たな運命をたどった。オーガナイザーはシグナルを放出する中心であり、それらが他の細胞に行き渡って細胞の発生に影響した。シグナルが運ぶ少量の情報で、胚全体を形づくるのに十分だった(3)。

後の分析で、オーガナイザーに応答する各細胞は数種類の型のどれにでも分化できる能力を備えており、オーガナイザーからの距離に依存するシグナルの量に従って決定されることが示された。細胞が選べる応答は少なくとも三種類あった。シグナルなし、低シグナル、高シグナルに対する応答である。発生して何になるかという細胞のレパートリーは、最初は広い領域で同じなので、シュペーマンとマンゴルトは移植によって細胞の運命を入れ替えることができた。細胞がシグナルを受容して応答する前に移植がおこなわれる限り、細胞は影響を受けずに正常に発生する。後になると細胞は選択肢のうちのあるものに限定され、変化できなくなる。この胚発生においても、生理的な変異と選択が見られた。胚の細胞には許される選択の幅（変異）があり、細胞間シグナルがそれらの選択肢の中から選んでいたのだ。これは空間的に局在するシグナル発生源によって選ばれる一種の探索的システムである。

ルイス・ウォルパートは一九六九年に、位置情報（放出されるシグナルの種類と量）とその解釈（シグナルとその濃度に従った個々の細胞の応答）に関してわかっていることをまとめた。胚細胞はどんな時点でも、自らの遺伝子型とそれまでの発生の履歴によって決まる発生の選択肢を一式もつ。その後、細胞が他の細胞から受け取るシグナルの種類と量、すなわちその細胞の胚の中での位置に依存するシグナルによって選択が指令される。しかしシグナルは限られた情報しか提供しないので、細胞は前もって決められた選択肢に従ってシグナルを解釈する（許容的誘導）[4]。発生過程における細胞間の対話についてはよく認識されていたが、いろいろな距離でどんなシグナルがやり取りされているのか、細胞の応答はどんな結果となるのかについては一九九〇年代まではっきりしなかった。

ショウジョウバエの発生パターンが変化する突然変異体の研究をしていた数人の初期の遺伝学者たちも、同様な疑問から出発したが、異なる結論に達した。カート・スターン（モーガンのショウジョウバエ遺伝グループに影響を受けた人物）は、突然変異した細胞は正常な細胞に囲まれていてもほとんどつねに分化に変異をきたした子孫細胞を生じることを発見した。これは、カエルの胚で細胞を新たな位置へ移したシュペーマンの実験結果とは異なる結果だった。

分子生物学者シドニー・ブレンナーは、メッセンジャーRNA、遺伝暗号、胚発生の研究で有名だが、気の利いた毒舌でも有名だった。彼の言では、カエルの細胞は「アメリカ方式」に従っている、つまり自分の祖先が誰であるかは気にせず隣人と相談して態度を決め、これに対してハエの細胞は「ヨーロッパ方式」に従う、つまり隣人が何と思おうとかまわず祖先の思惑だけを気にかけるのだ。スターンの結論は、彼の調べた突然変異は細胞がその場所で受けるシグナルの解釈を制御するものであったが、シグナルの生成を制御するものではなかったというものだ。したがってカエルとハエからの証拠を合わせると、生体内の遺伝子にはオーガナイザーによってつくられるような拡散するシグナルを制御するものと、ショウジョウバエの実験でのようにこれらのシグナルを解釈するプロセスを制御するものがあると結論できる。生物は三次元的に分化するので、これらの遺伝子はそれぞれ胚の中の適切な位置で活性をもたなければならず、それには全体的な位置決めのメカニズムが必要になるだろう。それでもなお二つの研究には食い違いがあった。スターンは細胞の個々の応答性が空間的にどのように配置されているのかを知らず、シュペーマンも個々のシグナルが胚の特定の領域にどのように配置されているのかを知らなかった。(5)

スターンは非常に多くのパターン突然変異体を調べたが、すべてヨーロッパ方式に従っており、位置への応答（細胞による解釈）は変化していたがシグナルの生成は変化していなかった。この発見は期待はずれだった。シグナル伝達についての情報は何も得られず、シグナルに応答するために個々の細胞が必要とする産物を、多くの遺伝子がコードしていることを示すだけだったからだ。しかし一つの突然変異体には重要な違いがあり、これが後に動物の見えない構造の発見につながった。それはシグナル伝達と解釈の両方の基盤である区画の配置の違いだった。

ショウジョウバエは形態研究のための優れた実験動物である。五〇〇〇本の剛毛のそれぞれが体表の決まった位置に生えている。カート・スターンの調べた変異体には（後に単一の遺伝子の欠陥によって生じたことが示された）、多くの明確な形態的欠陥と、剛毛の配列の変化があり、一部は胸部がぎざぎざな（engrailed）様相を呈していた。また、この変異体は異常な翅と脚をもち、それらの後部はむしろ前部が重複しているように見えた。スターンは engrailed 変異をもつ細胞の小さな塊を発生中の翅や脚につくりだした。驚いたことに、小さな塊が分化した脚の前半部分に現れれば剛毛のパターンは正常なのだが、後半部分に現れると異常を示す。つまり対応する前半部分の剛毛パターンの鏡像になるのだ。脚は見えない境界線を挟んで鏡像となった二つの半分が合わさってできていた。engrailed 遺伝子の活性がないと、後半部分の細胞はあたかも前半部分の細胞であるかのようにシグナルを解釈してしまうのだ。この発見は、目に見える詳細なパターンの根底には、特定の遺伝子が関わる見えない大規模なパターン形成プロセスがあるはずだということを最初に示したものの一つである(6)。

スペインの発生遺伝学者アントニオ・ガルシア゠ベジードは、パターン形成の初期の反応を理解しようとショウジョウバエの成体ではなく幼虫を選んだ。幼虫には翅はないが、翅原基と呼ばれる小さな細胞の袋を二つ隠しもっている。これは幼虫が成長するに連れて増殖し、変態時に翅に分化し、ついにはハエの体表から外へ伸びだす。ベジードらは、通常、一五個の胚細胞がそれぞれの羽の基礎として胚の中に別に取っておかれる（他の構造にはならない）ことを見出した。孵化した幼虫の中で、それらの細胞はおよそ一三回の分裂で一〇万個に増殖し、その後分化する(7)。

ガルシア゠ベジードが発生のこのような初期段階で探りたかったのは、翅原基内の一五個の細胞のそれぞれが、できあがった翅の中で自分がどんな役割を果たすことになっているのかをどれだけ知っているかということだった。これらの細胞は等価なのかそれとも差があるのか？　ある細胞が分裂してできた子孫は、翅の限られた部分で独特のはたらきをするのか、それとも翅全体でそれほど独特ではないはたらきをするのか？　すべての細胞が同じように増殖するのか、増殖にも程度の差があるのか？　細胞の能力に対して初期に制限があるのか、発生上の選択肢は時間とともに次々と狭められていくのか？　筆者らがさらにつけ加えたい疑問は、翅が進化するにつれてこれらの性質のどれが変化したのか、それらの変化を起こすのは困難だったか容易だったか、ということだ。

ガルシア＝ベジードは、翅とその初期前駆体である翅原基の研究に当たって、さまざまな段階で細胞に印をつけ、その後の増殖を追跡した。初期に、一五の創始細胞の一つに印をつけると、その子孫細胞から出来上がる一定の広がりをもった部分は翅の後半のどの位置でも、あるいは前半のどの位置でも占めることができるのだが、翅の中央の境界を越えて両方の部分を占めることは決してできないことがわかった。したがってこれらの細胞は前半の区画とか後半の区画とかは指定されているが、区画内の位置までは指定されていないといえる。この不思議な境界は、どんな形態上の境界線とも一致しない。

これらの結果からガルシア＝ベジードは、翅原基の前部の創始細胞は翅の発生の一つの「区画」を構成し、後部の創始細胞はまた別の区画を構成するのだと結論付けた。前部区画であるか後部区画であるかを制御するための最も重要な遺伝子は、前述の engrailed 遺伝子である。これは後に分子レベルの研究により、翅の後部区画でのみ発現することが示された。このように一五の創始細胞のうち後部の細胞は、前部の細胞とは転写因子をコードする engrailed 遺伝子の発現によって区別される。増殖と発生が進むと、区画内の細胞どうしの相違が出てくる。細胞はもはや等価ではない。これらの研究から、発生とは、それまでの区画の中で、入れ子になっていたより小さい区画の区別を明確にしていき、それらをうまく配置することであるという一般的な結論が導かれた。

ショウジョウバエの一四の体節はそれぞれが前部と後部の区画をもち、それらは最初のうちは後

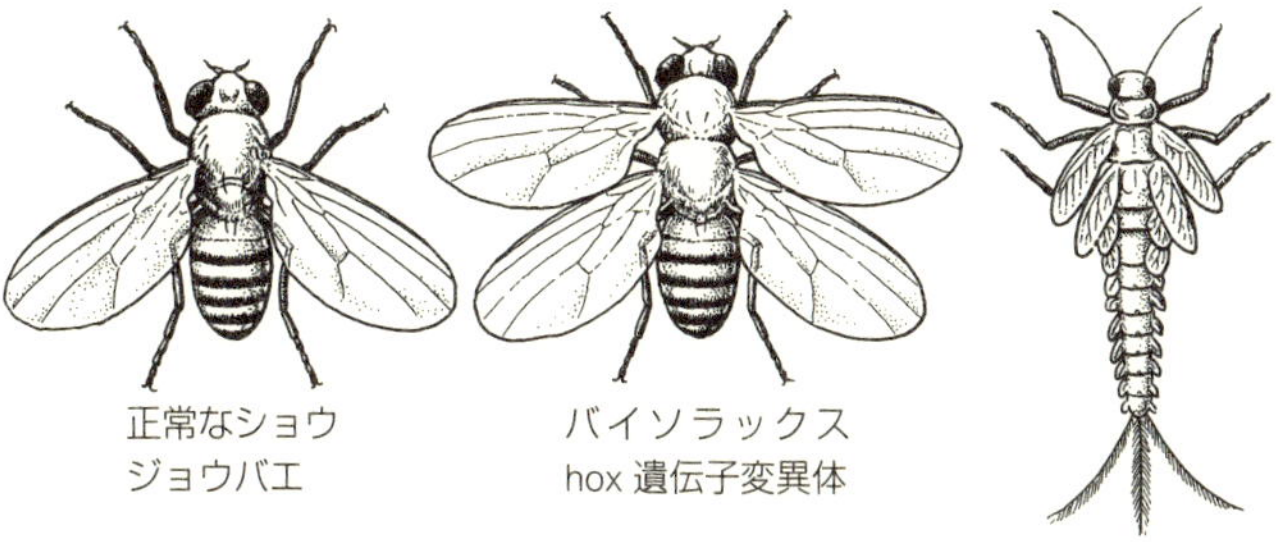

図29　昆虫の翅の進化．左：1 対の翅をもつ正常なショウジョウバエ．中央：バイソラックス．hox7 遺伝子に欠陥があり，平均棍が翅に置き換わり，2 対の翅をもつようになった変異体．右：多数対の翅をもつデボン紀の昆虫．ハエではその後の進化により，翅の発生は Hox 選択タンパク質によって抑えられ，1 つの体節でしか生じない．

部の区画で engrailed 遺伝子が発現することによって区別される。何が体節をそれぞれ異なるものにしているのだろう？　翅が生える体節もあれば，脚あるいは触角が生えるものもあるのはなぜか？

最初のヒントは、カリフォルニア工科大学でショウジョウバエのバイソラックスと呼ばれる変異体（図29に示す）を研究していたエドワード・ルイスによってもたらされた。バイソラックスはもともとはモーガンの研究室で一九一五年に発見された。これは、コンラッド・ウォディントンがおこなったエーテルにさらす実験で誘導された余分の翅と同じような、余分な一対の翅をもつ変わったハエだった。正常なショウジョウバエは一対の翅をもち、その後ろには平均棍というバランスを取るずんぐりした一対の器官がある。この変異体では平均棍が部分的に翅のように変形し、極端な場合には四枚の翅をもつ。

バイソラックス変異体はウィリアム・ベイトソンが名づけた**ホメオーシス**の一例である。ホメオーシスとは体の一部が欠けていて他の部分に置き換えられているもので、たとえば触角が脚に、二番目の脚が三番目の脚に、あるいはこの例のように平均棍が翅に置き換えられている。ルイスはさらに変異体を集め、特徴を調べ、変化した遺伝子を突き止めた。それらは現在**ホックス（Hox）遺伝子群**と呼ばれている。変異体のあるものには、翅も平均棍もないはずの腹部第一体節に、三番目の翅ができかかっていた。発見されたこの変異体も進化の名残をとどめていた。というのも、化石の記録を見ると、翅をもった最初の昆虫には、体のすべての体節から翅あるいは翅のような突起物が生えていたことが示されているのだ。(8)

選択遺伝子

現在では、Hox遺伝子はヒトを含めてすべての左右相称動物に存在し、翅形成よりはるかに普遍的な役割を果たすことが知られている。あるHox遺伝子に欠陥があると、その動物は体の一部、つまり他の部分とは異なる独特のものをつくる能力を失い、そこには他の部分の一つが代わりにつくられる。やがて昆虫には八種類のHox遺伝子が見出された。それらはハエの体の頭部の後半から腹部のほとんど終わりまで、一四の体節に細分された区間のパターンの違いをつかさどる。Hox遺伝子は、各体節に形成される付属肢の種類や剛毛のパターンの違いを生み出す。コクヌストモドキから八種類すべてのHox遺伝子を欠失させると、変異体はそれでも一四の体節を生じるが、すべてが同じようになり、触角をもつ頭の部分に似てしまう。このようにHox遺伝子は体節を互いに異なるもの、頭部とも異なるものにするために必要なのだ。(9)

ガルシア＝ベジードは、Hox遺伝子はじつは**選択遺伝子**であると論じた。つまりこれらが発現すると、標的遺伝子群に影響を与え、したがってその区画でどんな種類の発生が起きるかを選ぶことになる。Ｈｏｘ遺伝子はハエの前－後の軸に沿った区画化をおこない、区画内のＨｏｘタンパク質は、細胞をその領域に特有の構造と細胞タイプに導く。

すべてのＨｏｘ遺伝子は転写因子をコードしており、ハエのそれぞれの領域で、保存されたさまざまなコア・プロセスの組み合わせや量や順序に影響を与える。弱い連係のおかげでＨｏｘ遺伝子による制御はたやすく多くの遺伝子に及び、それらを区画の局所的な制御のもとに組み入れることができる。整然と並んだ区画は全体として、これらの種々の組み合わせが並行しておこなわれる場をつくりだす。ハエは八個以上の大きな区画に分けられ、その中に一四個の小さい隣接した体節の区画が含まれ、またそのそれぞれが前部と後部の区画に分けられている。engrailed 遺伝子は後部区画を前部とは別のものにする選択遺伝子である。したがってハエの前方の体節と後方の体節とは、同じ種類の小さい区画（engrailed 遺伝子が後半部で発現している）を含んでいる点では似ているのだが、発現しているＨｏｘ選択遺伝子が異なる。ボディプランは図30に示すように、重なり合う区画の複雑な混合物である。

ガルシア＝ベジードの区画の考えは、発生学の突破口となった。またルイスのＨｏｘ遺伝子についての遺伝的研究がさきがけとなって、一九八〇年代と九〇年代にはＨｏｘ遺伝子の塩基配列が解析され、Ｈｏｘタンパク質は互いによく似た転写因子のファミリーであることが発見されることにもなった。後にこれらはすべての動物に存在することが示され、胚を一般的に前－後方向の区画に分割するという類似の機能を果たしていることがわかった。一九九五年にエドワード・ルイスは、エリック・ヴィーシャウスとクリスティアーネ・ニュスライン＝フォルハルトとともにノーベル医

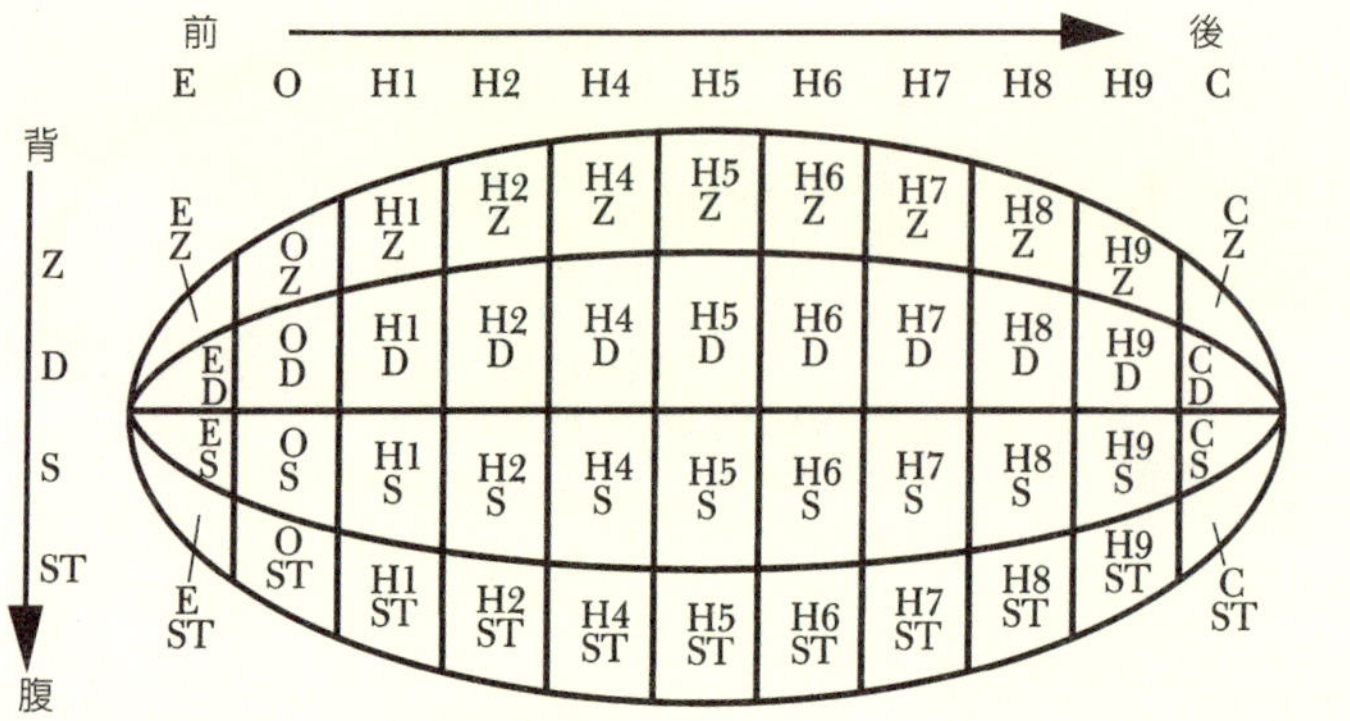

図30　ショウジョウバエの区画地図の模式図．発生初期に，胚はどの選択遺伝子が発現するかによって領域に分けられる．図に示すように垂直方向に区切られた領域と（遺伝子 Z, D, S, ST などが発現），水平方向に区切られた領域とがある（遺伝子 E, O, H1–H9, C が発現）．発現する選択遺伝子の垂直方向と水平方向の交差により，それぞれ特徴のある 44 の区画ができる．

学生理学賞を受賞した。後二者はハエの卵や胚の初期段階で区画が出来上がることを遺伝的方法で突き止めた[10]。

これらの発見を発生学の見地からまとめると、初期の発生は、多細胞の胚のある特定の領域で、ある特定の選択遺伝子のスイッチが入れられるという反応の連続だと言える。区画内の細胞はすべてが同じ選択遺伝子を発現しているので、シグナルへの応答性は最初は同一である。しかしこれらの細胞はその遺伝子の発現を続けていても、区画の一部の細胞が近くの区画から異なる量のシグナルを受け取ってそれらに応答すると違いが出てくる。シグナルは区画の境界でつくられて隣接した区画へ拡散していくことが多い。境界の近くの細胞はシグナルをより多く受け取り、遠くの（したがって受け取る量の少ない）細胞とは異なる発生の経路をたどる。多量に受け取る細胞集団と少量しか受け取らない細胞集団では、活性化されて新たに発現する選択

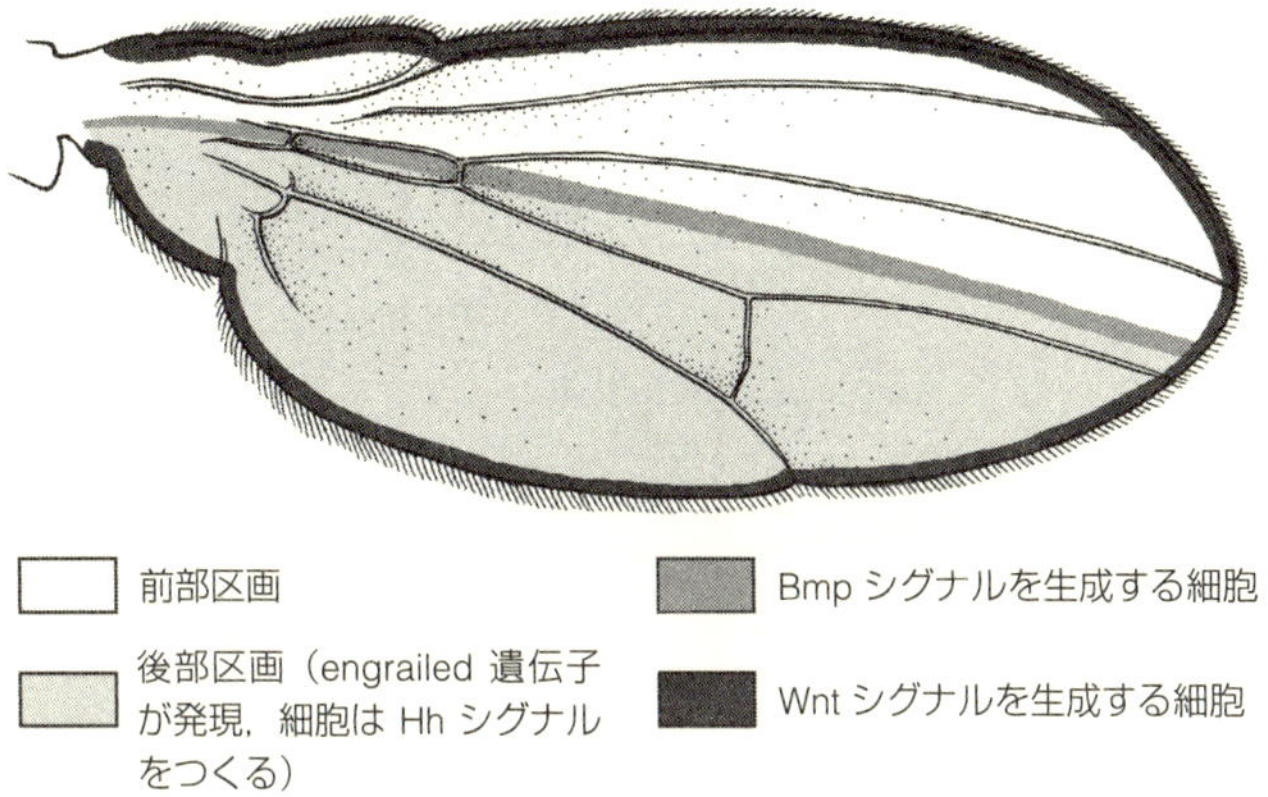

図31　昆虫の翅の区画．後部区画の細胞は engrailed 選択遺伝子を発現し Hh シグナルタンパク質を分泌するが，前部区画の細胞はこれらを発現・分泌しない．区画の境界では Bmp シグナルタンパク質がつくられて分泌される．翅の縁では Wnt シグナルタンパク質が生成されて分泌される．翅に生じる剛毛，毛，感覚神経のパターンは，これらの区画とシグナルに依存する．

遺伝子が異なり、別々の小区画になる。

図31に示すように、翅の後部区画はengrailedタンパク質の制御のもとでシグナルタンパク質をつくり、それが前部区画にわずかに拡散していく。境界に接して細い線状に並んだ前部区画の少数の細胞は、このシグナルに応答してもう一つの分泌タンパクをつくり、これは両方の区画に対称的な勾配をつくって拡散する。このように発生中の翅の形成のためのシグナルの勾配がいくつかできる。シグナルとその分布についてはわずかな区画の例でしかわかっていないが、ほとんどあるいはすべての区画で、このようなシグナルの供給源は境界かその近くにあると思われる。

選択遺伝子は、成体になるとき（すなわち幼虫がハエに変態するとき）にその領域の細胞の最終分化に影響を及ぼすためには、長い間オンになっているはずである。胚が発生するとき、さまざまな組織が分化するが、それらの組織をつくる細胞は選択遺伝子の発現によってつねに区別できる。このようなわけで、平均棍を形成する細胞は、すぐ前の区画の翅を形成する細胞と似ているが（増殖の程度や形態形成が）わずかに異なる。

選択遺伝子によって、細胞分裂、細胞分化、シグナル分泌、細胞接着、および他の発生のための活動など、多くのプロセスが影響される。選択遺伝子が細胞の活動をわずかに改変し、細胞の大きさや成長速度に影響しているような場合もある。かと思うと、ある分化の経路を妨げたり進めたりして細胞の運命を支配する場合もある。さらに、ある細胞をシグナル分泌の中心にして、周囲の細胞の運命や活動に影響を与えさせる場合もある。選択遺伝子の回路自体は保存されたコア・プロセスであって、他の保存されたコア・プロセスを弱い連係を通じて巻き込んでいく。選択遺伝子のはたらきがないとその区画が地図から消え、その部位の細胞は別の個性を与えられる――通常は近くの区画が広がってその区画の個性をもつようになる。だからたとえば平均棍は翅になったり、体節の後半が前半区画になったりする。区画地図はヒトにも、そしてほぼ確実にすべての左右相称動物にも存在し、同じような遺伝子とタンパク質を利用している。

現在までにショウジョウバエの体では、八種類のＨｏｘ遺伝子や engrailed 遺伝子（各体節の後半区画、すなわち一四ヵ所で発現する）に加えて、他の選択遺伝子群が発現している区画が少なくとも三〇個見つかっている。選択遺伝子のＲＮＡ転写産物を検出する特殊な染色法を使って、選択転写因子を見えるようにすると、胚は領土の格子あるいは地図のように見える――重なっているもの、いないもの、向きも背中から腹側へ、あるいは前から後ろへ、という具合だ。この地図は生物の第二の構造といわれてきた。これは動物の真のボディプラン、体の奥深くにある空間的な編成であり、

特殊な染色法を使わなければ見えないものである。(1)

驚くべき区画の保存

動物の複雑な空間的な構成について、また進化の間にこの構成を変化させることの容易さあるいは困難さについて、区画の概念から何がわかるのだろう？　それを知るには区画とその利用方法の比較研究が必要である。

一九八〇年代にはショウジョウバエの区画と選択遺伝子の研究が急速に進んだので、研究者たちは対象を脊椎動物に広げ、マウス・ニワトリ・カエル・魚なども胚を前後の領域に分ける同様な区画方式をもっているかどうかを調べた。当初は科学者たちは懐疑的だった。Ｈｏｘ区画は脊椎動物の体とはかなり異なる体節をもつ節足動物のみに当てはまると考えた。

一九八四年までにカエル、マウスその他の脊椎動物でＨｏｘ遺伝子が見つかった。昆虫では八種類のＨｏｘ選択遺伝子が一つの集団をなしている。脊椎動物への進化の過程でこの一つの集団内の遺伝子が一三種類に増え、さらに二回重複したに違いない。脊椎動物には一三種類の遺伝子の集団が四つあるからだ。しかし合計は五二ではなく三九種類にしかならない。恐らく重複した遺伝子はその後失われたのだろう。これらの遺伝子からＤＮＡに結合する転写因子タンパク質がつくられるわけだが、その結合部位のアミノ酸をコードしている塩基配列は、ショウジョウバエのものと似ている。マウスではＨｏｘ遺伝子は前部から後部に至る領域、すなわち後脳から尾まで発現しており、体の上での並び順はマウスそしてショウジョウバエの染色体上の遺伝子集団の並び順と同じである。

しかしハエの体とマウスの体の形態と生理を比べれば明らかなように、Ｈｏｘ選択タンパク質の標的はほとんどが異なっている。現在までにＨｏｘ区画の地図は脊索動物門の多くのものについて明らかにされている。先に述べた例では、マウスの背骨の椎骨が肋骨をもったりもたなかったりさまざまであったが、その違いは、体の前－後軸に沿った異なる場所の骨形成細胞が異なるＨｏｘ遺伝子を発現し、これらが細かな骨形成作用に影響することからくる。(12)

ショウジョウバエで別の選択遺伝子が発見されると、同じものが脊索動物でも探し求められた。ショウジョウバエの頭の前部、すなわちＨｏｘ区画の前の領域で発現する選択遺伝子群が、哺乳類の前脳と中脳でも発現し、しかもどちらの場合も一部は眼に関連して発現するという一九九三年の発見は、（衝撃とまでは言えないとしても）驚きをもたらした。その時点までは、脊椎動物の頭はまったく新しく、この門独自の発明だと一般に考えられていた。ショウジョウバエとマウスの頭部の選択遺伝子の明白な類似性から見ると、頭部の区画地図は、節足動物と脊索動物の先カンブリア時代の祖先にすでに存在していたようだ。節足動物と脊索動物の頭部は形態的にも神経細胞の構成でもまったく異なるが、両者の区画の選択遺伝子は頭部の発生のための共通の基盤をなしている。(13)

成体の組織の形づくりを調節する選択タンパク質の領域地図が保存されていることから、脊索動物と節足動物の祖先の体の構成が初めて推測できるようになった。この生物はすべての左右相称動物の先カンブリア時代に存在した祖先だろうが、化石の記録にはまったく残されていない。およそ六億年前の泥の中に彼らがつくった潜穴が生痕化石として残されているのがせいぜいだ。それでもショウジョウバエと脊索動物の類似性から、この共通の祖先は、両系統に保存され進化してきた区

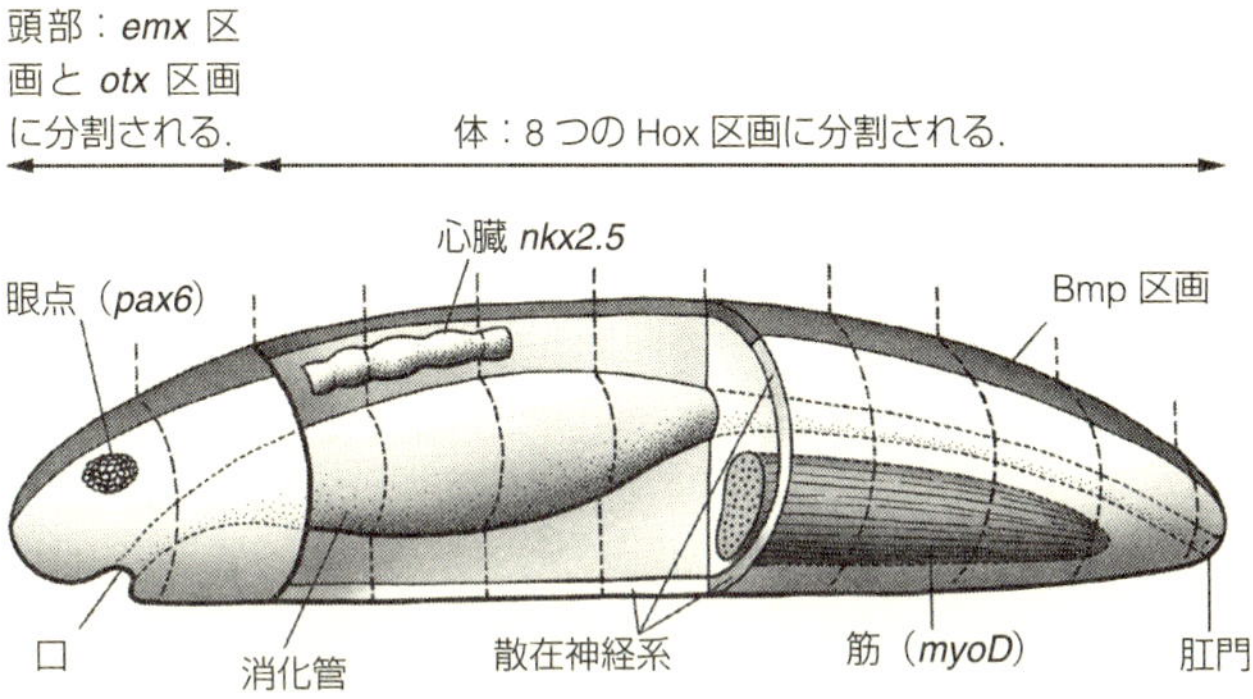

図32　先カンブリア時代の私たちの祖先．この芋虫状の動物は，現在のすべての左右相称動物が共通にもつ特徴から推論された．さまざまな選択遺伝子（*emx, otx, Hox, pax6, nkx2.5*）は別々の区画で発現される転写因子をコードしている．*myoD* は筋の主要な調節遺伝子である．この祖先はまだ化石として発見されてはいない．芋虫状の動物の潜穴だったと思われる化石化したトンネルの大きさから見積もると，体長は 0.5 センチくらいだっただろう．

画その他の形態的特徴を備えていたはずだとわかる。じつは五億三〇〇〇年前のカンブリア紀に節足動物と脊索動物が初めて出現したときに、両者はすでに遠く分岐していた[14]。

　第二章で、共通の祖先はさまざまな分子の性質から考えて、図32に描いたような細長い左右相称の芋虫状の動物であり、恐らく（口から肛門まで）通り抜けた消化管をもち、三胚葉性だっただろうと述べた。節足動物と脊索動物に共通の遺伝子回路からの有力な推論にもとづいて、すべての左右相称動物の祖先であるこの仮想的な動物を思い描くことができる。

　たとえば体の中ほどから後部にかけてHox区画が驚くほどよく保存されていることから、祖先は細長い動物で、前‐後軸に沿って区別できる区画があったことがわかる。Hox以外の他の共通の選択遺伝子から判断して、前部にはさまざまな別の区画――特異的なHox遺伝子を発現している区画より前に位置するものなど

――があったこともわかる。向かい合った二本の正中線からは、それぞれ特殊なシグナルが分泌され、これにもとづいて背から腹方向への編成もおこなわれた。このシグナルはいまだにショウジョウバエや脊索動物で使われている。神経系が散在神経系だったか中枢神経系だったか、本当はまだはっきりしていない。ヒトの脳の精密な解剖学的組織はハエのものとは非常に異なるが、根底には同じ基本的な区画方式があり、これは五億年以上わたって保存されてきた。両者に保存されている、眼を形成する遺伝子を発現する光受容の眼点や、心臓を形成する遺伝子を発現する心臓様の収縮する管を、共通の祖先はもっていたかもしれない。しかし付属肢や脚のような体からの突起物はもっていなかっただろうし（これらは後に現れた）、体節はあったかどうかわからない。比較して言える重要なことは、区画は進化の歴史を通して、そこに発生する形態よりもはるかに安定だということだ。すなわち区画はそれらがどんな形態や分化した細胞タイプをつくりだせるかという点に関しては、拘束されていないようだ。

現存の左右相称動物門はおよそ三〇あるので、区画をもつ三〇種類のボディプランはすべて共通の祖先のプランからそれぞれ異なる方向へ改変されてきたと考えられる。現在のところわずかに二、三のプランが調べられたにすぎない。しかし脊索動物と節足動物を生み出した共通の祖先からその他のすべての門も由来したのだから、すべての門はどれも、中心的な役割を果たすＨｏｘ遺伝子群をもち、それは頭から尾への順序で並んでおり、また、数種類の前部の選択遺伝子ももつと考えてよいだろう。先カンブリア時代の祖先がこれらをもっていたことが、ショウジョウバエと脊椎動物から推定されるからである。その後どの門も新たな区画を新たな配列で付け加え、いくつかの区画を失い、それぞれの門に特有の地図が出来上がったに違いない。

形態の基礎となる発生プロセスのこのような見方は、以前の化石の記録や現存生物の形態研究にもとづいていた時代には決してできなかった。分子情報は非常に正確かつ詳細なので、ほとんど異議を差し挟む余地を与えない。昆虫と脊椎動物の間で、Ｈｏｘ遺伝子の塩基配列も、染色体上にＨｏｘ遺伝子が並ぶ順序も、染色体上の順序と形態上の順序の対応も、すべて保存されている。これらの類似性は偶然でもなければ、別々の出発点からの収斂でもない。ほとんどすべての門のボディプランが過去五億三五〇〇万年の間維持されてきたことを化石の記録がますます詳細に示すようになったこととと合わせて、基本的な前‐後軸に沿ったパターン形成の共通性が、化石や比較解剖学が単独で立証可能な範囲をはるかに超えて、証明されている。

それと同時に、新規性の創出は発生のルーツまでたどれることがしばしばある。たとえば肛門より後ろに伸びた尾は、脊索動物に独特の構造であり、その発生にはショウジョウバエでは発現されない三種類のＨｏｘ遺伝子が関与している。脊索動物に近縁の門である半索動物（腸鰓類）もこれらの遺伝子をもち、成体は典型的な脊索動物のような尾はもたないものの、幼生には一時的に伸長する部分がある。新たなＨｏｘ遺伝子は、脊索動物と節足動物の系統が分かれた後、祖先のＨｏｘ遺伝子の重複によって生じ、後部の特殊化に用いられたに違いない。後に脊索動物の尾はその調節的な土台の上に組み立てられた。このように断定できるのは、非常に強い配列の類似性をもつこれらの遺伝子が共通の祖先から由来したことに疑いの余地がないからだ。

進化における区画の役割

胚の区画は発生の中期になって初めて現れる。卵の中にはなく、卵が数千個の細胞に分裂した時点でさえ存在しない。卵割をおこなう初期の発生は、胚の全体的な輪郭をつくり、その上に区画地図を広げられるようにすることに向けられる。区画地図が最初に現れる発生の中期は、系統典型段階（phylotypic stage）と呼ばれる。この時期は一つの門に属するさまざまな綱の胚がどれもこれも非常によく似て見える時期である。

脊索動物の系統典型段階は、ヒト、魚、鳥、カエル、爬虫類、そしてホヤの胚さえもが、もちろん同一ではないが非常に似ている。一揃いの区画が神経系と、隣接した筋肉の塊を細分している。脊索動物の系統典型段階には、中空の背部神経索、鰓裂、でき始めた尾、脊索もある。系統典型段階では脊索動物の種類が違っても大きさは同じくらいで、長さは一ミリほどである。成体の体重が一〇〇万倍も違うクジラとマウスの胚でさえ例外ではない。これらの胚では全体的な組織構成と区画されたボディプランは出来上がっているが、門内の綱や目が区別できるような形態の多様性を発達させるには至っていない（たとえばまだ付属肢もない）。この中期が過ぎて、発生も後期に入ると、ありとあらゆる装飾が地図につけ加えられる。

先カンブリア時代の脊索動物の祖先は、保存された区画ボディプランに多くをつけ加えなかっただろうと筆者らは推定している。今日の脊索動物の系統典型段階に似た生物になったところで胚発生は終わり、そこに筋、神経、上皮といったさまざまな分化した細胞タイプがつけ加えられたのだろう。

カンブリア紀以来の五億年の間に、装飾は地図の上に重ね合わせられた。地図は脳、骨、脚、付属肢のようなもっと複雑な構造をつくるための足場や土台として働いた。このような積み重ねは、ロマネスク様式の教会の基礎の上に建てられるゴシック様式の大聖堂に似ている。その上、門に特異的な区画地図（たとえば脊索動物と節足動物の地図）どうしの関係は、（化石がまだ発見されていない）左右相称動物の共通の祖先から早い時期にさまざまな門が出現したというヒントを与えてくれる。

保存された区画地図をもつボディプランは、動物の変異を生み出す能力にどんな影響をもつのだろうか？　この地図は変異を制限したのだろうか、促進したのだろうか？　生物を類似性によってグループ分けすることは、初期の分類の方法であった。このような分類は、共通の祖先に由来する子孫がだんだんと多様化していったことを反映しているとしたのはダーウィンだった。根底にある選択遺伝子の地図の類似性を知ったいま、変異がどのように起きたのか、とりわけ進化で何が多様化したのかについて、これは何を語ってくれるのだろうか？　以前は、門は共通のボディプランをもつ動物の集団と定義され、それは取りも直さず形態的な形質の独特の取り合わせということだった。その形態的なボディプランについて、それが門全体に保存されていると言うのは循環論法になるだろう。それでも、高度に保存された選択遺伝子の発現地図と区画が存在することが、門全体に広がるこの形態の類似の重要性を裏付ける独立の証拠となる。

区画の概念が確立された後には、形態的な形質の進化ではなく、これらの形質を生み出すプロセスの進化が問われるようになった。二〇〇〇年以来、筆者らはほとんど知られていなかった半索動物門を研究してきた。これらの芋虫状の動物には、脳や中枢神経系がないが、鰓裂はある。これらの動物門がヒトの属する門と微妙に似ているという主張は、ウィリアム・ベイトソンとT・H・モーガンによる一八八〇―九〇年代の形態研究にもとづいており、根拠は弱かった。それから約一二〇年後、半索動物のHox遺伝子を含む二二の選択遺伝子の発現区画を調べたとき、それらは脊索動物と同じ順序とパターンで並んでいることが見出された。半索動物の前方の区画は独特の筋肉質の吻《ふん》となっているが、ここの区画地図は脊索動物の前脳と中脳のものと似ていた。鰓裂の周囲の区画は、脊索動物の鰓裂の周囲の区画と同じだった。図33からわかるように、見かけの形態はまったく異なるのに、半索動物の前‐後方向の区画ボディプランは脊索動物のものと似ている。どちらも節足動物ともかなり似ているものの、半索動物と脊索動物間の類似に比べると節足動物との類似性は低い。

この奇妙な芋虫状の動物に配置されている二二の区画が、ヒトとまったく同じであるという発見は、五億年以上隠されてきた秘密の設計図を見つけたようなものだ！　ボディプランには非常にさまざまな組織、器官、細胞タイプが加えられてきたが、形態の多様性に隠されてはいても、ボディプランは門内のすべての動物で保存され、関連する門の間でも大部分は共有されているのだ。(15)

形態の多様化

形態が大幅に変わったにもかかわらず、なぜ区画地図はこれほど長い期間保存されてきたのだろ

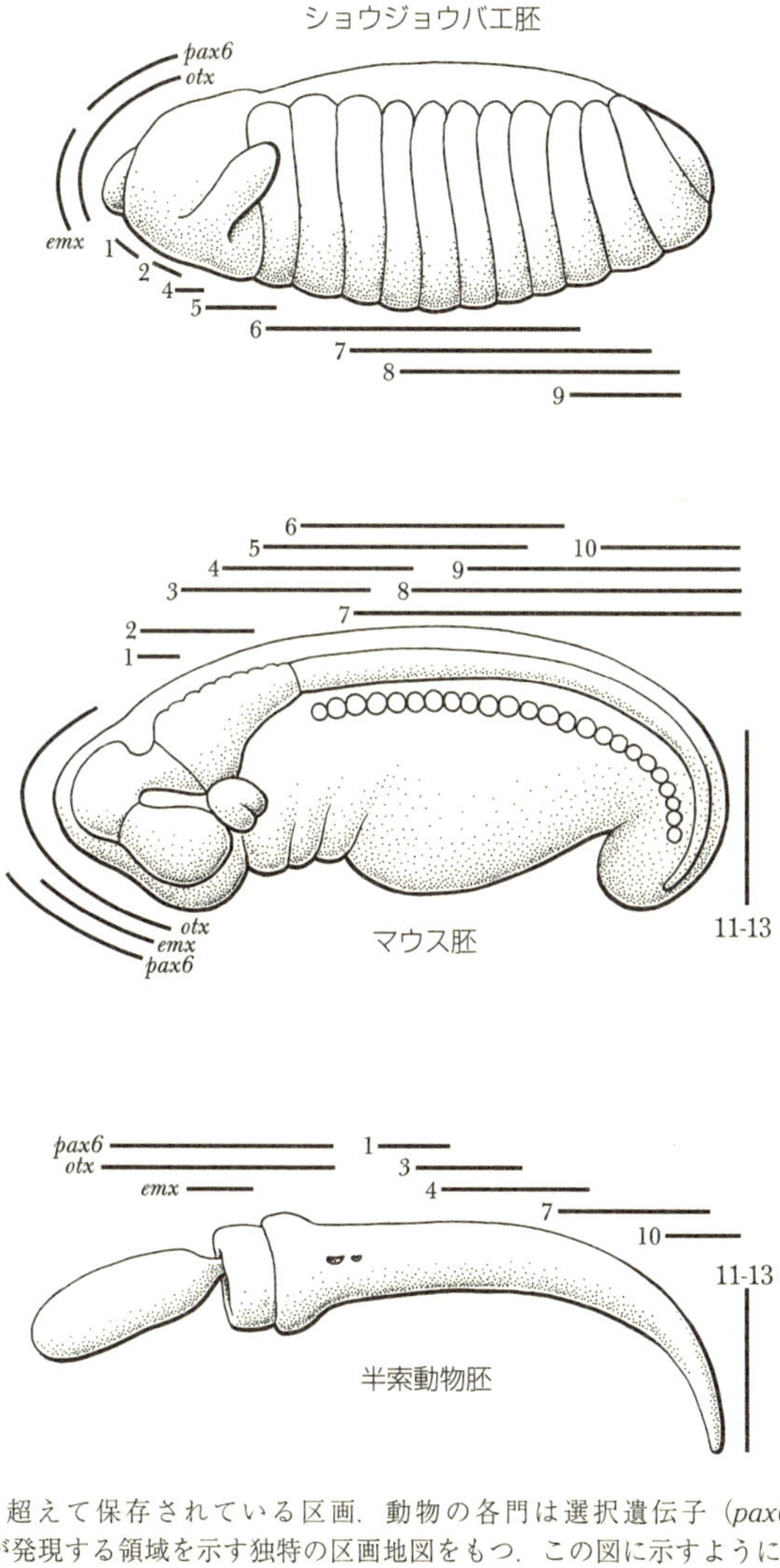

図33　門を超えて保存されている区画．動物の各門は選択遺伝子（*pax6, emx, otx, Hox1-13*）が発現する領域を示す独特の区画地図をもつ．この図に示すように，異なる門の地図には類似点と相違点が見られる．半索動物は海にすむ鰓裂をもつ芋虫状の動物であり，脊索動物と共通の祖先をもつ．

うか？　形態の多様性と地図の保存との関係を理解するには、まず系統典型段階後の発生、すなわち区画ができてからの発生を考えなければならない。この期間は、さまざまな組織、器官、細胞タイプが、体のそれぞれの区画で並行して発生する時期である。生物学者はこれらを門内の動物の綱・目・科を区別するのに用いる。

保存された区画地図がはたして拘束を強めるのか解除するのかは、その基盤の上に多様な構造の構築が成功するか否かによって判定される。区画が利用された実績を調べると、それらは非常に融通性があると結論せざるをえない。基本的には、どんな種類の発生も拘束を受けずに各区画内で生じる可能性をもつ。標的遺伝子はそれぞれの区画に特異的な選択遺伝子の影響の下で別々に調節されるので、各区画内で独自に利用されることが可能になる。保存された同一のコア・プロセスが使われても、それぞれの区画でそれらの組み合わせや、量や、時期が異なる。その後の発生の間に、ほとんど他とは無関係に区画の大きさは増減できる。これはボディプランの多くの区画の重要な性質である。区画は並行して発生するさまざまな将来の形態を受け入れることができるのだ。

区画分けはモジュール方式の一つであり、多くの設計によく見られる方法である。動物の体を小さなほぼ独立した領域に細分することによって、ある領域の構造の進化は他の領域の構造の進化から分離できる（これは鉄道の車両の機能を、穀物、石油、荷物、乗客、車などの積み荷に応じて特殊化するときにおこなわれている。積み荷の異なる車両は仲良くつながれて同じレールの上で役目を果たすが、それぞれ非常に違っている）。分離と特殊化はいわゆる多面発現の問題を減少させる。すなわち、胚のある領域にとっての良い変化が他の領域に悪い変化を引き起こすという、対立する影響をもたらす突然変異の問題である。もしある変化が致命的であったら、他の場所の良い変化もそれを乗り越えるすべがない。

区画はこれらの影響を和らげる。脚の骨が腕の骨より長く伸びることになっているなら、脚の軟骨や骨に関わる遺伝子の発現には違った性質が与えられなければならない。腕と脚は別の区画にある。四肢の発達に同じ遺伝子を用いても、腕と脚の遺伝子発現の調節に別の選択遺伝子を局所的に使うことによって、矛盾が避けられる。転写因子である選択タンパク質は、どんな標的遺伝子にでも原則的に対応できるので、新たな転写制御は難なく獲得できる。真核生物の転写では、遺伝子に選択タンパク質が結合する新たな部位をつくるには、調節配列がわずかに変化するだけでよいことがわかっている。

区画内の些細な改変であっても、それが特定の形態的な領域に向けられれば、表現型に大きな影響をもちうる。たとえばすべての真正のハエ（ハエ目／双翅類）では、翅は胸部の第二体節から生じているが第三体節にはない。それに対してトンボ（トンボ目／蜻蛉類）ではどちらの体節にもあり、翅を四枚もつ。初期の昆虫は胸部と腹部のすべての体節に翅をもっていたことを化石が証拠立てている。進化の間に翅の数を四枚あるいは二枚に減少させた改変が、一つまたは二つの区画を残してすべての区画で翅の発生が妨げられた結果起きたことは明らかだ。Ｈｏｘ選択遺伝子が妨げたのだ。翅と平均棍の違いは、平均棍のある区画のＨｏｘ選択遺伝子に起因する。そこで翅の発生を抑え、変更して平均棍をつくらせるのだが、完全に翅の発生を止めるわけではない。ネジレバネ目という珍しい寄生昆虫の仲間では、雄は二枚の翅をもつが、胸部の第二体節からではなく第三体節から生じている。翅の減少の仕方がハエとは逆である。

昆虫の祖先は、ほとんどあるいはすべての体節に脚をもっていたようだが、現在の昆虫はわずか三対の脚を胸部の体節にもつだけである。他の体節では脚の発生がＨｏｘ転写因子によって妨げられている。この転写因子が胸部の区画以外のさまざまな区画で抑制的に作用しているのである。(16)

区画化されたボディプランは進化の過程で選択によって維持されてきたと見るべきだろう。というのは選択遺伝子群は、胚に複雑だが安定な地図を与えるからだ。それと同時に、各区画内で起きるプロセスの内容にかけられる制限は（たとえあったとしても）非常に少なく、それらのプロセスが並行して作用することを可能にしている。区画内の選択遺伝子とその維持回路には変化が見られず、またそれら自体の変化に対しては内的拘束があるかもしれないが、だとしても区画内の発生経路の変化に対する拘束解除は起こりうると筆者らは考えている。

本書の主張の、他とは異なる重要な部分を以下にまとめる。このような区画地図は、区画内で起きる発生プロセスの変化を促進する（拘束解除する）ので、保存され（また、変化しないように拘束されている。区画によって調節メカニズムが分離されるので、区画内の構成は独立に変化できる。したがって区画はその後の発生プロセスを領域に分けて独立させるための融通のきく装置であり、すべての区画で各遺伝子が寸分違わずに変化しなければならなかったとしたら生じたはずの、干渉（多面発現による問題）を減らす装置である。

もちろん標的遺伝子の機能は同じはずである。だから、区画化によって区画に個性を与えるためには、その区画特異的な方法で遺伝子に改変を加えなければならない。その遺伝子の機能を変えるような別の遺伝子とともに発現させたり、スプライシングその他の方法で、新たな区画特異的遺伝子につくりかえたりするのである。区画は遺伝子の調節上あるいは構造上の多様化につながる、さらなる選択の機会をつくりだすのだ。

探索的プロセスと区画

系統典型段階の後で、形態をさらに特殊化するために区画を基盤として用いている素晴らしい例は、**神経冠**からさまざまな細胞が派生する仕組みに見られる。胚のこれらの細胞集団は、脊椎動物の末梢神経系全体、頭蓋の大部分、その他の多くの組織をつくる役目をもっている。神経冠の特殊化が多岐にわたることは、これが機能不全になると口蓋裂、神経芽細胞腫、先天性心臓欠陥など、多くの先天的な障害となって現れることからわかる。神経冠細胞は脊椎動物の際立った特徴である。他の動物の仲間でそれらをもつものはない。神経冠細胞から派生する思いがけない構造のいくつかを図34に示す。

神経冠の発生は、探索的な細胞の挙動と区画地図が効果的に組み合わされた結果である。独立して多様化した区画と、区画を超えて移動し多様な運命を探索する多能性細胞集団との相乗作用によって、爆発的な多様化が起きる。神経冠の探索的な性質は生理的な変異と選択にも関わる。神経冠細胞の幅広いシグナルへの応答性と、シグナルに応答しておびただしい発生経路のうちのどれでもたどれる能力とが、さまざまな形態のもととなる。また種々の区画でそれらが出会うシグナルが選択の手となる。

神経冠細胞は、系統典型段階に区画ボディプランが正しく配置された直後に、胚の背側の神経板（神経系の前駆体）の端に生じる。これらの細胞は腹側へ向かって移動し、さまざまな区画の内部に

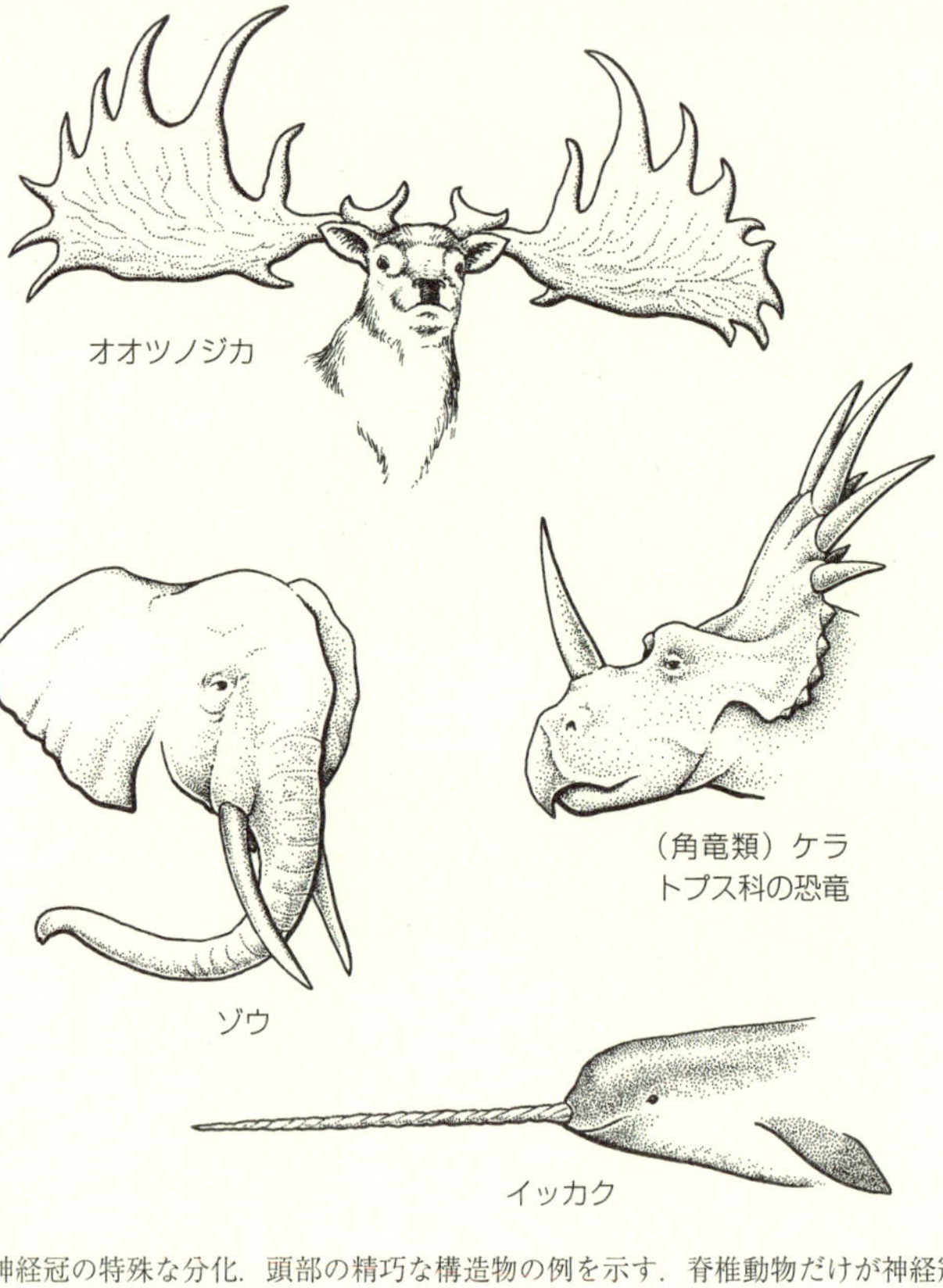

図34　神経冠の特殊な分化．頭部の精巧な構造物の例を示す．脊椎動物だけが神経冠細胞をもつ．これらの細胞は移動性，増殖性の幹細胞であり，受け取るシグナルに応答して多くの種類や大きさの構造物に分化できる．

落ち着く。他の探索的な系と同様に、細胞の環境に依存して違った応答をする。しかし二種類の応答しかできない微小管やアリとは異なり、神経冠細胞はいくつもの応答ができる。いろいろな種類の神経細胞、色素細胞、内分泌細胞、結合組織、軟骨、骨、平滑筋に分化できる。また歯の象牙質、心臓の弁、シカの角といった一部の特殊化した組織にもなる。胚の細胞は並外れて幅広い発生のレパートリーをもつ。元来これは多能性幹細胞の特徴である。神経冠細胞は、区画ボディプランという初期の発生に続く、脊椎動物での発生の第二ラウンドとでもいうべきものに取り掛かるように見える。もちろんこれらの細胞は、定住先の選定も、その後の広いレパートリーの中からの特定の発生応答の選択も、すべて区画化されたボディプランに依存する。

　神経冠のように高度に探索的な集団は、進化の革新に二つの舞台を提供する。第一は、神経冠細胞が神経管のいくつかの特定の区画に生じる際の、細胞自体の多様性によって。第二は、移動の間に探索する周辺のさまざまな区画によってである。これら二種類の多様性のもたらす成果はきわめて大きく、脊椎動物の発生に対するこれらの細胞の重要性を物語る。神経冠は軟骨の進化――脊椎動物の祖先である無顎類の最初の鰓弓から有顎魚類の顎骨への――に大きな役割を果たした。脳の拡大に連動した頭蓋の大きさの増大にも加わった。ダーウィンがビーグル号の航海で発見した、ガラパゴスフィンチの嘴の急速な変化も、嘴を発生させる神経冠細胞の適応能力に依存している。

　発生中の神経冠細胞の周囲に対する局所的な適応能力は、雑種や新たな品種における潜在的な死亡率を下げる。イヌの交配はこのロバストさの例である。イギリスのブルドッグとバセットハウンドは、顔の構造が非常に異なり（神経冠の発達が異なるので、鼻が一方はぺちゃんこ、他方は非常に長い）、交配すると特徴の混ざり合った雑種を生み出す。それでも、少なくとも人間が世話をしている状況下では、頭部に異常はなくきちんと機能している。

初期発生の拘束解除

ここまでは拘束解除とは区画プランの性質であって、それが系統典型段階の後の可能な発生に対する制限を減じるのだと考えてきた。しかし区画プランは、卵や系統典型段階の前の段階にとっては大きな拘束であるように思われる。保存された区画プランを系統典型段階に活性化して正確に空間に配置するには、高度に保存された発生プロセスとシグナルが必要なはずであり、これは非常に拘束されている。特に、系統典型段階の区画の配置は複雑なので（二〇〇種類にもなる区画が最終的には脊椎動物の胚の中の正しい場所に発生する）、この複雑な構成をつくりあげるには、卵から初期発生に至る二〇〇の明確に分離・独立した道筋が必要だと思われそうだ。それらの二〇〇の道筋はどのようにして卵の中に正しく配置され、互いに干渉せずに並行して進むのだろうか？　恐らくこの配置には、最終的な区画プラン自体と同じくらいに複雑で正確な地図の中に作用因子が並べられていなければならないだろう。さらにもしそのような最初の複雑なものが必要ならば、卵のつくりは極端に拘束され、保存されていることにならないだろうか？

二つの事実がそのような予想を否定する。第一に、多くの種類の卵は荒療治を施されても、きちんと釣り合いの取れた個体になる。たとえば卵を半分や四分の一に切り分けたり、数個を一個にまとめたりしても大丈夫なのだ。第二に、脊索動物の卵は非常に多様であるが、それらのすべてが非常によく似た区画地図を示す系統典型段階にまで首尾よく発生する。鳥類の卵は大きな卵黄の塊をもち、あまりにも大きいので胚の細胞は卵黄の塊に隣接する小さな細胞質の塊から分裂する。カエルのような他の生物では、卵割面は卵全体を横切る。一部の爬虫類とほぼすべての哺乳類では、胚は広範囲に及ぶ胚体外組織〔胞胚（胚盤胞）のうち、外側を構成する細胞に由来する組織〕を発達させ、胚自体に加えて胎盤をつくる。哺乳類どうしでさえ、卵の生理作用は異なる。カモノハシは卵黄の大きい卵を産む。カンガルーの卵も卵黄が大きいが、胚は母親の胎内で早く孵化し、胎盤が短時間だけ発達する。ヒトのような「真獣類」の哺乳類は、卵黄のない卵をもち、胎盤の発達が著しい。

保存された区画が後期の胚発生を拘束解除する特筆すべき性質に加えて、まだ出現もしていない区画が卵や初期胚をも拘束解除するという、矛盾する事柄を論じよう。系統典型段階の区画地図は、その発生のためにほとんど情報を必要としないという点が特殊である。いくつかの区画の方向や大きさを決めるのに、わずか二、三のシグナルが要るだけのようだ。残りの複雑な配置はこれらの最小限の入力だけで自らを構成するらしい。ちょうどジグソーパズルの重要なピースをいくつか正しく配置するとその周囲のピースがすぐに並べられるように。もしそうであるならば、初期発生は事を始められさえすればよいのであって、区画地図ほどに複雑である必要はないだろう。初期発生が単純であればあるほど、卵の拘束の度合いは小さい。すると卵は、養分の供給や防御など、他の目的のために自分自身の構成を大幅に進化させることができる。そのようにしても次に続く区画地図の発生を損なうことにはならない。

しかしそれと同時に、区画がこれほどの自己裁量による発生をおこなうためには、独自の複雑な回路と相互作用が必要となる。区画の複雑な回路構成は、それ自体の進化にとっては強い拘束となるだろう。それらは変化しないと考えられるが、実際そのとおりだ。その見返りが区画の確立に当たっての、初期発生や卵に対する要求の低下なのだろう。[17]

区画の回路構成についてはほんの少ししかわかっていないが、ボディプランとそれに対応する区画地図は容易に導入されるという筆者らの主張を支持する証拠がある。ショウジョウバエの前‐後方向については、最初は各極に一つずつ、二種類の成分が局在しているのみで、それらが初期発生において遺伝子発現の異なる六つの領域を形成させる。次にこれらが八種類のHox区画と前方の数種類の頭部区画、そして前端と後端の区画をつくりだす。これらは一四回繰り返す体節の区画もつくり、各体節の内部ははっきり異なる前‐後の区画に分かれている。背‐腹方向では、腹側に高い活性をもつ一種類の転写因子の濃度勾配によって五つの区画がつくられる。したがって多数の前‐後の区画が五つの背‐腹の区画と交差し、胚をおよそ一〇〇の区画領域に分ける。このように局在化したかなり少数の作用因子（恐らく、前・後・腹側に各一種類、計三種類のみ）が、ショウジョウバエの初期発生に用いられて、空間的に複雑な区画プランを作動させ、据えつけるようである。哺乳類の卵には、前もって局在化された物質がもしあるとしても、さらに少数であると思われる。

第二に、ショウジョウバエの体節の前‐後の区画を調節する回路構成を数理モデルによって研究した結果も、区画地図が容易につくりだせるという主張を裏付けている。区画は本当に自己組織化するのだろうか、それともハエはこの系を開始させるためには、初期発生中に回路のすべての成分を正しい位置に正しい濃度で準備しなければならないのだろうか？　区画の同定には、各区画が発現する単一の選択遺伝子を目印にしてきたが、その発現を何が決定しているのかは考えてこなかった。じつは、各区画はその存続を、互いに活性化しあい抑制しあう分泌因子や転写因子の複雑な回路構成に依存している。

この回路では、一対の体節区画に二八の遺伝子産物が関与している。コンピューターシミュレーション実験（in silico）では、このような区画をつくりだして維持するには二八の成分は正と負の相互作用のある一つの特定の回路に組み込まれていなければならないことが示された。他の回路では役に立たない。しかし区画は、いったん二八の成分どうしの特定の関係が確立すれば、成分の濃度変化には動じなくなる。この筋書きは、区画を立ち上げ維持するには成分の量や場所は正確でなくてよく、最初はすべての成分が揃っていることさえ必要ないことを示している。

モデル研究の結論を、実際の発生の仮説として述べると、区画はその活性化や自主的な維持の完遂に非常に長けているので、つくりだすのは比較的易しいということになる。二八成分からなる精密な回路構成自体は、多くの特殊な相互作用のために変化に対して厳しく拘束されているが、この拘束が開始と維持を容易にするのに適したロバストさを生物に与えることになったといえるだろう。このモーターを始動させるために鍵を「非常に正確に」回す必要はない。蹴っ飛ばせばよい。つまり厳しく拘束された体節維持の系の見返りは、初期発生の自由さなのだ[18]。

卵に対する要求を最小限で済ませることは、恐らく進化の多様化を促進する上できわめて重要なのだろう。発生生物学者たちは一般に成体の形態に焦点を合わせるが、広い視野から見ると、成体は精子や卵をつくり、卵に栄養を供給し保護するための手段にすぎない。雌にとっては通常、未受精卵の生産はエネルギーの主要な投資先である。胎盤をもつ動物では、雌はその後も保護と栄養を提供し、他の動物では母親か父親、あるいは両者が初期発生の間、卵を抱くものもある。ヒトに至っては、子供を成人初期まで扶養する。個体の適応度は繁殖能力で測られ、生存率にとって生活環の最初の段階は成体の段階と同様に重要である。

発生の最初の段階、すなわち系統典型段階よりもはるか前の段階での進化上の革新が適応度にとって重要であるなら、初期発生の革新を拘束解除する表現型の性質は、発生後期の革新を拘束解除するものと同様に貴重である。卵の革新でとりわけ重要な例は、およそ三億年前に初期の爬虫類がいわゆる閉鎖卵を進化させたことである。それ以前は、陸上動物は卵を産むために水中に戻らなければならなかった。この制限のために広々とした陸地の活用が限られていた。卵の編成と初期発生の変化は多岐にわたった。すなわち、長期間の食糧供給（大きい卵の中の大量の卵黄）、その利用方法（卵黄嚢組織）、ガス交換の方法（酸素と二酸化炭素）、老廃物の処理（漿尿膜）、そして周囲の温度が三八度を超え、湿度がゼロに近い条件下で水を含んだ環境を維持する方法（羊膜、卵殻膜）などである。

動物のさまざまな門の保存された区画地図は、それらの門のメンバーの形態と生理作用の多様性と緊密に関連し、また門自体の多様性とも関連している。これらは、保存されたプロセスを場所によって異なる組み合わせにして、並行して利用できる方法を提供する。また、局所的に異なる種類の発生が起きる場所をつくりだす。区画地図の種類と構成は複雑であるのに、発生中に容易に設定される能力をもつ。したがって、卵は胚の栄養や保護に関連する別の種類の発生にも同時に関わることができるのである。

拘束と拘束解除

多細胞動物の区画構造の発見により、発生学と進化の両者が的確に捉えられることになった。生物が成体の複雑さを獲得していく方法についての発生学上の認識を統一し、同時に、大規模あるいは小規模の進化についての分子レベルの手掛かりを与えてくれたのだ。またこの発見は、動物の進化には保存と変化がいかに不均衡に配分されているかも明らかにした。区画は門を特徴づけている形態的な差から見ると驚くほどよく保存されている。しかしそれでも、区画地図は形態の次元で作用するプロセスとして理解しなければならない。これは進化の過程での保存と変化の関係の解明が必要とされる例である。

門のような分類学上の上位のカテゴリーの概念が重要であることが示されたのは、ボディプランの区画地図の概念があってこそである。進化生物学者ジョージ・ウィリアムズが表明した反対意見は、ボディプランは「ランダムな系統発生」の結果であって取るに足りないというものだった。すなわち、生物のもつすべての形質が進化でランダムに変わったとして、たまたま同じ一〇％の形質が同じで、ある程度の期間、たとえば二億年ほどの間、変わらなかったら、その動物たちが同じグループにまとめられることになる。そして四億年後、一％の形質をまだ変化させずにもっている動物たちが一緒にまとめられる。現在残されている形質がそれまでの経過をともにして残ったなどと考える理由はない、というのだ。

系統典型段階の保存された区画を構成する集積回路が発見されたことは、ランダムな系統発生が起きたとしたのでは説明できない。区画とそれを維持する回路は、関連する形質の断片や一部分として残ったのではなく、むしろ保存されたコア・プロセスの関与を表している。系統典型段階の区画は、いまや表現型の発生の中にぴったりはめ込まれてしまったので変わることができないが、それらが生み出す融通性とロバストさに対しても絶え間ない選択がかけられてきたと主張したい。それらはなぜ選択されてきたのか？　そして何のために？[19]

区画地図は単に胚の中での位置を示すだけではない。それらの位置で生じる発生の種類も選ぶ。高度に保存された区画と選択遺伝子をもつ系統典型段階のボディプランは、どんな種類の形態や生理作用に対しても区別なく基盤を提供する。ボディプラン自体は分化した細胞タイプを示さず、卵の非常によく発達した保護条件の下にあって外部の攻撃から隔離されているので、あまり直接的な選択は受けない。しかし直接選択を受ける形質の発生は、どの世代においてもボディプランに依存しているので、結局これらのすべての形質とともにボディプランも選択されることになる。

区画ボディプランのロバストさと、保存されたコア・プロセスへの弱い連係による接続が、区画ボディプラン自体を取り巻く変化を促進する鍵である。弱い調節的な連係がなかったら、さまざまな区画内の分化はこれほどの多様化はできなかっただろう。区画がなかったら、弱い連係の融通性はすべて多面発現、すなわちある領域での有益な変化が他の領域では有害な変化を引き起こすという衝突によって妨げられただろう。区画がなかったら、軸索の伸長や神経冠の分化といった探索的プロセスは、形態の多様性が乏しいために制限されただろう。さらに探索的プロセスがなかったら、多様化するのは区画にもともとあった細胞だけに限られただろう。

新たな形態特性が生じるたびに、それらは動物の形態全体の中に組み込まれなければならない。区画は境界で互いに話し合う必要があり、区画をボディプランに対して順応させるシグナルを維持しなければならない。区画地図はこの大規模なパターン形成の役割を、局所的な分化をあまり妨げないようにしながら、果たしつづける。このようにして個々の区画の改変は、保存され変化しない区画地図との関連の中で選択される。

ロバストな発生あるいは生理プロセスが、それ自体は変化に対して拘束されていながら、他のプロセスの進化を拘束解除できる仕組みを最もうまく説明できるのが、この区画地図だろう。これまでに述べてきたような区画地図をもつ生物とは別の仕組みの生物で、しかも成体で局所的に発現する遺伝子を同じように多数もつものを仮想的に考えるとしたら、どんなものになるだろう？　調べられた動物の数が少ないので遺伝子の数は大まかにしか見積もれないが、総遺伝子の四分の一、実際の脊椎動物ではおよそ六〇〇〇個が体内で不均一なパターンで、すなわち特定の場所で発現されているようだ。

興味深い代替物は、区画をまったくもたない生物だろう。この生物は卵から生体への発生にあたって、六〇〇〇の遺伝子を六〇〇〇の独立した経路によって、局所的に、並行して、しかも干渉しあわずに発現させなければならないだろう。これらのすべての経路に対して詳細な空間的情報が最初から必要になり、卵は六〇〇〇の局所的な作用因子をもつ成体と同じように複雑になる。このネットワークは配置が複雑になるだけでなく、同一遺伝子を多数の場所で用いる際の相反する要求に対して非常に脆弱になる。新たな形態や生理作用の進化には、遺伝子発現の多種多様な変化が必要になるだろう。

そのような生物は区画をもつ動物と比べると、ランダムな突然変異が同じ数だけ起きたとしても、複雑な形態を進化させられる可能性は低そうだ。六〇〇〇の遺伝子が三次元的なパターンに従って発現し、しかもその多くが数ヵ所の区画で発現するという問題に対して、保存された区画地図こそが有効な解答であるように思われる。すなわち初期発生では、恐らく一〇〇（ショウジョウバエ）あるいは二〇〇（脊索動物）の選択遺伝子の発現する区画地図上の位置が決まる。これらの遺伝子にコードされている産物が残りの六〇〇〇の標的遺伝子の発現する位置を決める。さらにこの発生プロセスは、細胞数や細胞の配置のばらつきから見ても、また環境ストレスをものともしないことを見ても著しくロバストだ。区画化が実際にどのようにしてこのロバストさを生み出すのか、また、前もって詳細な配置情報を備えた別の戦略に勝る明白な長所をもつのかどうかを理解するには、恐らく理論的なレベルでのさらなる研究が必要である。

区画の考察を拡げると

戦略としての区画化は、比較的少数の遺伝子から複雑さを生み出し、同一の遺伝子産物を複数の状況で使うことによる衝突を避ける一つの方法である。区画化を胚の空間的編成の観点からのみ考察してきたが、他の複雑なプロセスは別の次元で区画化されている。

一例は、動物の単一のゲノム中の遺伝子をいろいろな組み合わせで安定的に発現させて使うことである。脊椎動物のような複雑な動物の、たとえば三〇〇種類の細胞タイプの場合、各細胞タイプは発現する遺伝子が異なるので、そこに含まれるタンパク質やRNAの全体像が異なり、したがって見かけも機能も異なる。つまりこれがその細胞の表現型である。現在の仮説によれば――数例については信頼できる証拠も得られているが――各細胞タイプは、正のフィードバック・ループによって絶えず発現しているいわゆる**マスター調節遺伝子**がコードする一種類以上のマスター調節タンパク質（転写因子）の存在によって区別されるという。すなわち、この遺伝子はいったん発現が始まると、自身がコードするタンパク質によって直接活性化されるのだ。マスター調節タンパク質は、ボディプランの区画の選択タンパク質のように、多くの標的遺伝子を活性化したり抑制したりし、その細胞タイプに特有のRNAとタンパク質の全体像を決定するのだ。

マスター調節タンパク質は選択タンパク質とは異なり、体の表立った立体的な次元には結びついていない。しかしこれらの調節タンパク質が、一つの細胞内で発現する遺伝子の組み合わせをまとめあげ、こうして保存されたコア・プロセスの組み合わせを規定する。ゲノムの二万二五〇〇個の遺伝子の、発現の可能なすべての組み合わせの中から、実際に発現させる標的遺伝子の組み合わせを一つだけ選ぶのだ。細胞タイプは「遺伝子発現空間」の中の区画である。Hox遺伝子による空間パターン形成のように、マスター調節タンパク質はゲノムの一部を特定の制御の下に置き、その遺伝子セットの挙動を、マスター遺伝子の作用を必要とするように制限できる。

区画の考察を時間や個体数の次元にも同様に拡げることができる。時間に関しては、動物の生活環は一連の段階に分けられ、各段階は（幼虫・若虫・成体のように）異なる形態・生理・挙動によって特殊化している。これらの段階は、異なる環境下での生活のために特殊化していることが多いので、動物は連続的な「スペシャリスト」だ。これに代わるものがあるとすれば、すべての形態・生理・挙動を同時に示す複雑な動物という形であって、これは「ジェネラリスト」に当たる。
ここで主張したいのは、時間的に区画化すると相反する要求が減るので、各段階でより専門化できるということだ。この方法により、あるニッチに合うように特殊化した幼虫は変態して別のニッチに適した成体となることができる（第三章）。生活環の各段階がマスター調節タンパク質――単一のタンパク質あるいは数個による回路――によって区画化されているかどうかはわかっていないが、線虫 *Caenorhabditis elegans* では実際にそうなっているように見える。いわゆる異時性（heterochronic）遺伝子にコードされているタンパク質やRNAが、四つの幼虫段階のそれぞれの遺伝子を活性化したり抑制したりする。そのような遺伝子のいずれかが失われると、ある幼虫段階がなくなり、前の段階を繰り返す。つまり時間次元でのホメオーシスが起きるのだ。[20]
空間・細胞タイプ・時間・性・表現型の次元での区画の革新的なところは、それぞれの区画が少なくとも一つの特有の転写因子、あるいはそれらの因子の特有の組み合わせによって区別されることである。他のすべての遺伝子の発現はこの因子あるいはこれらの因子によって引き起こされる。区画地図の場合は、各区画はシグナルタンパク質も生産する。区画内の遺伝子発現はAND論理回路として機能しなければならないことになる（AND論理回路はすべての入力がオンでないと出力しないが、OR回路は一個の入力がオンであれば出力する）。区画内では、どんな遺伝子の発現も、ある面で、その区画の身分証明書である選択タンパク質の「目印」がつねに存在していることが必要である。
このシステムは、区画に特有な遺伝子産物の場合にはきわめて簡単に理解できる。幼虫の遺伝子はその幼虫に特異的な選択因子によって活性化されるだろうし、卵産生のための遺伝子は雌に特異的な因子によって活性化されるだろう。この考え方では、標的遺伝子が発現するためにはこのような特異化因子（選択タンパク質あるいはマスター調節タンパク質）が必要になる。別の方法としては、特定の区画内の遺伝子を抑制することもでき、この場合には特異化因子は発現を抑制する。もっと複雑で恐らくもっと一般的なものとしては、特異化因子が遺伝子を修飾したり、遺伝子の出力を加減したり、特異的なスプライシングをさせたり、あるいは遺伝子が別の環境シグナルを必要とするように仕向けたりする方法がある。

胚の「見えない構造」は、見えるようにするために特殊な方法が必要な単なる新たな構造特性ではなく、はるかにそれを超えるものだ。門のボディプランに関連した活動の全体的な協調を維持しながら、部分ごとに独立した進化と発生を可能にする生物の区画化なのだ。区画化によって比較的小さなゲノムが何百という異なる方法で利用でき、遺伝子発現の相反する調節の必要性によって引き起こされる領域どうしの衝突を避けることができる。空間の区画は区画化の一例を示すにすぎないが、どのような次元の区画化にも同じ利点がある。すなわち、生物のシステム——もっと具体的にいうと遺伝子、発生プログラム、あるいは構造の別の部分——は総合的で複雑な利用をされるのではなく、同時多発的に区画ごとに非常に適切に利用されうるのだ。

これらの区画化された系はそれぞれが非常に複雑な回路である。ボディプランをつくりあげている非常に拘束された区画のために、発生プロセスはどうしても脆いものにならざるをえないと予想されるかもしれない。すなわち、これからつくりだす区画と、その後に起きる発生のために、卵の中にすべてが正確にお膳立てされていなければならないことになる。その結果、非常に複雑で、がんじがらめに相互連結された系ができあがるだろうから、卵の段階の進化で生存可能な変化をもたらすことは困難なのではないかと危ぶまれそうだ。ところがそうではない。発生回路はボディプランをつくりだす弱い連係と探索的メカニズムによって支えられているため、寛容な系を構成している。系統典型段階に先立ち、選択遺伝子の回路を据えつけるプロセスの変化に対しても、系統典型段階の後の改変に対しても寛容である。区画化は生物の機能の中で最も拘束され保存された回路構成の部分を含みながら、その見返りに、進化と胚発生における拘束解除とロバストさを手に入れている。

第七章　促進的変異

本章では、筆者らの促進的変異理論を他の理論との違いを際立たせ、証拠を示しながら明確な言葉でまとめようと思う。この理論は多くの保存された細胞プロセスや発生プロセスの分子生物学的知見にもとづいており、またこれらのプロセスは体細胞適応と表現型変異の根底にあって両者を結びつけている。多くの進化生物学者は体細胞の適応能力と変異の生成とを結びつける必要性を感じていないし、それらを切り離しておくことが必要だと考えている者すらいる。彼らにとっては、進化にはランダムな突然変異が必要であり、表現型の変異はそこから偶然にランダムな損傷として生じるというだけで十分なのだ。すなわち生物のその時の表現型は、次に生じる変異にはほとんど影響を与えず、変異の結果がどんなものになるかはランダムに近いというのだ。しかしこの二、三〇年の研究の進歩により、保存されたプロセス——特に胚発生の間に動物の体内で機能しているプロセス——から生じる体細胞適応の範囲を生物学者が低く見積もりすぎていたことが明らかになってきた。筆者らの促進的変異理論は、ランダムな突然変異をランダムでない表現型変異へと導くプロセスの中心に、生物とその非常に適応能力の高い表現型を据えている。(1)

従来は筆者らも他の研究者たちも、生物が自身の進化を促進する能力について**進化可能性**の点から考えてきた。進化可能性を進化する能力と定義するなら、類語の反復にしかならない。この言葉は変異の要素と選択の要素に分けてはじめて意味をもつのだ。もし生物が、新たな環境の脅威やチャンスをうまく処理できるように、それ以前の選択によって偶然に適応済みだったら、進化可能性は非常に大きいだろうが、それでは生物の機能やつくりに何かしら独特の変化が生まれるわけではない。すばやく進化し、多くのニッチにくまなく広がった系統は、後から振り返れば進化可能性が高かったわけだが、環境の特殊な性質（選択の要素）とその生物の特殊な形質の間の偶然の一致を反映しているだけかもしれない(2)。

本書が焦点を定めてきたのは変異の要素である。いよいよここで、環境条件の変化とは無関係に遺伝子型の変異に対応して表現型の変異を生み出す生物の能力について、および変異の性質について論じることができる。生物の設計、コア・プロセス、およびそれらが致死率を下げ表現型の変化をいかに質・量ともに規定するかについて論じることができる。これらの性質は、原則として各世代の個々の生物で測定可能なのだが、それらが進化に関してどういう成果をあげたかは、長い期間をかけて集団の中で評価することしかできない。このような理由のため、筆者らは進化可能性のうち変異の要素だけを扱うものとして促進的変異理論を組み立てた。集団の進化する能力の評価は、選択の要素をもっと包括的に扱う理論に任せようと思う(3)。

進化可能性における変異の要素

進化可能性における変異の要素を促進的変異理論を用いて解説する。すでに本書では、この理論の歴史的なルーツも、現代の細胞生物学と発生生物学を基盤にしていることについても論じてきた。ここでは促進的変異理論の全容をまとめる。

1　（選択条件から見て）突然変異はランダムであるにもかかわらず、表現型変異はすでに存在するものからの改変によって生じるので、ランダムではありえない。

2　現存する生命体は表現型の変異を、質的にも量的にも、拘束および拘束解除する。一部の要素やプロセスは、それ自体の変化は拘束されるが、代償として表現型のほかの要素やプロセスが拘束解除される。交換条件の結果、全体として表現型の変異は拘束解除が存在しないとしたときよりも加速される。

3　この交換条件から生じる変異は、ランダムな損傷から生じる変異よりも、致死性が低く、選択条件によく適合している。その結果、進化は促進される。

4 生物の拘束される部分は保存されたコア・プロセスである。各プロセスにはアミノ酸配列の保存された多くの種類のタンパク質の要素が含まれる。それらの機能は遺伝子型から表現型を生み出すことである。これらのコア・プロセスは歴史上、断続的に起きた数回の革新の波から生じた。ヒトに至る系列ではこれらの革新には、最初の細菌、最初の真核生物、最初の多細胞生物、（脊索動物と脊椎動物を含む）後生動物の左右相称の大きなボディプラン、脊椎動物の神経冠細胞、最初の陸上脊椎動物の肢、大脳新皮質のプロセスが含まれる。

5 コア・プロセスは長期間にわたって驚くほど不変である。たとえば、DNA、RNA、そしてタンパク合成の基本的な情報の流れはすべての生物で同一である。細胞内の膜と細胞骨格の機能はすべての真核生物で同一である。細胞間結合装置と細胞外マトリックスの機能はすべての後生動物で同一である。Hox遺伝子の発生上の役割はすべての左右相称後生動物門で同一である。四肢の発生プログラムはすべての陸上脊椎動物で同一である。

6 カンブリア紀以来、後生動物の進化のほとんどは、コア・プロセス自体の変化や新たなプロセスから生じたのではなく、コア・プロセスの用法に影響する調節の変化から生じている。これらの調節的変化は、遺伝子発現の時期・場所・環境・量、RNAの供給量、コア・プロセスの要素のタンパク質合成を変える。あるいはこれらのプロセスのタンパク質を修飾したり、安定性を変えたりして活性や相互作用を変化させる。これらの調節的変化によって、コア・プロセスは新たな時期や場所で組み合わせや量を一新して用いられる。やはり調節的変化によって、コア・プロセスは新たな環境下では、その機能の適応範囲のそれまでとは異なる部分が用いられる。

7　タンパク質の進化は、稀に新たなプロセスが出現した際に大規模に起きた。すなわちタンパク質の進化自体、保存されたコア・プロセスが作動していることを示す例である。この進化には、遺伝子組換え、遺伝子のエキソン－イントロン構造、RNAスプライシングが関与しており、すでに存在する翻訳領域から新たな混成タンパク質がつくりだされる。

8　個体を環境条件に適応させる生理プロセスには、進化による改変の標的になるものが豊富にある。これらのプロセスは保存されたコア・プロセスの組み合わせからなる。J・M・ボールドウィン、I・I・シュマルハウゼンらが提唱したように、進化には既存の生理作用の適応範囲を外部条件によって移動させ、辛うじて適応していた状態をその後の突然変異によって安定化し向上させる場合もある。

9　筆者らは、もっと豊富な進化の標的の源が、発生や細胞挙動の保存されたコア・プロセス、すなわち環境に向けられたプロセスではなく生物の内部に向けられたプロセスにあると提唱したい。これらの各プロセスは、成体の生理作用や胚発生のロバストさを通じて選択されたもので、したがってこれらのプロセスには生理的適応の幅と潜在的な適応力が備わっている。これらのコア・プロセスをその通常の範囲の外で安定化すると、既存の発生反応にすでに組み込まれている新たな表現型を生み出すことができる。ランダムな突然変異の入力に対して、既存のプロセスをこのように調節的に改変する方法は、新たな構造や生理作用を発明する場合よりは、致死性を低く抑えて、表現型の大きな変化を生み出せそうである。

10　コア・プロセスは、新たな組み合わせで結びつけやすく、新たな時期と場所で使えるような、特殊な方法でつくられており、新たな表現型を生み出す。これらの特殊な性質を以下に述べる。

a　弱い連係——シグナル伝達や転写で特によく見られる性質。弱い連係では、タンパク質の相互作用は弱く間接的である。シグナルは最小限の情報を伝え、教示的ではない。これに対し、応答は最大限に準備され、引き金が引かれるばかりになっている。弱い連係は通常、あらかじめ整えられ、自己抑制のかかっている応答がシグナルによって解き放たれることを意味する。応答する要素があらかじめ整えられているので、シグナルの相互作用の正確さはそれほど求められない。弱い連係はシグナルの進化と遺伝子の組み合わせの進化を促進する。

b　探索的挙動——細胞骨格形成プロセス、発生中の細胞集団ではたらくプロセス、生物の機能的な集団の性質。探索的プロセスは、結果として数限りない状態を生み出す能力をもつ。その後、入力に応答してこれらの状態の中から一つあるいは少数の状態が選択され、しばしば安定化によって維持される。結局一つの状態だけが使われるので、選択されなかった状態はこの条件の下では機能をもたない。しかしこれらの機能をもたない状態は将来の進化で役割をもつ可能性がある。選択因子は調節の役割を果たすに当たって、選択の結果がどのようになるかをプロセスに知らせる必要はない。選択因子は単に安定化の力としてはたらき、それぞれの場で生み出された多数の状態の中から一つの状態を選び出し、プロセスは選択因子を許容するようにつくられている。したがって新たな選択因子は容易に現れ、それとともに新たな結果も現れる。

c　区画化――胚の空間的編成と細胞タイプの制御の性質。さまざまな遺伝子やプロセスが胚の中の別々の領域で独自のはたらきができるように、区画化には空間的次元での弱い連係が利用される。区画化により、動物は別々の部分領域で十分に独立した進化が可能になる。この性質によって、動物の形態と生理の複雑さの大幅な増加が、保存されたコア・プロセスの同様な複雑化を伴わずに促進された。

11　変異の出現は、主として以下のことがらによって促進される。(a) 多面発現――ある部分では選択される利点をもつ可能性のある表現型の変異が、別の部分では致死的になること――の問題の軽減。(b) ある量の突然変異に対して、得られる表現型の変化量を増加させること（逆からいうと、新規性を生み出すのに必要な突然変異の数を減らすこと）。(c) 致死率を抑えて集団内の遺伝的多様性を増加させること。

12　促進的変異理論を、ここに筋道立てた完全な形で述べた。これによって、表現型の変異が遺伝子型の変異にどう依存しているかについての説得力のある説明を筆者らが目指していることとがおわかりいただけたと思う。そのために、新規性のほとんどが表現型中の既存のものを利用していることを示し、さらに保存された要素とプロセスが革新に果たす役割を示した。理論の新しい点は、生理・発生・進化の中に分子レベルで対応するものを指摘することによって、細胞や分子の変化を進化の流れの中に位置づけようと試みたことである。本書の主張を裏付けるために用いた事実は、ほとんどが最近のものだが、広く受け入れられている。新しい点はそれらを表現型の変異の問題に適用したことであり、ダーウィンの理論を補完する説明として、これは大きな力となると信じている。

ロバストさ、柔軟性、融通性

ロバストさは表現型の一般的な性質であり、本書以前の著者たちが認識していたように適応性に関連している。本書はこれを促進的変異理論の中心に据え、細胞および分子レベルで説明を試みた。生物の個々のプロセスの変動は互いに補い合うので、ロバストさは生物全体を見てはじめて総合的に評価できる。区画化・探索的挙動・弱い連係の性質は、改変された遺伝子が多くのプロセスに同時に影響を与えるとしたときに予期されるよりも、衝突を減らす。さらに、保存されたプロセスはさまざまなフィードバック・自己調整・代償機構を伴っており、条件や入力が変化しても十分な出力を与える。

ロバストさ、柔軟性、融通性のすべてのおかげで、個々の生物内の異なった時期や場所で生じるさまざまな条件下で、保存されたプロセスが一緒にはたらき、いろいろに組み合わせられるのだと考えられる。これらの特性は遺伝的損傷に対する緩衝作用をもたらし、したがって動物集団中の遺伝子型の多様な変異の蓄積ももたらすことは、ウォディントンとリンキストの加熱実験で認められたとおりである。同時にロバストさは、あるプロセスを新たな組み合わせや時期や場所で使うことを含めて、進化への寛容さを生み出す。プロセスがロバストでなかったら、これらのどの変化が起きても混乱し、死に追いやられただろう。

調節がわずかに変化するだけでさまざまな進化、特に形態と生理の領域の進化が解き放たれるのはロバストさがあればこそだというのは、直観に反するように見えるかもしれない。ジョージ・ゲイロード・シンプソンは、ボールドウィン効果の中の体細胞の可塑性と適応能力を進化には重要でないとして排除した。ボールドウィン効果は生物に内在する、さほど変わり栄えのしない生理的・形態的状態を利用するにすぎず、したがって真の形態の新規性の創出とは無関係だというのだ。それでも、ボールドウィンの洞察の一部を体内におけるコア・プロセスの適応能力にまで拡張すると、一九九〇年代にわかったように、シンプソンの懐疑を論駁できる。ボディプランの複雑多様な区画を通って移動する探索的な細胞が、形態の継承に近い現象を解決する。神経冠の例は、シンプソンの形局所シグナルへの幅広い応答性を基礎として多くの新たな形態的特性を生み出す仕組みを筆者らはすでに述べた。

これらの保存されたプロセスが進化の間に蓄積し、ロバストさや柔軟性を獲得していったので、生物はランダムな突然変異や他の形の遺伝的変異にますますうまく反応できる系になったのだと本書は提唱する。生物は表現型変異を生み出すために、既存のプロセスに調節的変化をほどこして使うことでこれを達成した。生物は進化に当たって、それまであったすべてのものから独立した表現型の変化を即席につくったのではない。

本書が述べているのは、まさに改変をともなう継承（decent with modification）の道筋である。促進的変異の能力を十分に与えられた仮想的な進化可能な生物では、ランダムな突然変異の小さな入力が、生存可能な表現型変異の大きな出力となる。しかも突然変異の影響がこれらのプロセスの適応能力によって、十分和らげられる場合には、表現型には何の変化も起きないこともある。表現型変異が緩衝作用によって弱められるときでさえ、進化可能性はやはり働いているようだ。集団はこれらの遺伝的変化を単純に蓄積し、変化の貯蔵庫は将来の何らかの条件下で急速に変異を生み出すはたらきをすることになる。

生物は、ほとんどの遺伝的変化が致死的で稀にしか適応度の高いものを生み出さないといった不安定な系ではなく、多くの遺伝的変化は表現型の変化がわずかなので許容され、そうでない変化は選択上の利点をもっていて、それらも生理的な適応能力が致死率を抑えるおかげでやはり許容されるという系である。非常に異なる系統の両親から生まれた雑種犬が生存できるのは、大きな表現型の違いを許容する素晴らしい例である。(4)

ランダムな突然変異から表現型変異を生み出す際、生物は全体としてまったくの白紙ではなく、むしろ生理的シグナル応答系にも似た、用意のできた反応系である。この系はあらかじめ十分に準備された変化を生じることによって突然変異に反応する。反応の適応範囲は、生物に対して各種の環境条件を試したとき（シュマルハウゼンなら実際試してみろとわれわれに求めるかもしれない）に引き出せる範囲よりも格段に広い。この範囲は生物の細胞プロセスや発生プロセス内で可能なすべての応答を含み、また一部の探索的プロセスには無数の応答がある。形態的変異は、それが遺伝性の形態的新規性となるまでは、必ずしもどんな変異でも体細胞の適応能力によって現れうるわけではないと考えたシンプソンは正しかった。形態的変異は実際に、新たな突然変異や、集団中の既存の遺伝的変異の新たな組み合わせを必要とするだろう。しかしその遺伝的変異や突然変異が創造的である必要はない。保存されたメカニズムの中に組み込まれている創造性の引き金を引けばよいだけだ。

すると促進的変異には二つの面があることになる。それは組み合わされる要素はそれぞれ機能を独自にもつプロセスであるという、組み合わせ理論である。弱い連係と探索的メカニズムは、さまざまなプロセスか新たな出力と結びついた新たな入力へ連結することを可能にする。これは、調節的変化がプロセスのもつ適応範囲の一部を喚起するという、状態選択理論でもある。

このように反応規準のうち一部の状態が選択される場合を、ヘモグロビンなどの生理的な例や、幼生段階を省いて直接発生するウニなどの発生の例で見てきた。寄生生物やサンショウウオや昆虫では発生回路全体が変化してきたという、根拠のある議論がなされてきた。新たな組み合わせからは完全に新しい生理と形態が得られ、状態の選択からもすでに試験済みの新しい生理と形態が得られる。新規性はこれらの二つの面からも、それらの相互作用からも生じる。

遺伝子発現の調節

促進的変異理論と部分的に共通の特徴をもっている最近の考えの一つは、**進化のシス調節モデル**である。発生中の動物のゲノムや遺伝子発現を現在研究している科学者の中には、これを進化の筋の通った十分なモデルだとみなす者もいる。**シス調節**という言葉は、遺伝子の転写を制御する

ＤＮＡ配列が遺伝子に隣接していることを指している（シスはラテン語の前置詞でこちら側という意味）。

この魅力的な考えによれば、最も重要な進化は、遺伝子の調節領域に起きるもの、すなわち細胞内に存在する非常に多様な転写因子が結合するＤＮＡ上の部位がランダムな突然変異によってつくられたり除かれたりするものである。これらの部位は長さがおよそ六から九塩基と短く、塩基配列は唯一のものではなく、いくつかの箇所は別の塩基に置き換えられていてもよい。ある箇所が変わって新たな因子が結合するようになると、その遺伝子の発現は、いつどこに転写因子が存在するかによって、時期・場所・量が変わる。調節配列のこの変化はもちろん遺伝する。したがって、それほど多くの特殊な要求もなしに、発現の古い条件を温存したままで新たな条件が付け加えられる。多くの場合、転写因子の候補となるタンパク質がＤＮＡ結合活性をもつようになるのは、細胞が外部シグナルを受け取ったときか、因子がそれ以前の発生段階から細胞系列を下って受け渡しされてきたときだけである。したがって遺伝子の新たな転写は、胚発生の空間的・時間的特徴と部分的に関わりをもつ(5)。

シス調節ＤＮＡが突然変異によって変わっても、通常このシス調節ＤＮＡ配列は転写されたりタンパク質に翻訳されたりしないので、ほとんどの場合タンパク質の構造には影響しない。シス調節領域の配列変化は有害なアミノ酸変化を引き起こさないので、タンパク質が機能不全となった結果として選択によって除かれることはない。そのうえ、性能が向上した転写因子結合部位は正の選択によって保存される。このモデルは、突然変異による変化という投資をほとんどせず、遺伝子を新たな組み合わせや量で発現させる直接的・効果的方法を示している。これこそ本書の促進的変異理論が求めるものだ。調節方法を備えた転写は、反応回路をたやすく改変できるという保存された特徴の裏にある装置であり、弱い連係を示すコア・プロセスの中でも最も重要なものの一つである。

それでもこのモデルは表現型変異の完全な説明には不十分である。このシス調節モデルは筆者らが述べた促進的変異の理論構造内で矛盾なくはたらくが、大きな理論のごく一部としてはたらくにすぎない。このモデルは実際の表現型変異を生み出すには何が起きるのかについてはほとんど何も示していない。どの遺伝子が調節されるのか、すなわち転写産物とタンパク質についてもっと詳しく述べなければならないだろう。このモデルは生物内の保存されたタンパク質が系を支配していることとは矛盾しないが、これらのタンパク質の役割については述べていない。DNA上の翻訳配列の変化は考えられていないので、支配的なタンパク質の保存性は暗黙のうちに前提とされている。このモデルはタンパク質が発生を起こさせることをほのめかしているが、それが先に済んでしまっている。転写調節を通じた新たな組み合わせの遺伝子発現の連係が、新たな種類の発生と、したがって新たな形質を生み出すのに効果があると想定しているのだ。

シス調節モデルの支持者は、保存された要素やコア・プロセス、そしてそれらが異なる組み合わせと量で協同してはたらくことを可能にする特殊な性質に、いままでほとんど注意を払ってこなかった。本書は、プロセスの本質や融通のきく利用を可能にする特殊な性質を詳しく述べてきた。調節の具体的詳細にはむしろあまり焦点を合わせなかった。じつは筆者らは、保存されたプロセスの特殊な性質はどれも、調節の進化が急速に進む前に進化しなければならなかったと思っている。新たに組み合わせられた異なるプロセスの要素が互いに衝突してしまったら、そのような発現は何の利益ももたらさないからだ。このようなわけで筆者らもシス調節による進化を中心的な位置に据えるが、表現型の変化で達成されるものの来歴（コンテキスト）もそれと同じぐらい重要な仕組みだ

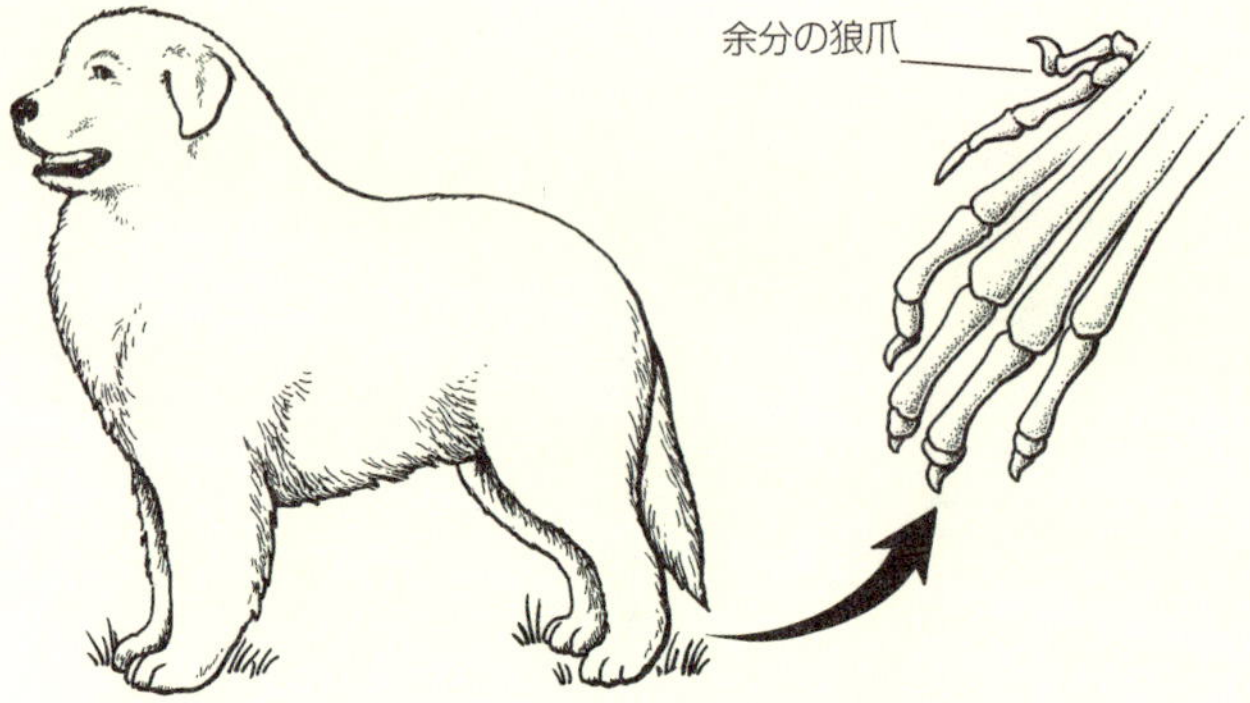

他のイヌの Alx

-FPPQPQPQPPAPQQPQPQQPQPQPQPPAQPPHLYLQRGA-

-FPPQPQPQP---------------------------PAQPPHLYLQRGA-

グレートピレニーズの Alx

図35　イヌの急速な進化．グレートピレニーズは後足に余分の狼爪をもち，指が 1 対多いが，これはこの品種に独特の形質である．グレートピレニーズの Alx タンパク質は，他の品種のイヌのものよりもアミノ酸 17 個分短い．このタンパク質はすべてのイヌの後足に存在する．

と考えている。また、ランダムな突然変異や遺伝的変異の新たな組み合わせによって変化する、調節物質や調節される物質の遺伝子の翻訳配列に生じるすべての変化も中心に据えたい。

細胞は転写のシス調節以外にも、タンパク質の機能の有無を制御し、機能を発揮する時期・場所・量を制御するための多くの方法をもっている。転写因子タンパク質はそれら自体が変化の標的である。その多くが、数種類のアミノ酸の反復配列を含んでいる。これらの配列は他の変異より何千倍も高い頻度で増幅や減少をし、結果として因子の活性の増減をもたらす。

このような変化のなかにはさまざまな品種のイヌの頭骨の形に関

連しているものもある。また、別の変化で、肢に存在する転写因子の一七個のアミノ酸の反復配列の欠損を伴うものは、図35に示すようにグレートピレニーズの後足の狼爪の重複に関連している。さらに、Ｈｏｘタンパク質の一つに対するこのような反復配列の追加や、リン酸シグナルの受容配列の欠損は、昆虫の腹部の付属肢の抑制に関わることが新たに発見された。しかしこの変化は多くの肢をもつ甲殻類に似た祖先には起きていない。どちらも新たな形の機能調節にかかわる翻訳配列が変化した例で、シス調節による制御の変化ではない。促進的変異理論はシス調節仮説とは異なり、ランダムな突然変異の最少の入力が表現型変異を生み出せる仕組みの総合的な説明を意図している。(6)

進化の理論と促進的変異

筆者らの理論を展開し終えたので、最も有力な進化理論に立ち戻って、促進的変異が何をつけ加えられるか、どこが新しいのかを示すのがよいだろう。形態的な革新について、ボールドウィン風の考え方、シュマルハウゼン、リンキスト、ウエスト＝エバーハルトが発展させたネオボールドウィン風の考え方、そしてネオダーウィン説の考え方で書かれた筋書きを比較検討しよう。これらの筋書きを最初は促進的変異を関わらせずに、次に促進的変異を関わらせて考察する。

ガラパゴスフィンチの嘴のかなり急速な進化が手ごろな例となるだろう。嘴の非常な多様性はダーウィンを魅了し、また二〇世紀の終わりにはエコロジストでもあり進化生物学者でもあるローズマリーとピーター・グラントによって数十年にわたって調べられた。彼らの研究は『フィンチの

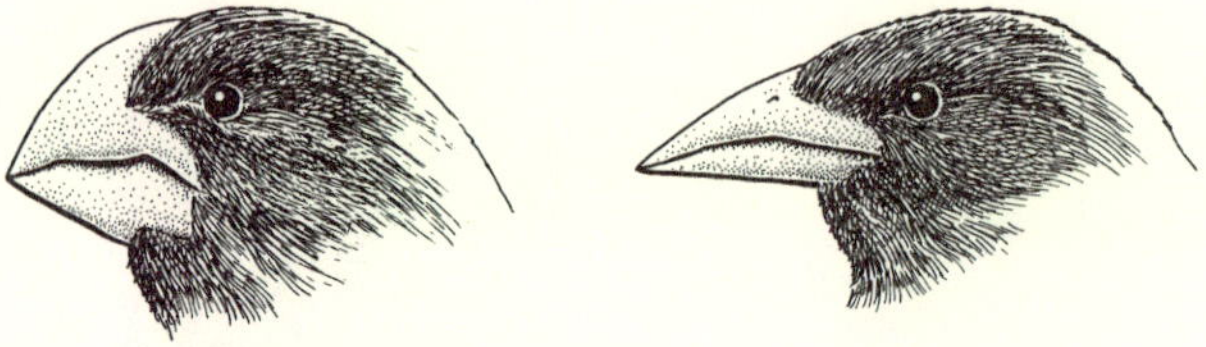

図36　ダーウィンのフィンチの再考. 1834 年にガラパゴス諸島で最初に観察された 2 種のフィンチの嘴を示す. 太い嘴の種はもっぱらナッツや硬い食物を, 細い嘴の種は昆虫や果物や軟らかい食物を食べる.

嘴』として著され、ピューリッツァー賞を受賞した。ガラパゴスフィンチの一般的な歴史はよくわかっている。南アメリカ大陸から来た祖先フィンチ集団が、一〇〇万年あるいはそれに満たない間に、この島で多くの種を生み出した。あるものは大きなナッツを割るための大きなペンチのような嘴をもち、あるものは果物から昆虫をつまみ出すためのピンセットのような嘴をもつ（図36）。進化の間に、嘴は思いどおりの形につくられたらしい。神経冠細胞が嘴の発達の中核をなすので、その適応性のある細胞の挙動をこの例でふたたび見出すことになるだろう。(7)

ボールドウィンの目を通して

ここでは進化の一つの筋書きを、ボールドウィンが体細胞適応を一般化して考える立場から論じていると想像してみよう。その場合、祖先フィンチのいろいろな種への急速な分岐に対するボールドウィン流の説明は次のようなものになる。気候の変化によって食物の供給がナッツより果物が多くなり、大きな嘴をもったフィンチにとってストレスは適応の限界にまで高まっていっただろう。彼らは体細胞適応として、より小さく細い嘴を発生させただろう。嘴の発生の適応能力についてはほとんどわかっていないが、幼鳥は嘴を小さな穴に突っ込もうとし、軟らかい食物に対してそれまでより小さな力をかけ、あるいは飢餓すれすれのところで育ち、これらに適応して小さい嘴を発生させたのだろうと想像できる。要するにヒトの骨は荷重と栄養に依存して太くも細くもなる。一部の鳥、あるいは集団のかなりの部分さえもが、適応能力ぎりぎりのところで、果物から昆虫を上手とは言えないまでも辛うじてつまみ出すことができただろう。悪条件にもかかわらず彼らは何とか生存し繁殖する。繁殖適応度が向上した鳥が選択される機会はつねに存在する。集団中の一部の鳥に、安定化突然変異や遺伝子の新たな組み合わせが生じる。その結果、嘴の改良が起き、その途上で一部の鳥は、たとえ気候や食物の種類が変わってふたたびナッツが主流になっても、ピンセットのような嘴を遺伝的につくりだすだろう。嘴の発生の適応範囲は安定化突然変異によってサイズの小さい方へ永久に移動し、フィンチは大きなナッツをまったく割ることができなくなるだろう。

ボールドウィンの筋書きは、ある種の前提を必要とする。もし外部条件の変化に対して、安定化を可能にするような生理的適応のプロセスがあらかじめ存在することが疑いなければ、この筋書きは非常に説得力がある。温度、塩分濃度、食物、酸素分圧、環境中の毒などに対する生理的な適応は当然存在すると考えられる。しかし小さな昆虫をつまみ出せる嘴から、大きなナッツを砕ける嘴まで、それらの利用に影響されて広範囲の形態を生み出す発生プロセスがあると考える根拠はない。形態的な革新に導く生理的な応答が一般に欠けているという理由で、ほとんどの進化生物学者は、ボールドウィン効果は進化による変化と生理的な変異が一致する少数の特殊な場合に限られるとする、シンプソンに同意するのである。

シュマルハウゼンの目を通して

ネオボールドウィニズムの筋書きとして、シュマルハウゼンが提唱しウエスト＝エバーハルトが展開した異常形態形成の方法で嘴が変化したと考えてみよう。彼らの見解はウォディントンとリンキストの実験によって支持された。たとえば環境条件が暑く乾燥した気候に変化したとしよう。熱ストレスを受けた鳥の一部は異常な発生をし、気候のストレスを相殺するうえで直接的な適応の価値のない細い嘴をつくりだすかもしれない。細い嘴は、スーザン・リンキストが熱ショックで引き起こしたたぐいの表現型変化かもしれない。しかし細い嘴は、このような気候条件下で図らずも得やすくなった果物・昆虫食には偶然にも好都合だっただろう。ボールドウィンの理論のように、集団のかなりの部分がそのような嘴をつくりだし、暑く乾燥した気候が長引くことによって、何世代にもわたって細い嘴が確実に再現するようになったのだろう。その間にフィンチの交雑により、そのような嘴の発生の改良と安定化、ストレスの低下、繁殖適応度の向上がもたらされ、ついにはストレスにわずかしかあるいはまったく依存せずに細い嘴の発生が遺伝するようになったのだろう。(8)

このシュマルハウゼンの筋書きが妥当であるか否かは、生理的範囲を超えて異常な形態を生み出すことが、無関係な目的の役に立つ機能的な表現型をつくれるかどうかにかかっている。リンキストとウォディントンの実験で生じた形態的変異が、怪奇なものでも無秩序な腫瘍のような組織でもなかったことは事実だが、必ずしも適応性が高かったわけではない。ウォディントンは熱ショックとエーテルショックに関連して生じた特定の形態変異体を恣意的に選んだ、すなわち横脈のない翅や四枚の翅をもつハエである。彼が何らかの適応性のある形態をかなりの頻度で見つけたかどうかの保証はない。さらにフィンチの嘴の場合は、これらの形態はかなりの頻度でつくられる必要があるだけでなく、鳥の頭部形成の発生プログラムの中に組み込まれなければならない。嘴の形態形成のメカニズムはわかっていないが、どんな適応的な成果も、無関係のストレスによって生じることはなさそうである。

進化の総合説による見解

標準的なネオダーウィニズムの説明は、祖先となった鳥の嘴の表現型を、食物の硬さや柔らかさに対する発生の適応能力をもたないかなり固定的で変化の幅の狭いものとしている。集団中の遺伝子群に突然変異・組換え・新たな組み合わせが起きると、遺伝的に少し小さく少しだけピンセットに似た嘴をもつ変異体の鳥を時おり生じる。これらの鳥は異なる食物のニッチ（果物の中の昆虫）を探すのにある程度成功し、それが主集団の硬いナッツの食物源から地理的にも遠ざけることになるだろう。突然変異はそれぞれ嘴の表現型に新たな要素をもたらす。変化はゆっくりだろうが、よりよく適応した少数の変異体が繰り返し選択されて、集団はピンセットのような嘴をもち、昆虫をつまみ出すことによく適応した種になっていくだろう。嘴の大きさは他の大部分の形質とは独立に変わる必要があるだろうから、突然変異した遺伝子は嘴の形態形成だけに関わると思われる。

この筋書きもやはり、私たちには嘴の発生の知識がないためにうまくいかない。嘴を詳細に設計するためにいくつのパラメーターが必要なのだろうか、またこれらの各パラメーターは別々の遺伝子あるいは遺伝子群によって調節されるのだろうか？　嘴の大きさや形を進化させていくためには、どの段階の鳥も機能のある嘴をもつはずだから、各遺伝子産物の改変は小さくなければならないだろうか？　たとえば上の嘴と下の嘴はそれぞれ別の創始細胞に由来するが、成長の足並みをそろえなくてはならないだろう。ダーウィン論者の進化の見解は多くの点で映画のようで、連続的に見えるがじつは多くのこまから成っており、それぞれがわずかとはいえ、前のこまから急な変化をしている。この場合には変化は小さいだけでなく互いに協調的ではないので、各段階でおおまかな協調が生ずるためには、実際に変化は小さくなければならない。

これが嘴の形態形成のモデルであるなら、連続した多数の非常に小さい変化が必要であり、それらはすべて突然変異に裏付けられ、順序正しく選ばれ、全過程は急速に起きなければならない。突然変異の頻度は低く、世代時間は比較的長く、集団は小さく、非常に小さい変化が選択可能でなければならないという条件下での、進化による変化のスピードがここで問題になる。

促進的変異理論による見解

促進的変異理論を用いれば三つの筋書きはいずれも可能になる。それぞれの妥当性の程度は考える系の形態形成プロセスの特質によって異なるだろう。しかし、促進的変異の特性を組み入れれば、ある条件下では、三種類の筋書きのどれも可能になると筆者らは予想している。嘴の大きさや形は、胚の口の付近に落ち着く神経冠細胞の五つの小さな集団の増殖と分化によって決まることがわかっている。五つの集団はそれぞれの場所で顔の細胞からシグナルを受け取り、それに応答する。したがって神経冠細胞に影響するどんな性質も、嘴の成長に協調的に影響する。

嘴の形の変化はこれらの五つの集団の異なった応答を反映する。それぞれの集団の増殖の程度は一つの応答であり、各細胞が硬い嘴の材料を形成する量の多寡ももう一つの応答だろう。そのような応答を制御でき、量的な尺度を課す因子を、数十も想定することができる。それらには集団中の最初の神経冠細胞の数、他の部位との競争、増殖を促進したり抑制したりする分泌シグナルの量、細胞死の誘導や分化の誘導の時期や多寡を決める分泌シグナルの量などがある。

これらの各々の因子の制御は、増殖や分化をつかさどる多数の遺伝子や遺伝子産物のいずれの段階でも可能である。すなわち、転写のレベル、スプライシング、RNAの安定性、タンパク質とRNAの輸送、タンパク質の修飾、タンパク質の分解の段階、で制御できる。神経冠細胞が分裂するかどうかの決定は、単に多くの入力のバランスにかかっている。それは嘴の材質の特殊化についても同じである。嘴発生のプロセスを量的に改変するための調節の機会はたくさんある。したがって基本プログラムはまったく変わる必要はない。

嘴の変化を説明するこの見解が重きを置くのは、適応性と融通性をもつこれらの細胞にとって可能な広範囲の出力が、遺伝性の突然変異にもとづく少数の調節的変化の候補になりうることである。遺伝性の変化は嘴の大きさや形の新規性を生み出すために、広い適応範囲の中の一定の部分を安定化できる。硬い食物や軟らかい食物に対する体細胞適応のために、嘴の神経冠細胞の適応性のある挙動が用いられたかどうかはわからない。それでも神経冠細胞の適応性のある挙動と、顔が嘴の周囲につくる環境は、発生様式の一部としてつねに利用可能である。関与する新規性の少なさと、神経冠細胞の適応範囲の広さを考えると、嘴の大きさや形のかなり大きな変化は、長期間にわたる一連の小さな変化の積み重ねではなく、少数の調節変異で達成が可能だったように思われる。

最後に、鳥の嘴の変遷に対応する遺伝子上の変化はよく研究されており、その知見からも既存の経路は嘴と頭の協調的発生を保証していると推測できる。これらの経路は多くの種類の嘴に関連する遺伝子活性のいずれの変異に対しても、生理的なロバストさを備えているようだ。したがってこれらの経路が何らかの要素の持続時間やレベルの調節によって改変されても、機能的な発生プログラムの中に組み込まれると考えてよさそうだ。環境からのストレスやランダムな突然変異を系が処理して機能をもつ成果を出す見込みが高まり、ネオダーウィニズムやネオボールドウィニズムの筋書きの実現性が増す。

促進的変異理論は先行する理論に取って代わるものではなく、むしろそれらを補足し完成させるものであることを強調しておく。三つの理論のすべてが可能である。最初の二つは、異常形態形成の選択肢も含めて、変化が起きる基本的な可能性よりも変化の経路に関するものだ。筆者らはメアリー・ジェーン・ウエスト゠エバーハルトと同様に、生物の環境に対する適応能力ではなく、むしろ生物内部に対して適応能力の高いプロセスの重要さを強調したい。残された疑問は以下のようなものだ。細胞プロセスや発生プロセスについての知見から判断したとき、どの筋書きが最も理にかなっているだろうか？　それぞれの種類の変化が、嘴の形のかなり急速な変化を生み出す見込みはどれほどだろうか？　現代の生物学による多くの発見とその背後にある仕組みを説明できるのはどの見解だろうか？

証拠のありか

促進的変異の存在を示す非常に有望な実験の方向は、発生の進化の研究にあるようだ。すなわち異なる動物群の発生プロセスの比較と、その差に関わる遺伝的変化の解析である。そのような研究の狙いは、異なる生物群の形質（嘴、肢、鰭、剛毛のパターン、色のパターン）の発生で実際に何が変わったかを発見し、それらの形質の発生と機能に関わる保存されたプロセスを同定し、形質としてそれらをまとめあげ出力範囲を定める調節的改変を同定することである。最後には、祖先の系列に沿ってどんな遺伝性の調節的変化が選ばれてきたかがわかるだろう。突然変異がもたらした変化の数や種類から見て、新たな形質をつくりだすのがどれだけ困難だったかあるいは容易だったかが、これらの情報によって見積もれるだろう。

近縁種のゲノムにさえDNAの塩基配列の違いは多数存在することがわかっているが、表現型の差を生み出すために必要とされる違いは、そのうちのごく少数であると予想される。では具体的にはどれなのか？　いつか、実験動物の表現型を変えるような遺伝性の調節的変化が研究室でつくりだされ、さまざまな保存されたプロセスを意図的に導いて、特定の形質を生み出せるようになるだろう。既知の進化と矛盾しない方法によって人間が研究室で表現型変異をつくりだせるなら、自然界で促進的変異が変化を生み出してきただろうという見方は理にかなっていると、疑い深い人もその時点で認めざるをえないだろう。

このような実験は現在可能になりつつある。脊椎動物の肢の発生と進化についての解釈に主要な貢献をしてくれた発生生物学者クリフォード・タビンは、彼の研究室のメンバーとともに、ガラパゴス諸島の一三種のダーウィンのフィンチのうち六種について嘴の発生を調べた。そしてさまざまな種の胚は、骨（と恐らく嘴の物質）の形成を促進するＢＭＰ４という増殖因子タンパク質の嘴内の量に相関して、嘴の発生が異なっていることを発見した。神経冠細胞は嘴領域内でＢＭＰ４を生産する。ガラパゴス諸島のオオガラパゴスフィンチでは、とがった小さい嘴の種よりもＢＭＰ４が早期から多量に生産される。

この因子をニワトリ胚の嘴の神経冠細胞内へ導入する実験をおこなうと、オオガラパゴスフィンチの嘴に似た、通常より幅の広い大きい嘴を発生する。他の増殖因子にはこの効果はない。実験によって大きさや形が変わったにもかかわらず、嘴はやはり鳥の頭の形態の中に組み込まれている。途方もなく常軌を逸してはいない。フィンチのＢＭＰ４の生産の変化に伴うこの調節的変化は、さらに詳細に立証しなければならない(9)。

重要なことは、変化したのが高度に保存されたシグナル分子、ＢＭＰ４の発現の時期と量だったことだ。この分子はすべての後生動物、クラゲにさえ見出される。ニワトリという別の種で人為的に量を変化させても、同様の効果を引き出す。ここで起きていることはまさに促進的変異によって予測されていたことのようだ。変化は調節的なものであって、ＢＭＰ４の出現する時期と場所と量に影響する。この変化は、多種類のものに発生できる保存された細胞である神経冠細胞の適応能力の高い細胞挙動を、ＢＭＰ４を通して量的に変動させる。神経冠細胞ははなはだしい形態異常はつくらず、実際には頭部のその他の部分と折り合いをつけた発生の改変をおこなう。

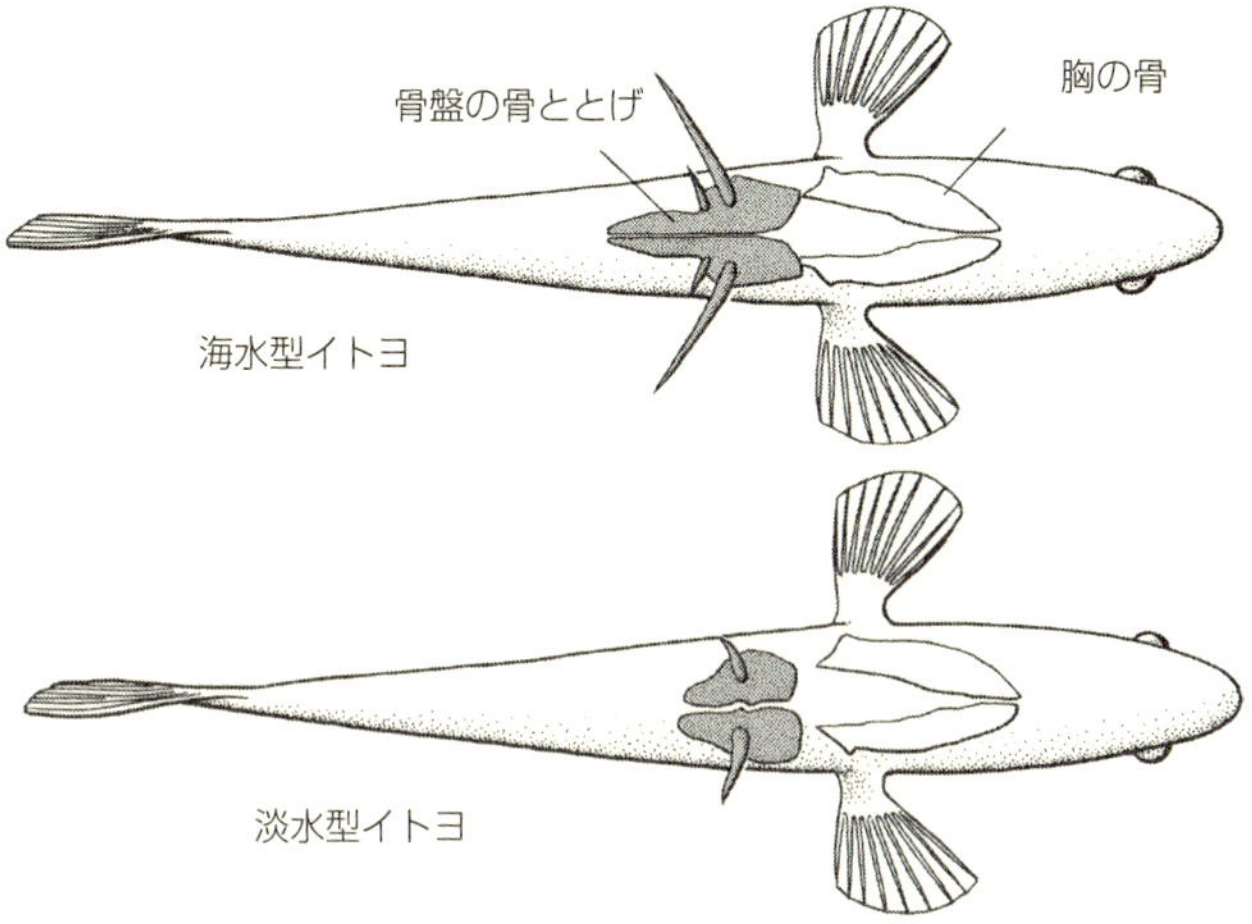

図37　西部カナダの海あるいは湖に住むイトヨの亜種の進化の仕組み．大きい骨盤をもつ種（上）は開放的な表層にすみ，小さい骨盤をもつ種（下）は岸に近い水底にすむ．

嘴の発生の他の例（オオハシ、サイチョウ、ハチドリ）を調べることは、それらの違いが保存されたコア・プロセスの変動を反映しているのか、それとも異なる鳥での類似した結果は異なる方法で生み出すことができるのかを結論づける上で興味深いだろう。そのような情報は、そのような系での表現型変異の達成が容易か困難かを明らかにするだろう。

別の例としてはイトヨ（背に三本のとげのあるトゲウオ科の魚）のさまざまな亜種が示す形態の差がある。図37に示すようにいくつかの亜種では、大きな骨盤が相対的に縮小し屈曲している。この変化は一万世代（およそ一万年）未満の間に起きたことを地質学的な証拠が示唆している。骨盤の縮小は水底にすむ種にとって利益を与えるようだ。

突然変異の染色体上の位置は、品種間交

雑した姉妹亜種を交配させて決められてきた。この地図づくりによって、すべての左右相称動物に高度に保存されている転写因子 Pitx1 をコードする遺伝子の、発現調節の変化についても明らかになった。Pitx1 タンパク質は、全身の左右非対称性の創出、頭と顔の形態、下垂体の発生、心臓の発生を含めて多くの発生に関与している。イトヨの特定の亜種の骨盤縮小は、Pitx1 の発現が、他の場所では正常であるのに骨盤領域でのみ失われていることが原因である。骨盤に限られた発現の消失は、遺伝子近傍のシス調節ＤＮＡ配列の変化による。骨盤領域の区画に特異的に存在する選択遺伝子産物によっては、もはや活性化されないようになっている。したがって区画化は、骨盤の正常な形態の発生のために Pitx1 タンパク質を発現させるうえで決定的な仕組みである。[10]

シス調節ＤＮＡ配列に依存する転写調節による弱い連係は、正常な発生では局所的に Pitx1 タンパク質を発現させる簡単な方法であり、また亜種ではそれを失わせる簡単な方法でもある。骨盤の縮小は、魚でもさまざまな陸上動物でも、何度も生じてきた。何種類の調節変化が、Pitx1 遺伝子発現の局所的消失という同じ結果を導いてきたかを調べるのは興味深い。ここで重要なのは、発生プロセスが Pitx1 の局所的消失を許容し、形態が大きく変更されても生存できる魚が生み出されたことだ。すでに本書では、タンパク質の翻訳配列の変化に結びついた進化――イヌの品種での転写因子（図35）と昆虫でのＨｏｘの変化[11]――を例に引いた。

促進的変異の別の種類の証拠が、進化収斂――ある器官をもっていた共通の祖先から分岐したのではない別々の動物に、同じような器官が進化すること――にあるかもしれない。爬虫類や魚は何度となく胎盤発生を進化させ、軟体動物と脊椎動物はかなり類似したカメラ眼を進化させ、オオアリクイ（哺乳類）とハリモグラ（有袋類）はよく似た特殊な穴掘りと摂食用の器官を進化させた。

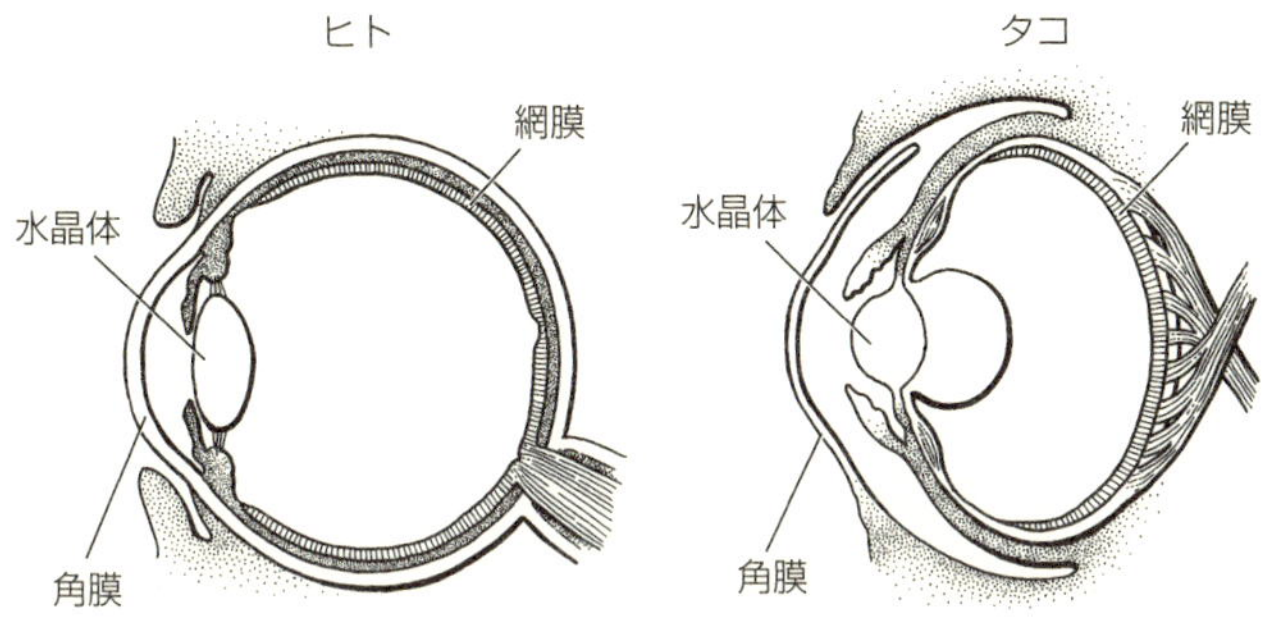

図38　タコとヒトの眼の見かけの収斂．両者ともカメラ眼だが，詳細な形態は異なる．まったく別の方法によって発生し，シグナルを伝える方法も異なる．

このような構造は急速に進化できるだろう。たとえば *Poeciliopsis* という小魚の属は、胎盤発生を七五万年かからずに進化させた。タコとヒトのカメラ眼はよく研究されており、ここから学べることははっきりしている。図38に示したように、おおまかな形態は似ているが、多くの違いがある。これらの眼は異なる組織から、異なる発生方法で生じてきた。どちらの構造も光受容に同じ色素（ロドプシン）を利用し、脳に電気信号を送るが、介在する回路構成は完全に異なることがわかっている。それでも両者とも、左右相称動物に共通のツールキットのさまざまな細胞プロセスや発生プロセスや構成要素に頼り、異なるツールを異なる様式で使っている。光変換回路が完全に異なる（両方の生物に共通のレパートリーの中から異なる構成要素を使っている）ことは、異なる方法で組織化しながら同様の結果をもたらすという、保存されたプロセスの力を証拠立てている。収斂では、探索的プロセス、モジュール化、柔軟性、弱い連係を活用することによって、異なる方法を使いながら類似の結果が進化してくる。これらのプロセスのレベルでの形態的収斂は、形態的多様化と何ら変わらない。(12)

促進的変異の証拠は野生の集団中に蓄えられた遺伝的変異の量からも得られるかもしれない。多くの動物でそのような変異が多量にあることはよく知られている。ホヤやウニなどの海洋生物では、DNA上の塩基が一〜五％という高率で種内の個体間で異なることがゲノム解析によって発見された。集団内の遺伝的変異が通常より多様・多量であることは、体細胞の適応能力の高さと相関しているのだろう。保存されたコア・プロセスのロバストさと適応能力についてはこれまでに強調してきた。この隅々まで行き渡った性質は、外部環境の変化を緩衝できるのと同様、突然変異によって引き起こされる内部の変化をも緩衝できる。コア・プロセスのロバストさと適応能力の程度が高いほど、致死的な結果や繁殖の効率の悪さによっても排除されずに許容されるランダムな遺伝的変異も多くなる。[13] 体細胞の適応能力と遺伝的変異の相関はまだ証明されておらず、遺伝的変異の量を増加させるプロセスの正体も、いまだに同定されていない。緩衝機構の特徴を分子レベル（たとえばHsp90シャペロン）で調べているリンキストらの努力と、突然変異の結果としての表現型に影響を与える因子を同定する遺伝学者たちの努力は、致死的な表現型変異を抑制する仕組みの解明に貢献するだろう。[14]

進化と発生の研究が増加し、ゲノム解析が加われば、それぞれの進化に促進的変異が利用されている例が続々と見つかると予測できる。イトヨのような研究に適した遺伝系や、鳥の嘴のような特定の発生系では、保存されたプロセスが活躍する仕組みを調べる実験が次々となされ、小さな突然変異によって呼び覚まされる準備の整ったプロセスが存在する証拠が続々と出されると期待できる。促進的変異理論はそれによって近い将来、必ずやさらなる試練を受け、改善がなされるだろう。

促進的変異がなかった場合の生命

促進的変異がなかったらと、逆の考え方をした場合、進化を想像できるだろうか？　促進的変異の能力をもたないような仮想的な生物は、進化のためのどんな能力をもっていただろうか？　動物が保存されたプロセスの利用や再利用をしなかったら、完全な新規性を生み出すという方法で進化しなければならなかったと思われる。新たな形質ごとに、完全に新しい構成要素・プロセス・発生・機能を用意しなければならない。そのような状況下では、「創造的な突然変異」のための必要条件は極端に厳しく、変異の創出には表現型と遺伝子型の中のすべてを動員することになっただろう。

この五億年の間、多細胞動物の形態的・生理的進化は、化石の記録や現存生物の比較から確かめられる事柄から判断すると、完全な新規性に依存してはいない。先カンブリア時代から現在までの期間に促進的変異が大きな役割を果たしたと考えるとしても、これに先立つ時期に、保存されたプロセス自体とその特殊な性質が進化していなければならないと認めざるをえない。促進的変異はこれらのプロセスが利用できることを想定しているからである。これらのプロセスと性質の進化は、高度な新規性を必要とする、進化の根本的なできごとであったように思われる。第三章で述べたように、真核細胞・多細胞動物・そして恐らく最初の原核細胞の出現に伴うこれらのプロセスの独特かつ突発的な出現は、それらの創出が稀であることを立証しているだろう。しかしいったん保存されたプロセスが利用可能になると、これらのプロセスの調節機構をいろいろに変更したり制御したりすることによって、変異の可能性は一気に高まった。変更や制御はプロセスの創出よりはるかに単純だったのだ。

促進的変異理論のもたらす重要な洞察は、変異の性質と程度を決める中心的役割を果たすのは生物であり、したがって選択がかかる変異は生存可能なものが従来考えられていたよりも潤沢だという見方である。少なからぬ数の進化生物学者たちは、遺伝的変化によって生じる表現型変異の量や性質に、生物というものは強く影響を及ぼすはずだと論じていた。これらの発生の仮説の基礎になる胚発生の分子レベルでのメカニズムがわかっていなかったため、科学者たちは二〇世紀の末までほとんど前進できなかった。

表現型変異を生み出し、その致死性を最小限に抑えるおもな因子だと筆者らが考えているのは、変異を支えるコア・プロセスの能力である。選択がかかる表現型変異が遺伝的変異から非常に効率的に生み出されるのは、生理的変異を生物内部に生み出すように準備が整えられたコア・プロセスの性質のおかげである。変化を引き起こすのは主として環境であるとするボールドウィン－シュマルハウゼンの考えに比べ、促進的変異理論は推進の力として突然変異と遺伝的変異にはるかに重きを置く理論である。生物は、それ自体のランダムな遺伝的変異が複雑な表現型変化を引き出せるようにつくられていると筆者らは考えている。しかしそれでも、突然変異に反応するおびただしい量の表現型変異の主な原因は、保存されたコア・プロセスの並はずれた潜在的能力である。

促進的変異理論でどれだけ疑問点を説明できるかを調べるために、理論を取り巻く状況を眺めてみよう。促進的変異の概念はネオダーウィニズムと矛盾しないことを確かめたが、では進化論は現在どの程度まで完成した理論なのだろうか？　促進的変異をネオダーウィニズム理論に完全に組み込むには、なぜ促進的変異は選択され個体群中で維持されるのかを理解しなければならない。多くの進化生物学者は、どんなプロセスであれ将来利益をもたらすようなプロセスは各世代においても直接利益をもつはずであり、そうでなければ消失してしまうと考えている。そのような厳しい見解が必要か否かはともかく、私たちは促進的変異が選択されうる条件を見定めなければならない。これまでも、促進的変異は選択されるという見解の根拠を随所に示唆してきたが、ここでそれらをまとめ、評価する。

進化論に促進的変異を組み込んだ後、どこがまだ不完全かと考えると、保存されたコア・プロセスの起源に直面する。真核細胞や多細胞性の進化に伴ってときたま起きる新規性の爆発的な出現についてはほとんどわかっていないが、それらの起源の痕跡をそれ以前の細胞プロセスやＤＮＡ塩基配列に見ることができる。新たなコア・プロセスが生じるときには、促進的変異に関連してすでに述べた調節変異とは異なり、構成タンパク質に極端な変更があったことが、数少ないヒントからうかがえる。促進的変異から学んだことを進化の最初期の歴史に応用しようとするなら、コア・プロセスの突発的な進化を見直し、それらがどのようにして生じて進化の中枢となったかという歴史をたどることになる。

しかしその前に促進的変異の考えがもたらしうる影響を考察するために、科学自体から外に踏み出して、進化論が一般社会に及ぼす影響をいくつかの面で考えよう。目的はこの影響の分析ではなく（そうするには時期尚早なので）、私たちがそもそも影響を期待できるかどうかを二つのケースで示すことである。従来ネオダーウィニズムは、科学の他の領域や工学技術や構想にとって強力な暗喩だった。「適者生存」のような警句は単に勝者を賞賛し敗者を非難するために使われてきたが、それでもなおダーウィンの変異と選択の概念は、進化とは無縁の科学的なメカニズムも含めて、多くの考えや構想にとって有用な着想の源であった。筆者らは、促進的変異を組み込んだ進化論が二一世紀初頭の工学技術や制度設計にどのようにして応用されうるかを示そう。

進化論が世間に与えた影響の中には、アメリカの公立学校の生物学教育を政治問題化させたことも含まれる。進化と生物学は、難解な科学の問題というより、アメリカの政策の中に繰り返し浮上する感情的な問題である。進化論の反対者は、合衆国憲法〔の政教分離の原則〕を迂回して進化論に異議を唱え公立学校のカリキュラムから強制的に排除するために、新規な形質の起源を問うという奇妙な批判をするようになった。しかし彼らのお気に入りの主張の一部は、促進的変異から学んだことを取り入れたとき、進化を擁護する強い主張に変わる。したがって促進的変異を理解すれば、将来の社会的・宗教的・政治的論戦で、進化論を擁護する有力な武器となるだろう。

促進的変異を自然選択説に組み込む

本章は、ダーウィンの理論に立ち戻り、促進的変異がこれにどんな影響を与えるかを吟味することから始める。表現型変異が遺伝的変異に依存する正確な姿は、進化論ではこれまでに判断することができず、また進化の議論の重要な部分でもなかった。遺伝的変異はどのようにして表現型変異を生み出すのだろう？　十分な変化を、適切な形で生み出せるのだろうか？　表現型のすべての性質が等しく変わるのだろうか？　もし変化が偏るとしたら、どんな偏りで、どのようにして生じるのだろうか？　これらは、ゲノムの塩基配列がわかり、細胞生物学と発生生物学が広く理解された後以降の、新たなミレニアムに初めて答えられる疑問である。

本書の一つの目標は、保存が多様性について、特に動物の多様性についてどんな意味をもつかを理解することである。保存は多様化を促進し、生命体の莫大な多様性を説明する統一理論としての進化の性質と合理性を明らかにすると筆者らは信じている。全ゲノムに対する突然変異の入力はランダムであっても、生物による（少なくとも形態的・生理的な種類の）表現型変異の出力は偏ることを、促進的変異は明らかに示唆している。変異は既存の表現型の新たな方法による再利用にもとづいており、したがって既存の構造すなわち既存の偏りから出発するので、この偏りは避けられない。

カンブリア紀から現在までの動物の変異は、保存された発生プロセスの組み合わせや量をいろいろに変えて展開することによって、主として形態と生理の変化に関わってきたと言える。手近にある保存されたプロセスとボディプランは、過去六億年にわたる非常に広範囲のさまざまな形づくりにとって十分であったにもかかわらず、保存性が出力（すなわち生物が子孫に多様性を発現できる方法）を偏らせてきた。ランダムな突然変異が制限のないランダムな表現型変異を実際に引き起こすことができていれば、すなわち、すでに進化してきたものに無関係に新規（de novo）な創作をすることができていれば、形態の可能性の範囲ははるかに広かっただろうと筆者らは考えている。

表現型変異が真にランダムであったならば、はるかに大きな多様性を生み出し、生物間の関連性も低かったかもしれないが、一方で致死性は高く、繁殖にとっては不利だっただろう。促進的変異の立場から考えると、ランダムな突然変異は、表現型変異をつくりだすのではなく、調節的変化を通して表現型の変異を選んだり導いたりする。進化は選択によって導入される偏りのために、偏った千鳥足にたとえられてきたが、表現型変異自体が偏っているのだ。進化は酔っ払いの千鳥足ではなく、無数の舗装道路に沿った行進にたとえられる。前触れもなく方向を変えるが、大きな歩幅で力強く、多くの致死的な障害を避けながら行進するのである。

促進的変異を加えると、遺伝的変異・表現型変異・選択の三本柱から構成されるダーウィンの理論ははるかに完全なものになる。細胞プロセスやそれらの適応能力の範囲がさらに深くわかるにつれて、促進的変異は表現型変異の生じやすさを示し、生物の進化にとって何が可能なのかを述べる理論となっていくだろう。しかし可能か不可能かを語る理論は、実際に何が起きているかを予測するにはまだほど遠い。環境や生物に内在する不確定性、生物の発生の揺らぎやノイズ、突然変異・組換え・組み合わせのランダムさなどが、実際の進化の経路に強く影響するからだ。

促進的変異が組み込まれても、自然選択はダーウィンの理論の確固とした重要な部分である。促進的変異は選択にかけられる変異の量や性質を偏らせるが、適応能力のあるコア・プロセスの組み合わせしだいで出現可能な変異は非常に多い。したがって変異は豊富なので、自然選択は差し出されたものを塑像することができる。促進的変異は、アメリカの変わり者の古生物学者、ヘンリー・オズボーン（一八五七—一九三五）によって擁護された定向進化説——生物の内的要因によってあらかじめ決められた進化のコース、つまり時間とともに展開していく変異のプログラムが生物にあるとする説——のようなものではない。依然として自然選択は、生物が環境にこれほどよく適応した性質を進化させてきた仕組みを説明する肝心要なのである。

最初のダーウィンの見解と、ネオダーウィニズムの新解釈は、すべての方向に向かっておびただしい量の非常に小さな変異があると仮定しており、出現した見事な適応の決定要因として、自然選択だけに頼っていた。ペイリーの時計のような機械の構造を変更すると台無しになるのが当たり前であるのに、生物では変更してもそうはならない理由は、二つをつくりあげている仕組みの違いを物語っている。とりわけ、時計の部品の融通性のなさと、生物のコア・プロセスの適応能力のある性質を物語る。

生物に適応能力があり、適応能力が進化に大きな役割を果たしているということは、特に驚くようなことではないかもしれないが、現代の研究の貴重な成果をもとに本書がつけ加えたものは、適応能力の化学的な性質と、これらの出現や利用の歴史である。これらの洞察から、適応能力が進化に果たす役割をさらに深く論じることができる。促進的変異は変異を偏らせるので、変異がすべての方向に起きるよりも、選択条件に合いそうな種類の生存可能な変異を多く生み出すことになり、自然選択の過程は加速される。そのようにして、骨、嘴や、心臓や神経系の生理作用は、生存可能な動物を生み出しそうな方向へと改変される。こうした考え方は自然選択説を、小さな変化の理論から、短期間に飛躍的な新規性が進化する原因を説明できる理論へと脱皮させる。私たちは、従来よりも完成に近い進化論を手に入れたが、促進的変異がそもそものように生じたのか、なぜそれが維持されてきたのかという疑問が残されている。

進化可能性の選択

「自然選択はさらなる進化の可能性を高める形質を好む。したがって自然選択は進化可能性こそが他の何よりも最もすぐれた適応であることを示す」。デイヴィッド・デピューとブルース・ウェーバーはこのように、進化可能性の従来の意味を超えた重要性を広く知らせた。進化可能性は選択されたのだろうか？　これらの表現で厳密な議論をおこなうのは難しい。上記の引用文中にほのめかされているような将来の利益を内包していたために進化可能性が選ばれてきたということは、確かに納得のいかない議論だ(1)。

それなら進化可能性の選択上の利点は何だろう？　あるメカニズムが初めに選ばれた理由について納得できる説明を見つけることと、その後そのメカニズムが集団の中で維持されてきた理由を説明づけることとは別のことだ。前者の場合、当初の利点を示す論拠を探すべきだ。それらが進化可能性に直接関係するものであるとしても、何か他のプロセスの副産物であるとしても。後者に対しては、保存の論拠に容易に立ち返ることができる。すなわち、変異を生み出すメカニズムがひとたび存在すれば、選択を受ける新たな形質とともに繰り返し選ばれるので容易に維持されるのだ。一部の生物が進化可能性のメカニズムをもち、他の生物はもっていないとすると、前者の方がよく進化し、ついには後者を置き換える、という主張をするときには気をつけねばならない。主張は妥当かもしれないが、循環論法になりかねない。その上、私たちは一般的な進化可能性のためだけでなく、特に促進的変異のための論拠を求めているのだ。

いくつかの議論を一まとめにして考えると、変異を促進する方法は正の選択を受けているはずだとわかる。なぜ現在あるような形――すなわち、ロバストで、柔軟性があり、融通がきき、適応能力があり、弱い調節的な連係が可能で、探索的で、モジュール方式で、容易に区画の利用をする――になるように、保存された構成要素やプロセスが選ばれてきたのかということに、すべての議論が関わっている。選択はその時点での利用価値をもとにしておこなわれるが、利点は短期的なものもあれば長期間続くものもある。

保存されたコア・プロセスは独特の表現型の変化をつくりだして遺伝的変異や環境の変化に反応（応答）する、というのが本書のポイントだ。このやり方は、これらの入力に適応し、致死性を下げるという点で特に有効である。反応は一時的で可逆的なこともあり、その場合は体細胞適応あるいは生理的適応と呼ぶ。新たな突然変異や遺伝子の新たな組み合わせによって反応が安定化されるような場合は、その反応は遺伝性となり進化的適応となる。

促進的変異が直接あるいは間接に、その時々の利益を個体に与え、将来の利益を集団レベルに与える仕組みを、四つの項目にまとめて概括的に記述した。

1 促進的変異を生み出すプロセスは、効果的な発生と生理に寄与するので選択される。複雑な多細胞生物の発生と生理は、変動の避けられない内的外的条件の下で進行するので、それらのためにはロバストで適応能力のあるプロセスが最も適している。ロバストさや適応能力といった特性をもつプロセスは、それらが生物内で果たす機能ゆえに最初は直接的に選択される。すると促進的変異は、これらの特性に付随して利用可能になる単なる副産物となる。副産物の状態でも促進的変異の価値は下がらない。実際に、保存されたプロセスは各世代の短時間の生命にも、進化という長期間の生命にも適合するというのは実は深い意味をもっているだろう。

2 促進的変異を生み出すプロセスは、改変をともなう継承に寄与するので選択される。多目的に利用されやすいプロセスは促進的変異を生み出すうえで寄与する。同様に、多目的に利用されうるプロセスは、生物の生理的適応能力に容易に寄与できる。これら二つの選択上の利点は同方向に作用する。プロセスが多目的に利用できるために選択されると、そのプロセスの高い適応能力とロバストさ、すなわちその特殊な性質のために選択されることになる。環境条件のような複雑な入力や、複数の遺伝子の発現のような複雑な出力を組み込むことのできる細胞内のプロセスは、生物のロバストさを増進させるので、提供できる利点のために直接的に選択されうる。さらに、弱い連係を通じて多くの経路で機能する能力をもつプロセスの選択は、新たなプロセスが進化の中へ組み入れられる可能性を増加させる。したがって多経路で機能しうるプロセスは、一定量の遺伝的変異に対する反応として、非致死的な変異を促進する。

3 集団レベルでは、促進的変異は遺伝的変異の増加に寄与する。保存されたコア・プロセスのロバストで柔軟性のある性質が、繁殖力の低下や致死性に対して緩衝作用を示し、その結果、シュマルハウゼンが最初に提起したような、より多くの遺伝的変異が生存可能な変異として集団内に保たれる。するとそのような遺伝的変異は、ストレスの多い条件下では表現型として発現されることがある。ウォディントンとリンキストの熱ショック実験で異常な形態が生じることが観察されたように。促進的変異理論では、この変異のほとんどは、古いプロセスの新たな組み合わせを安定化したり、それらの出力の適応範囲に含まれる別の部分を選んだりするような調節的な目的のためにはたらく。恐らくこの変異の貯蔵は、もはや単に個体の選択に効果をもたらすだけではなく、系統の存続に有利にはたらく可能性のある集団的効果（をもたらす要素）といえる。

4

促進的変異は進化の放散の間にグループのレベルで共選択されてきたようだ。表現型変異を多く生み出す能力は、新たなあるいは空いたニッチへの放散を促進するだろう。大きなグループの放散は数回起きた。昆虫の地上と空中での放散、脊椎動物の最初は海洋、次に陸上、さらに空中での放散、哺乳類の恐竜絶滅後の放散、カワスズメという魚の一種の新たに生じた湖への放散、そして、一種あるいは数種の鳥のガラパゴスやハワイのような火山島での放散である。リチャード・ドーキンスは「飛ぶことや泳ぐことに長けた生物がいるように、進化に長けた生物もいるだろう。特にある種の胚発生は、豊富な進化放散を引き起こす傾向があるのだろう」と述べている。動物グループの放散の時期には、ニッチの先取りが種間競争よりも大きな問題なので、促進的変異は最も重要だろう。このような条件下では、変異を生み出す能力が特に重要だろうから、コア・プロセスの適応能力のあるロバストな挙動の増加が、選択のもとで生じるのだろう。

主に前記の理由によって促進的変異が選択されると仮定すれば、系統が異なれば表現型変異を生み出す能力も当然異なることになる。この変異にたびたび起きる放散と絶滅が重ね合わせられれば、変化できる能力がさらに選択されることになり、促進的変異に富み、したがって放散する能力に富む系統が保たれることになる。(2)

促進的変異の概念を用いて進化可能性を総合的に論じる際に念頭におかなければならないのは、保存されたプロセスの新たな組み合わせによる利用や、プロセスの適応範囲の一部の新たな利用が遺伝性であるためには、遺伝的変異がつねに必要になることだ。ただし突然変異は選択の時点で起きる必要はない。集団の中に長期間蓄えられていてもよい。保存されたプロセスの塊のような系である生物は、ランダムな突然変異に反応する準備が整っているように見える。調節を変化させることにより、保存されたプロセスの新たな出力を生み出すのである。遺伝的変異の入力を必要とするものの、反応としての表現型変異の出力は、環境に適合し環境の問題をある程度解決するので、体細胞適応のように見える。ラマルクやダーウィンを混乱させたのはこの適応能力である。

促進的変異の能力自体は、生物のコア・プロセスがより適応的でロバストな挙動を蓄積して行くにつれて進化したのだと筆者らは考えている。進化は機能不全の表現型をランダムに生成するのではない。それではほとんどつねに結果は致死的で、偶然に有利な形質を生じるにすぎないからだ。致死となるのはたいてい、保存されたプロセスの構成要素をコードしている遺伝子が突然変異したときだ。これらの突然変異は各世代で選択によって除去される（そして多くはたぶん生殖系列中で除去される）。そのたぐいの突然変異を別とすれば、集団が遺伝的変異を蓄積するのは、生理的に適応可能なプロセスがロバストなためであり、個体は遺伝的変化あるいは環境の変化に反応して、あらかじめ致死性が抑えられている表現型変異を生み出すのだ。

要約すると、進化可能性（生物の進化する能力）は実在する現象だと筆者らは信じている。促進的変異理論は、進化可能性の変異面を説明していると思う。その説明の要《かなめ》は、限られた数の保存されたプロセスを新たな組み合わせで使うことや、保存されていない調節要素の遺伝的調整によってこれらのプロセスの適応範囲に含まれる別の部分を利用することだ。筆者らの見解では、環境の刺激が新たな表現型を最初に引き起こす場合もあるが、その表現型が遺伝性になるためには最終的には調節要素の遺伝的変化が必要になる。また、遺伝的変異自体が新たな表現型を引き起こす場合もある。

促進的変異は選択によって生じ、増強されたと筆者らは断言する。促進的変異はランダムな遺伝的変異のわずかな投資によって、無数の複雑な選択可能な遺伝性の形質の生成を促進するので、少なくともカンブリア紀以来の動物にとっては、促進的変異はまったくもって最高の適応であるといえる。表現型をつくりだすことに関しては、生物が自身の進化に関与しており、それも変異と選択の長い歴史から来る偏りを含んだ関与をしていると筆者らは信じている。促進的変異理論は、先に発展した自然選択と遺伝についての理解を補って、進化の一般的な過程の概要、特に後生動物の多様性についての概要を完成させるものだ。

コア・プロセスの起源

すでに論じたように、保存されたコア・プロセスはあらゆる形態的・生理的・挙動的多様性の生成を促進するのだが、促進的変異理論はこのプロセスの起源についての新たな疑問を引き出すことになった。真核細胞に最初に生じたような新たなコア・プロセスは、原核細胞に存在するプロセスをつぎはぎしてつくられたとしか考えようがない。原核生物から真核生物へ、単細胞生物から多細胞生物への転換は難解で、証拠は乏しい。しかし、関連性の薄いDNA塩基配列でも類縁かどうか見分ける方法が進歩し、しかもますます多くの生物の塩基配列が解析されるようになって、これらの大転換についてのヒントが集められるようになった。

コア・プロセスはセットとして一緒に出現したのかもしれない。というのは現在の生物ではどれ一つとして欠けているものが見当たらないからだ。たとえば真核生物では、祖先がミトコンドリアをもたなかったものはない（エネルギーを生産するミトコンドリアを以前はもっていて、現在はもっていないものもあるが、どれもかつてもっていた痕跡を示す）。したがって、現存の真核生物のどの細胞を見ても、真核生物に特有のプロセスのすべてを見出すことになる。すなわち染色体の有糸分裂による分離、細胞骨格に沿った物質輸送、膜で囲い込んだ細胞機能の区画化などだ。

一九九〇年代までは、真核細胞の細胞骨格の前駆物質は原核生物では見つかっていなかった。原核生物には有糸分裂の紡錘体がなく、何かの表面に沿って這うこともできないので、チューブリンやアクチンのようなタンパク質（真核生物で微小管や微小繊維をつくりあげるタンパク質）をもっているとは誰も期待しなかった。しかし現在では、チューブリンとアクチンのどちらも、遠い類縁タンパク質が原核生物に存在することがわかっている。このように真核生物に先立って、細胞骨格のはっきりした徴候がある。これらのタンパク質は真核生物の類縁タンパク質とはアミノ酸配列に同一性がほとんどないが、実質的に同じ三次元構造をもっている。細菌のチューブリン（FtsZという）

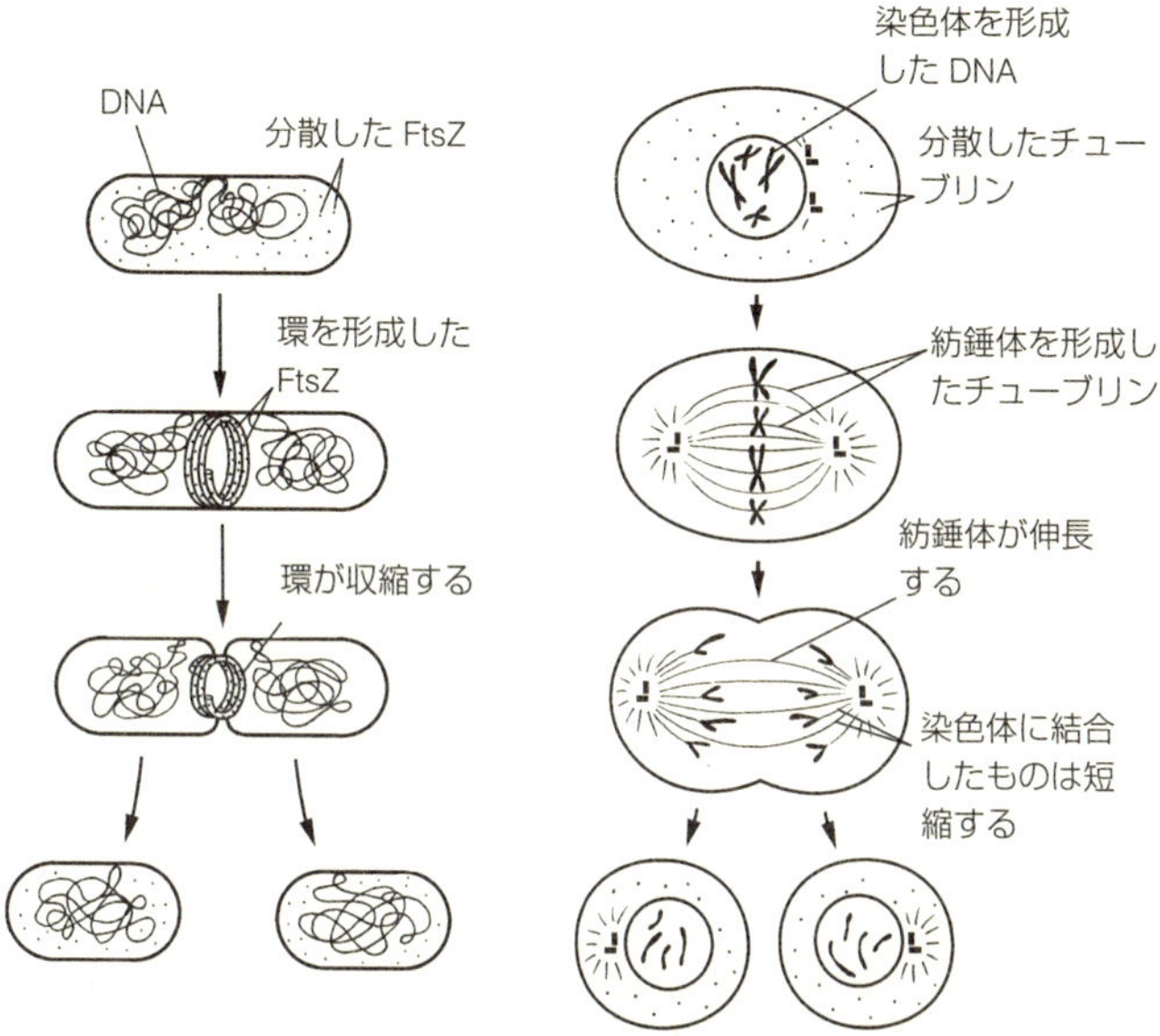

図39　細胞骨格の起源は原核細胞にある．動物のチューブリンタンパク質（右図）は細菌のチューブリンに似た FtsZ（左図）から進化したと思われる．両者は同じ形をしているが，異なる構造の長い繊維をつくる．どちらも細胞分裂に関わるが，細部の多くは大きく異なる．

は真核生物の類縁タンパク質と同様に、細胞分裂に関わる動的な構造をつくるが、その構造は図39に示すように紡錘体とはまったく異なる。さらに、真核生物のこれらのタンパク質の機能は、細菌のものよりもはるかに多様である[3]。

よく調べれば調べるほど、典型的な真核生物の機能には原核生物に遠縁の同等物があるという証拠が次々と見つかってきて、それらは真核生物が分岐したときの共通の祖先に存在したに違いないという考えを支持する。しかしいずれの場合も、新たなプロセスの進化の間に主要な変化がタンパク質のアミノ酸配列やその利用法に起きている。たとえば有糸分裂は真核細胞の顕著な特徴であり、独特であるように思われるのだが、有糸分裂時に染色体の分離に関わるタンパク質の一部は、その類縁が細菌にも見出され、DNAの分離の際に役割を演じている。膜で囲まれた細胞内の区画は真核細胞の特徴である。タンパク質はこれらの区画を通って細胞外へ出されるが、これは真核生物に独特の能力と思われるかもしれない。しかし細菌は内部の膜がなくても、真核生物のタンパク質と類縁のものを利用する同様のプロセスによって、表面膜を通してタンパク質を分泌する。(4)

これらの事実は、コア・プロセスの大革新は創造の不思議な瞬間ではなく、タンパク質の構造と機能の大幅な改変の時期であったことを示唆する。この変化は本書全体で述べてきた調節的変化の促進的変異によって達成されるのではない。革新の大きな波の中で、原核生物に存在していた構成要素がそれらのタンパク質の構造と機能を根本的に変え、真核細胞の新たなコア・プロセスの構成要素を生み出したのだ。真核生物のチューブリン遺伝子を原核生物の類縁物（FtsZ遺伝子）と比較すると、これらの変化ははっきりする。チューブリンは真核生物で高度に保存されたタンパク質であり、原核生物のもつその相同体も細菌で同様に保存されている。しかしチューブリンと細菌の遠縁のタンパク質は配列が非常に異なるので、ほとんど類縁だとは分からない。これらのタンパク質はそれらの属する大きなグループ（真核生物と原核生物）内では非常によく保存されているが、原核生物と真核生物のチューブリン間には大幅な配列の差がある。違いが多すぎるので、原核生物と真核生物が分岐してからの年月では説明しきれない。真核細胞が進化で生じたとき、チューブリン前駆体の急速なモデルチェンジの時期があったようだ。それ以後はチューブリンはごくわずかしか変化していない。(5)

さらに、一〇億年前に動物を含む多細胞真核生物が最初に現れたときにも、真の新規性が生じたことが窺われる。動物は単細胞真核生物には見られないようなさまざまなタンパク質をつくりだす。この出来事でのタンパク質の新規性は、主として二種類ある。多くの大型の新たなタンパク質は、単細胞真核生物のタンパク質に似た機能をもつ小型のタンパク質を組み合わせてつくられた。たくさんの断片の組み合わせは動物にとって新しい。すでに述べたように、タンパク質のこの種の進化が、真核生物遺伝子のエキソン－イントロン構造と、真核細胞のRNA転写物を「スプライス」する能力によって促進されたことは疑いの余地がない（スプライシングの能力は細胞内のメッセンジャーRNAをつくるために個体の中でつねに機能している）。これらの新たなタンパク質は、細胞外マトリックスへの接着、細胞間のコミュニケーション、細胞間結合装置の形成による組織の再編成など、多細胞であるための機能に関与している。(6)

新規性の第二番目は、古い遺伝子が重複した後、タンパク質翻訳配列に相違が生じて、似ているが別の機能をもつようになったものである。たとえばタンパク質キナーゼは、単細胞真核生物にあった一種類あるいは数種類に端を発して、脊椎動物では標的特異性がわずかずつ異なる一〇〇〇種類を超える酵素に分岐した。また、Hox遺伝子に関連した転写因子は一種類あるいは数種類の祖先タンパク質から、脊椎動物や昆虫ではDNA結合特異性や他のタンパク質との相互作用が異なる数百種類に分岐した。原核生物から真核生物への移行と同様に、この多細胞性への移行もタンパク質の新規性を生み出すためにはおもに既存の構成要素を利用した。

コア・プロセスの最もはっきりしない起点は、最初の原核細胞の出現である。細胞の新規性と複雑さは今日の世界のどんな無生物をもはるかに凌いでいるので、これがどのようにしてできたのか見当がつかない。その後の進化とは異なり、最初の細胞をつくるために改変を加えようにもコア・プロセスや構成要素は事前に存在していなかった。細菌の共通の祖先より以前に分岐していた生物の例は何もないので、推測以外にできることはほとんどない。わかっているのは、生命の系統は今日たった一つしかないということだ（すなわち、単一のDNA－RNA－タンパク質という遺伝子情報の流れと単一の代謝）。恐らく、生命はたった一度だけ生じたのだろう。

この生命の起源という最初の（そして最も重要な）革新の後に続く、数回の革新の波についての考察は、さまざまな方面から得られる観察や実験によってますます支持され補強されている。後に続いたコア・プロセスのそれぞれの起源についての完全な説明はもち合わせていないかもしれないが、それらが既存のタンパク質から始まり、その後に構造の相当な改変を受けたことがわかるだけの断片的な証拠は十分にある。これとは対照的に、カンブリア紀以来の進化は、分子レベルの証拠と化石の記録によって論争の余地なく裏付けられている。

移動する進化の最前線

促進的変異と、コア・プロセスの生じ方についてのある程度の知識をもとに、表現型変異理論を確立し、進化の歴史を考察する用意ができた。これはダーウィンが考えたように、共通の起源からの絶え間ない分岐の歴史を反映しているのだろうか？　化石の記録に見られる進化上の多様化の時期と、基礎をなす保存されたコア・プロセスの創出の間には明瞭な対応があるのだろうか？　形態や生理の分岐と保存されたコア・プロセスの創出や完成との関係を、単なる記述を狙いとするだけでなく、ある程度の説明ができるという期待をもって、ここで見直すことにしよう。

促進的変異の見地からは、地球上の生命は細胞の革新を指標にしていくつかの時代に分けられる。これらの時代は、既知の地質学上の変動の時代とは対応しない。保存されたコア・プロセスは段階的につけ加えられていったようだ。これといったコア・プロセスの現れない長い休止期間をおいて数回の比較的短い出現場面があり、その後、コア・プロセスは維持されていく。

コア・プロセスが間歇的に追加されたことを考慮すると、促進的変異がどのように進化し完成したのか、粗筋が推測できる。筆者らは次のような筋書きを提唱する。第一に新たなプロセスの創出（前述）、第二に各プロセスによるロバストさと適応能力の獲得、第三に表現型変異の創出を促進するようなそれらの奔放な調節による利用、である。

新たなコア・プロセスの出現――第一段階

このプロセスと構成要素は進化の最初の段階を通り抜け、それによってその表立った機能が確立された。細胞骨格で見たように原核生物の古い遺伝子は、真核生物ではまったく無関係ではないが別の目的のために徹底的に再構成された。ここでは新規性が確実に要求され、遺伝子の調節配列よりもむしろタンパク質の翻訳配列の情報が大きく変えられた。保存性のメカニズムの新たなセットを生み出す困難さが、これらの爆発的な出現と出現の間の大きなギャップに現れているようだ。最初は原核生物から真核生物へ、次に後生動物へ、そしてボディプランへ。

ロバストさと適応能力の増強――第二段階

新たなプロセスは、既存の機能に溶け込む能力がまだ確立されていなかったので、きっと限られた機能しかもたなかっただろう。たぶん細胞骨格は有糸分裂だけのためか、たった一種類の膜に囲まれた小胞の輸送のためだけにしかはたらかなかっただろう。多細胞生物の発生では、細胞シグナル伝達は数種類の細胞タイプだけに対する、わずかな経路に限られていただろう。機能し始めたプロセスや構成要素は、周囲に統合されていく間に改変されて、ロバストさ・柔軟性・区画化・探索的挙動・弱い連係能力をもつようになっただろう。内外の変わりやすい条件の下でも十分な機能を発揮でき、他のプロセスと協力してはたらけるようになり、また他のプロセスと容易に結びつくようになった。環境や遺伝的変異を和らげる能力も増した。統合が起きると、プロセスを構成するさらに多くの要素が相互に作用を及ぼし合うようになり、タンパク質の翻訳配列にそれ以上の突然変異が起きないように拘束されるようになるのだろう。保存の時期が始まったのだ。

これらのプロセスは内部の変化に対しては拘束がかかるが、他のプロセスとの調節的相互作用の面では、ロバストさ・適応能力・弱い連係の能力によってかえって拘束解除されるようになった。したがって、探索的挙動について見てきたように、多様な成果を生み出せた。これらのプロセスは、別の目的のためにいろいろな組み合わせや量で使える態勢が整っているという点で、変異する能力が増加したのだ。

コア・プロセスの奔放な調節による利用――第三段階

現在見ることのできるこの最後の段階では、促進的変異が役割を発揮する。内的に拘束され、弱い連係・探索的挙動・区画化・ロバストさ・柔軟性といった適応的な能力をもったプロセスは、さまざまな調節方法によって、他のプロセスと多種多様に組み合わせたり適応範囲をずらしたりして利用される。進化可能性は向上し、表現型の放散が起きる。コア・プロセスと構成要素は、さまざまな形質を生み出すことに関わり、またそれらの形質はそれぞれ新たな組み合わせからつくられているので、これらの形質とともにプロセスや要素も繰り返し選択されることになり、コア・プロセスの保存が強められる。

新規性獲得のラウンドは、その前の革新の時期からある間隔をおいて始まり、いったん始まると、三つの段階が繰り返される。以前に言及したように、それぞれの時期の保存されたプロセスは、調節にかかわる突然変異（調節変異）によって探索できる領域に限界を設けているようだ。この領域は時期を追うごとに確実に広がり、複雑さの上に複雑さが積み重なる。多細胞の段階でまさにこれが爆発した。個々の多細胞動物の細胞の大集団中では、細胞によって、また時と場所によって、独立して遺伝子を発現させられるからだ。促進的変異は、多細胞性のコア・プロセスの導入以後も、それ以前のコア・プロセスの進化段階と同じく、長足の進歩を遂げたようだ。

ボディプランが生じた六億年前に受け継いで以来、コア・プロセスの調節的制御から引き出される表現型変異の種類が枯渇したという徴候はない。それ以後、促進的変異の新たなメカニズムが生じてきた。たとえば昆虫の成虫原基と幼虫の発生、脊椎動物の肢芽と神経冠細胞である。哺乳類の大脳新皮質の発生は非常に適応能力が高く、脳のその領域は爬虫類の脳のほかの部分からしだいに機能を肩代わりしてきた。たとえ小さくても新たなものの導入は重要な波及効果をもつ。さまざまな脊椎動物の歯芽発生のメカニズムと、歯の構造を急速に変える能力のおかげで食物摂取のチャンスが増加することを考えるとよい。

促進的変異それ自体は、胚発生に関わる高次のコア・プロセスの導入によって進化してきたと多くの証拠が語っている。しかし促進的変異の表現型変異を生み出す能力が変化したり、範囲を広げたり、効率を高めたりするとしても、これらの前進があらかじめ定められたゴールに向かう前進であるというつもりはない。進化がうまくなることと、よりよいものへ進化することは同等ではない。

他の種類の複雑な系との関連

ダーウィンのモデルが経済や政治にしばしば偏向されて用いられることを念頭におくと、促進的変異理論も、複雑な社会的あるいは政治的組織や、工学技術の設計原理やコンピューター科学を理解する上で何か役に立つだろうか？　変異と多様性を生み出すことを強調する促進的変異理論は、選択と生存と繁殖の成功を強調する自然選択理論とは異なる視点を、組織や制度の考察にもたらすと期待できそうだ。二〇世紀初期には後者が社会ダーウィン主義として広められ、当時の社会秩序を自然に運命づけられたものとして正当化する都合のよい方法としてしばしば利用された。しかし私たちは、変異と多様性自体の価値を検討し、選択と成功の問題をもっと微妙な解析に任せることで、より確かな根拠に立脚することになったのではなかろうか。

しかし社会ダーウィン主義の方向への進行に対する警鐘は強く鳴っている。私たちは基本的な違いを矮小化し、表面的な類似性――それらの一部は専門用語の部分的な重複から生じるにすぎないのだが――を誇張する危険を冒しやすい。誘惑に負けて、ある社会体制のモデルは自然界で使われているのだから採用すべきだと主張したくなったりもする。注意深く前進しよう。

よい面としては、類似物としてのモデルや着眼点は、ある分野から他の分野へ移されて利益を生むこともある。工学や物理学からのモデルは生物学で使われて、よい結果を生み出してきた。ごく最近では系の制御を理解する上で役立った。生物の機能の工学的なモデルとしての利用は、まだ応用性は限られているものの、コンピューター科学の遺伝的アルゴリズムの分野で際立っている。異なる複雑系の比較は両者に新たな視点をもたらすだろうという予想は、これらの領域で試験的だが非常に質の高い探究を促している。(7)

筆者らは生物を複雑系として述べてきた。何百もの保存されたコア・プロセスが、それぞれの機能の適応範囲をもち、ボディプランの多くの区画の中でいろいろな組み合わせで編成されている複雑な系である。生物では、それらの組み合わせはすべて並行してはたらき、またいくつかの別の次元がそれぞれ区画化されることによっても組み合わせが生じる。

工学の複雑系の研究をおこなった数学者、ジョン・ドイルは、コンピューター科学と情報科学から生じる新たな工学は、生物の系と明瞭な類似性があると論じている。コンピューター科学工学と生物系はいずれも、モジュール方式・ロバスト性・普遍的で拡張可能な相互作用の規則という特徴をもつようだ。これらは送電線網のように、壊滅的な機能障害を受けやすい。彼は工学系と生物系では、ロバストさを達成するために、増加しつつある機能的構成要素にますます多数の調節回路が付け加えられていくことを引き合いに出して、系の「複雑さ絶え間ない上昇」に注意を促している。制御理論と工学技術が生物学に応用されて役立っていることや、生物学の概念の一部と超複雑系の新たな工学技術とが類似していることから、重なったテーマがさまざまな系を結びつけることで、実り多い結果をもたらすだろうと示唆される。生物学も工学技術も、考察する対象の大きさや複雑さの変化を経験した。これらの系の比較によって、デザイン上の新たな有用な法則を引き出すことができるかもしれない(8)。

ここまで生物の表現型が、どのようにして遺伝的変異を生み出す能力を増加させるのかという疑問について考えてきて、生物は体のデザインにかけては節約家であることがはっきりしてきた。生物は限られた数の構成要素を組み合わせて使い、少数の変異を新規な表現型生成に結びつける。系の多くが資源の利用にかけては浪費家で、構造物を生成するプロセスで細胞や軸索や微小管を恒常的に過剰につくりだすことを見出した。これらの探索的な系は非常にロバストなのだが、このロバストさは生物にとって緊急には必要のない多くの構造をつくりだすむだなエネルギーという対価を伴う。生物の変異はどこにでも均一に起きるわけではなく、時期・場所・量・状況・方向を決める調節要素や、利用される適応範囲の改変に主として絞られている。それらを短期的にも長期的にもロバストで適応性のあるものにするコア・プロセスは時間が経っても変わらないが、周囲の調節変化を拘束解除する。少々安直にも見えるが、短期の体細胞適応に用いられるプロセスがしばしば、もっと長続きするような改変を受けて長期の遺伝性の進化的適応となることがある。最後に、保存されたコア・プロセスは損傷に対してロバストであり、その結果、生物は集団内の遺伝的変異を許容する。

車を走らせたり、学校や会社や政府を運営したりするのに用いたいのはこの種のシステムだろうか？　どんな制度や計画にもこれらの性質の全部は（あるいはどれも）組み入れたくないかもしれない。結局、制度は初めから熟慮して構築されるのが普通で、指定された方法は最も効率がよいと想定されている。しかしどんなシステムも局所的な自治、自己組織化、柔軟性をもっているので、それらの一部は生物学の世界からもっと〔トップダウンで構成されている〕階層的な系へもち込まれることを期待してよいかもしれない。加えて、もし私たちが実際に絶え間ない複雑化への道をたどっているなら、中央から制御できるシステムをデザインするのは困難になっていくだろうし、もしできたとしても脆弱すぎるかもしれない。だとすれば恐らく未来のコンピューターや制度の設計者は、促進的変異の特徴を積極的に取り入れることだろう。

人間の制度は、他の生物の系とはさまざまな違いがあるにもかかわらず、生物と同じ必要条件がいくつかある（人間社会の組織と生物との比喩的な比較は非常に古くからおこなわれてきたもので、筆者らは過去に他のものによって取られた同じ不毛の道を進む危険性があることは承知している）。文化の進化が生物の進化に似ている限り、コアとなる機能を別の方法で使いながら保存するという同じ要求はつねにある。促進的変異から学べることは、コア・プロセスとプロセスの特性を生み出す際には細心の配慮がなされるべきだということだ。それらは保存されるようになり、周囲にどれだけの拘束解除が生じるかを決めることになるからだ。弱い連係の性質は、相互作用をつくりだしたり変化させたりする単純で同一規格のものの能力を思い起こさせる。よくある例はコンピューターや電話のための壁の差込口だ（私たちは電気のさまざまなアダプターを旅行でもち歩くとき、過去のどこかの時点で弱い連係の能力を見落としていたことに気づく）。変化が既存の挙動や計画書の組み合わせだけに限られない場合は、探索的挙動が重要になろう。生物のモジュール方式は、よく見られる安定な性質である。たとえば門のボディプランの区画地図のように。地図の空間的分割にはかなり自由度があるが（先カンブリア時代に最初に発明されたときには形態的な機能に対応していたかもしれないが）、それでも区画どうしは干渉し合わない別々の場所を確保する。モジュール方式は、モジュールごとの機能の規則を変更する際に大きな柔軟性を備えている限りうまくはたらく。なぜ生物は空間的なモジュールを保存して各モジュール内で規則を変えるのか、なぜその逆ではないのかという疑問は、生物学以外の分野で考察し研究する価値があるだろう。

ロバストさと適応能力が集団中に個体の多様性を生み出し、また多様性は有用な性質であるという事実は、複雑な人間社会に別の影響をもたらす。生物系ではロバストさが増すと、他の条件が等しいとすれば、多様性が増す。多様性の量は（成り立ちの経緯と集団の大きさについての補正をすれば）、変異を促進するロバストで適応能力のあるメカニズムの有効性を示す一つの尺度となる。

最後につけ加えると、人間社会の主要な革新の経路は、生物のコア・プロセスの主要な革新のプロセスとよく似ているようだ。新たなコアとなる技術は、新しいものが続々と生まれ、既存の計画書や製品の中に組み込まれ、前記の革新の最前線の奔放な調節的変化に似た自由奔放な用いられかたの中で適応していくのだろう。

少なくとも促進的変異による進化可能性の解析は、変異ではなく選択条件に重きを置く社会ダーウィン主義とは別の意味をもつ。歴史は外部環境あるいは競争によって決定される単なる選択の産物ではない。社会の深い構造や成り立ちの産物でもある。これにはその組織、適応能力、革新能力、そして恐らく隠れた変異や多様性を収容する能力までもが含まれている。

たぶんこの解析から得られる最も重要な教訓は、複雑な生物では表現型変異が遺伝的変異から生じることを当然と考えてはいけない、ということだ。表現型変異の出現は系のランダムな破損を反映しているのではなく、コア・プロセスの精選されたデザイン様式を反映しているのだ。これは複雑な組織一般についても言えることだろう。変異（特に致死性でない変異）を生みだすには、構成要素の従う規則や特性が特別な方法でデザインされている必要がある。これらの規則や特性はそれらの構成要素内での変化を拘束するだろうが、同時に全体の短期および長期的挙動の変化を拘束解除する。他の系でこのような性質を探すことは有益だろう。

創造説とインテリジェント・デザイン

現代の科学者たちは進化論の完全性に疑問を呈したかもしれないが、変異と選択の基本原理で生命の多様性を最終的に説明できないと考えている者はほとんどいない。しかしいくつかの団体は、特にアメリカで盛んだが、進化論の信用を落とすために、その弱点を誇張したりでっちあげたりしてきた。進化論はその誕生時から、ある種の伝統的な宗教団体にとって悩みのたねだった。進化論は、人間はより単純な動物から生じたと述べることによって聖書の創造の記述を傷つけるばかりでなく、人間は神が創ったものではないと唱えることによって人間の価値を失墜させると言うのだ。すべての宗教団体が進化を戦いの場として選んだわけではない。早くも一九〇九年の『カトリック百科事典』には次のように書かれている。「この概念はキリスト教の宇宙観と一致している。神は天地の創造者である。神が自らの意志による単一の創造の御業によって宇宙を創られたのなら、創造者によって備えられた法則に従う自然のままの宇宙の発展は、神の力と知恵のさらなる栄光のためにある」(9)。新規性を生み出す説明としての促進的変異が、アメリカの公立学校での進化論教育について激しく続く論争を、少しでも鎮められないかと思う。

憲法の政教分離のゆるぎない線引きによって、一九八七年にアメリカの最高裁は公立学校で科学として聖書の創造神話を教えることを禁じた。この判決は進化論の反対者を刺激して、議論のための非宗教的な批判材料を探し、政教分離を犯すことなく、進化論と同様な一種の科学として反対の根拠を示す努力へと彼らを駆り立てることになった。インテリジェント・デザインと名づけられたこの非宗教的な理論は、進化論の論争や顕著な弱点を探して事実の面から反論するだけでなく、進化は不可能であることを示そうと最初から企てて、理論的な面からも反論している。科学者でこの懐疑主義に同調するものはごくまれである（生物学者ではほぼゼロ）。

促進的変異の視点から見ると、インテリジェント・デザインの支持者の論法にとても興味をそそられる。進化論の三本の柱のうち、好んで標的にされるのは新規性の起源である。インテリジェント・デザインの支持者は、科学者間での意見の相違を引き合いに出して化石の記録を疑うが、なかでも生物の新規性の起源の可能性を否定する。自然選択の過程自体への批判は、起こりそうもない変種は〔何らかの意志によって〕もともと選択対象には含まれていなかったというたぐいの主張の一部を除いては、減ってきている。現代の遺伝のメカニズムもほとんど疑われることはない。表現型変異は進化論の論理的土台の中で最も理解が不十分なので、現在これが好んで標的とされるのは当然かもしれない。

創造論者はインテリジェント・デザイン論者を支持して議論し、進化論に事実に反する完成形を与えようとした。インテリジェント・デザイン論は忠実な支持者たちに、進化論は説明不可能な系であるとする点で満足を与えたのだ。本書では変異の原因の科学的証拠を集めることによって、進化論のこの不完全さに取り組んだ。これらの結論はインテリジェント・デザインの問題に関わる。インテリジェント・デザインの伝道者たちが単に彼ら自身の宗教的な隠れた意図を擁護しようとしているだけで、現代の分子生物学的・発生学的研究にもとづいた別の理論に耳を傾ける気がないとしても、進化における新規性の出現の妥当性や非妥当性の議論によって、偏見のない他の人々は影響を受けるだろう。したがって、進化論に対するうわべは非宗教的な攻撃のすべてには答えようとはせずに、本書がこの議論に何をつけ加えられるかを考察しよう。以下に述べるのはインテリジェント・デザインが槍玉に挙げるもののうちで特に顕著な三つの問題と、それに対する促進的変異理論支持者の反対意見である。

一〇年ほど前に出版された『裁かれるダーウィン』というインテリジェント・デザインについての主要な本は、促進的変異に関連した多くの問題を論じている。一例は、さまざまな脊椎動物胚の系統典型段階での類似性を図解したエルンスト・ヘッケルの一八七四年の有名な図である。これまでにもさまざまな著者がヘッケルは形態的な類似性を芸術的な筆致で誇張したと論評していたが、『裁かれるダーウィン』の著者ははるかに重大な間違いを見つけた。「すべての脊椎動物が互いに似た胚の段階を通りはするが、実際にはこの段階より前の発生は非常に異なっている。発生の初期段階を無視しないとダーウィンの理論と実際の発生学は一致しない」。言い換えると、動物が発生の中間段階でよく似ているならば、少なくともそれ以前の段階でもよく似ていなければならないということだ。結論は「発生学が系統学への最もよい参考となるならば、……脊椎動物は多数の起源をもち、一つの共通の祖先から類似性を受け継いだのではない(10)」

異議あり！　今日では私たちはこの仮定と結論を誤りであると認識している。脊椎動物の初期の多様な形態は進化論を混乱させる矛盾だと思われていたが、豊富な実験と解釈の結果、最も強力な証明の一つに転じた。脊椎動物の保存された系統典型段階の真の形態は、単にヘッケルが華麗に描いた明白な形や凸凹ではなく、遺伝子実験によって機能を個々に調べることができる選択遺伝子の、高度に保存された発現区画地図である。

このようないくつかの胚を正確に描いた図と、対応する選択遺伝子の領域を図40に示す。この図でも依然として形態上の類似性は明白である。図は保存された選択遺伝子区画も示している。前の段階が保存されていないのに、系統典型段階がなぜ保存されることが可能かという問題に関しては、拘束された区画地図がもたらす調節の拘束解除の証拠を挙げたい。この拘束解除が、保存された区画地図を実行する経路（と形態）にかなりの変化を許し、卵や胚が発生の他の経路を進化させることを許してきたのだ。これらの経路は区画地図が発生する間にそれに無関係にはたらき、胚に栄養や庇護を与える。脊椎動物に限らず節足動物やそのほかの門も、並はずれた適応が成体と同じくらいに豊富にある発生初期の形態によってではなく、保存された区画地図や選択遺伝子によって判断しなければならない。

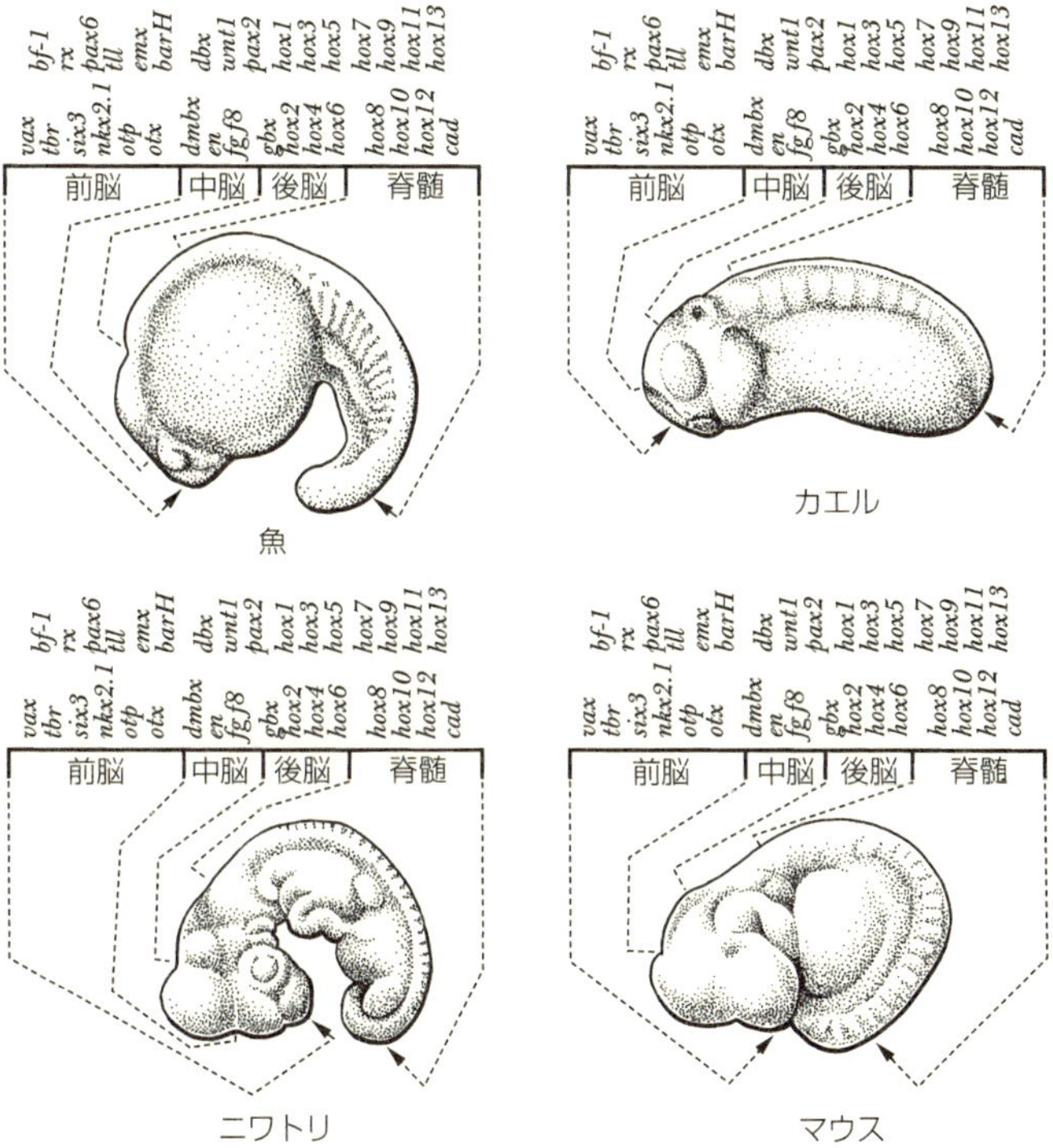

図40　ヘッケルの図の再考．脊椎動物の異なる綱から4種類を選んで，最もよく似ている系統典型段階の胚を示す．これらの形態の違いは区別できるが，選択遺伝子の発現する区画地図（各図の上部に遺伝子名で示す）は同一である．地図はこの段階で形成されたばかりである．ニワトリとマウスではの胚体外組織を取り除いてある．

インテリジェント・デザインの主張者は、「単純化できない複雑さ」という言葉を導入した。これは基本的に、複雑な生理が偶然集まってできるなどというのはあまりに現実性がないと主張して、進化理論の否定を目論むものだ。マイケル・ベーヘは「数個の部品がよく調和して互いに作用しながら基本的な機能を営む系は、その中のどの部品が欠けても系の機能の停止を引き起こす」ことに注意を促した。さらに彼は「視覚のブラックボックスが開かれた以上、ダーウィンがおこなったように眼の解剖学的構造だけを考察するのでは、この能力の進化の説明としてもはや十分ではない……解剖学上の各段階には……実際に驚異的に複雑な生化学プロセスが関与している」(11)と述べている。

きわめて複雑な構造の起源を理解するのは非常に難しいということは、ベーヘやペイリーに共感できるし、さらに〔この点にたじろいだ〕ダーウィンにさえ共感できる。インテリジェント・デザインの主張者は「単純化できない複雑さ」を引き合いに出すが、彼らは決してその複雑さの本質について問おうとしない。ベーヘは生きている細胞の複雑さが理解を超えていることをむりやり信じさせるために精巧な生化学の例を用いる。しかし今日、複雑さの本質を理解することは科学が追究する主要な目標であり、本書の大半で焦点をあてている事柄である。

ベーヘの挙げたある例について言えば、視物質（細菌からヒトまで保存されている）から網膜内の光の刺激を受け取る細胞の電気的チャネルへのシグナル伝達経路は、じつは真核細胞に共通の保存されたコア・プロセスの連鎖であることがわかっている。さらに、これらのプロセスにはすべて弱い連係の能力があるので、容易に他の回路に配線できる。皮肉なことに、配線替えの能力をもつ弱い連係の最もよい例の一つが眼なのだ。もしベーヘが昆虫の視覚の生化学経路を調べていたとしたら、脊椎動物のものとはほぼ完全に違っていることを見出しただろう。しかしもっと徹底して調べれば、二つの無関係な複雑な例という以上の、驚くべきことを見つけただろう。昆虫と脊椎動物の眼の配線は完全に異なるが、この二つの視覚系で使われている構成要素はこれらもまた、両者に存在する保存されたコア・プロセスの共有資産でまかなわれているのだ。昆虫の眼と脊椎動物の眼に見られるシグナル伝達経路は、およそ二〇億年前の最初の真核単細胞生物から受け継いだ、同じ弱い連係の能力をもっている。ベーへは、あれこれのデザインが拘束されていることには気づいていても、それらのデザインがもたらす拘束解除には気づいていない。遠くから見ると、レゴでつくられたおもちゃのお城やエッフェル塔は非常に違って見える。近寄って調べて初めてそれらの構成部品の共通性と巧妙な互換性が明かされるのだ。

三番目の例は『進化の偶像』〔邦訳は『進化のイコン——破綻する進化論教育』渡辺久義訳、創造デザイン学会訳、コスモトゥーワン、二〇〇七年〕に書かれているもので、以前に進化の科学的証拠とされたものの一部を批判している。著者はこの証拠に注目し、「独断的なダーウィン主義者」を詐欺師だと非難している。彼の取り上げる例は主として表現型変異（すでに述べたように二〇世紀の最後の一〇年に急激に発展した分野）に関わっているのに、最近の科学を引用していない。彼が空中楼閣だと決めつける偶像の一つは、共通の祖先から出た系統であることを示すための相同の混乱である。多様な脊椎動物（コウモリ、イルカ、ウマ、ヒト）の肢の解剖学的な形態上の類似（相同）は、これらの脊椎動物が肢をもつ共通の祖先から由来したことの証拠とされていたが、彼はこれに異論を唱えた。この主張はダーウィンをはじめとしてすべての形態学者や古生物学者にとって重要だったので、これがいかさまであると示すことができれば、進化の伝統的かついまだに重要な形態的な証拠にとって決定的な痛手となるだろうと考えた(12)。

確かに類似性だけでは共通の祖先から出た系統であると論じるには不十分である（科学者たちはこの点を十分に認識しているので、それを適用するほど単純ではない）。タコの眼とヒトの眼は図38で見たように非常によく似ているが、相同ではない。『進化の偶像』に述べられているとおり、単純に「相同を共通の祖先に由来したものである」と定義するならば、「どうして相同を進化の証拠として使えようか？」(13)

もちろん、タコの眼の発生・生理・形態を詳しく調べれば調べるほど、脊椎動物の眼とどんなに徹底して違っているかがなおさらはっきりわかってくる。しかし、脊椎動物の肢を調べると、逆のことが起きる。すべての脊椎動物の肢は、発生の際の選択遺伝子やシグナル伝達経路の最も奥底の分子のレベルで、驚くほど似ているのだ。肢は、体節に分かれた筋肉の区画に対して厳密に同一の位置から形成される。魚の胸鰭はマウスの前肢と同じ選択遺伝子を用い、腹鰭は別の因子、すなわち後肢と同じ因子を利用する。前－後を決める選択遺伝子の詳細なパターン形成は、すべての肢で同一である。

コウモリ、イルカ、ウマ、ヒトの肢はどこで違いが生じるのだろうか？　促進的変異から予想されるように、それらはさまざまな肢の骨の成長に影響する分泌因子と選択遺伝子のはたらく時期と量の差から生じる。指ではその多様性を反映して、最も差が大きい。肢は進化の過程で、非常に適応能力の高い筋肉・血管系・神経の探索系によって、単純化できない複雑さの問題を回避したことがわかる。それらはすべて移動し、増殖し、骨格に対して機能的な結合をする。肢の相同の発見は一九世紀の進化生物学の功績の一つだった。これらは他のどんな形態よりも深く理解され、現代の分子レベルでの相同性（肢の発生・進化における）の証拠は、論争の余地のないものである。

ダーウィンの理論に疑問を感じた者たちは、新規性の起源と、ランダムな遺伝的変異が十分に生じるかどうかがいちばんの弱点であると気づいた。表現型の起源の真相を洞察することを初めて可能にした現代の莫大な量の研究を考えると、この目のつけどころはきわめて妥当である。進化論の他の二つの支柱である自然選択と遺伝の概略は、すでに一〇〇年前に理解されていた。これらは二〇世紀に数理的にも分子遺伝学的にも高度に洗練されてきた。

分子・細胞・発生の面からの研究対象としての表現型変異は、比較的新しい学問分野である。新規性と表現型変異を取り巻く明白な弱点は、現在では補強されてきている。創造論者が取り上げる問題に対して科学者は、以前は不完全で間に合わせの答えしかもっていないことを認めるしかなかったが、もう悩むことはなくなった。

今日の説得力のある首尾一貫した答えは、分子・細胞・発生の実験から得られたものである。ランダムな突然変異が十分かどうかについては、生物が生み出す表現型変異はランダムではなく、生物自体にかかわる偏りがあるという強力な証拠がある。

新規性が生じる仕組みについての促進的変異理論による説明は、創造論者の問いとは厳密には対応しないとしても、いまでは進化の一般理論の支えの一つとして見ることができる。表現型変異の出現に対して提唱されたメカニズムは、実験にもとづいているおかげで、きわだった説明力と立証能力を兼ね備えている。分子・細胞学的研究のデータを以前の生物学者たちの成果に加えて、進化論に特有の新規性と変異の問題に対処する明快な理論にまとめることができる。これらの成果はさまざまなレベルの科学的知識をもつ偏見のない人々に、進化と発生学には多くの科学的疑問が残っているものの、進化の理論的見解には明白な大穴はなく、科学的発見を黙殺する隠密の申し合わせはないことを理解してもらう助けとなるだろう。

ふたたびヒースの荒地で

ここで私たちは、ごく自然に生命に驚嘆し、地球上につつましく生きようとしている人々のもつ懐疑と懸念に立ち戻ろう。生物界の起源に考えを巡らせる本書の語りの糸口となったウィリアム・ペイリー師のような人々に、促進的変異は何かを語るだろうか？　一八〇二年、ペイリーはヒースの荒野で真鍮の時計につまずいて歩みを止めた。その出会いは、時計の複雑なつくりは設計者の存在を示しているという内省的な瞑想を引き出すことになった――時計には時計職人がいるように、生物には創造主がいる。二一世紀に生活するペイリーの子孫は同じ荒野に帰ってきたが、現代の生物学の教育を身につけていた。彼女は名高い祖先に向かって、複雑な生物の創造を自然によるものとすることへのためらい、言い換えれば創造をほかならぬ創造主以外の手に帰すことへのためらいは、きわめて長い間人々に共有されつづけたと伝えたかったかもしれない。

ペイリー師の死から半世紀後に公表されたダーウィンの進化論は、生物の起源を自然の過程による説明に帰そうとした独創的な試みだったと彼女は言うだろう。長い間、多くの者がそれを正しいとは思わなかったが、やがて進化論の二つの部分、遺伝理論と自然選択理論は疑いの余地なく証明された。彼女は私たちの時代に遺伝理論に異議を唱えるのは、世界は平らだと言い張るのと同じだと言うかもしれない。また、多くの科学者や一般の人々、特に収穫量を増やすために人工的な選択をしたり、動物の品種を操作したりする動植物の品種改良家にとって、自然選択は自明であると断言すると思われる。

しかし特筆すべきことに、生物の複雑な構造的・機能的編成とデザインの起源についてのペイリー師の疑いは、二〇〇年近く経ってもいまだに激しい論争を巻き起こしていると彼に伝えなければならない。表現型変異理論はダーウィンの進化の一般理論の中で明らかに最も弱い点だった。進化にランダムな突然変異が必要であることが科学的に立証されてからも、表現型の新規性の量と質を生み出す具体的な方法は、科学者にとって、そして一般の人々にとって理解するのは非常に困難だったのだが、いまなら彼に、妥当な答えが見つかったと断言できるだろう。もっとも、彼の時代には神の創造に代わるものを考えることは不可能だったことが彼女にはわかっている。彼が想像しなければならなかったものは、二世紀の歳月と何万人という科学者を費やしてようやっと日の目を見たのだから。

本書をちょうど読み終えたであろう若きペイリーは、研究結果はこまごました難解な事柄が多いが、限りなく複雑であるわけではないと先祖に報告できる。それぞれの生物は自分だけに通用する規則によって進化してきたのではない。変異はありとあらゆる表現型として現れてきたわけではない。変異を生み出す一般原理は明らかで、促進的変異理論という包括的な見解に組み込まれている。この理論はまだ発展中で、いろいろなメカニズムがさらに解明されるに従って改良される余地があるが、科学は新規性の出現と進化の速度を説明できないというのはもはや当たらない。また、生物が複雑であればあるほどその進化を説明するのは困難であるというのも正しくない。まさにその逆なのだ。変異を生み出す能力の核心をなすのは、複雑さのもつ特殊な性質である。皮肉なことにこの複雑さを支配しているのが保存性である。新規性自体に稀少価値はなくなった。生物がすでにもっているものの中から非常に多くの新規性が得られるので、変異は大いに促進される。

しかし信仰の問題は残り、ペイリー師はきっとそこに戻るだろう。ここで若きペイリーは彼に、生物のデザインから設計者を推理し、人間の知識と信仰の間に一線を画する彼の努力を尊重すると伝えるだろう。二世紀にわたって蓄積された数々の知見を考慮して、信仰と科学の間の線を別のところ、現在の知識から見てもっとふさわしいところに引いてはどうかと彼女は希望を述べる。最後に、彼らが別れる前に、彼女はペイリー師に深遠かつ単純な真実を明かす。「想像したこともないでしょうけれど、生命がつくられた仕組みを私たちがついに発見したとしたら、それは真鍮の時計や人の理解を超えた神の創造のようなものではないことがわかるでしょう。秘密を解く鍵は生物自体を素直に理解するところにあるのです」と。

監訳者あとがき

たった一つの共通の祖先から出発した地球上の生物は、カンブリア紀の大爆発以来、約六億年の間に膨大な種類の多様な生物種をつくりだし、驚くほど高い機能をもつ組織・器官を進化させてきた。ダーウィンは変異と自然選択で進化が粛々と進むと考えたが、はたして突然変異と自然選択だけで、このような急速な進化が成し遂げられたかについては疑問が残り、解決すべき大きな問題となっていた。ダーウィンのジレンマである。本書では、近年長足の進歩を遂げた分子細胞生物学と発生生物学を基盤とする「促進的変異理論」により、この壁を乗り越えることを試みている。

著者のマーク・カーシュナー教授は物理化学と生化学を学び、細胞運動および細胞の形態における細胞骨格の役割の解明において重要な貢献をしてきた。とくに、微小管の動的不安定性（探索的挙動）の発見は偉大な功績である。また、細胞周期における分裂終期促進複合体（ＡＰＣ）によるサイクリンの分解の研究は特筆すべきであろう。発生生物学分野でも、ＦＧＦが脊椎動物の中胚葉誘導因子であることを発見し、さまざまな神経誘導因子の発見にも貢献している。現在は、ハーバード大学医学部システム生物学部門の部門長の要職にある。ジョン・ゲルハルト教授は、生化学を学び、細菌のアロステリック酵素の調節機構の研究を行ってきた。発生生物学に転じてからは両生類のアフリカツメガエルを用いて、卵の表層回転を発見し、オーガナイザーの形成機構の解明で大いに貢献した。

現在は、カリフォルニア大学バークレー校分子細胞生物学部門の名誉教授である。いまでも研究室を構え、研究、講義、大学院生の指導に精力的に取り組んでいる。

彼らが提唱する学説「促進的変異理論」に至るプロセスには、彼らの研究の歴史が刻み込まれている。両教授とも、当時最先端であった生化学から出発し、物理学と化学に基礎を置きながら、分子生物学の興隆の波に乗り、より複雑な発生生物学へと研究を展開していった。本書においても、物理学・化学に基盤を置いた視点が、高次生命現象の考察を説得力のあるものにしており、その具体的な論拠は、彼らが一九九七年に出版した総六四二ページの専門書 *Cells, Embryos, and Evolution*（『細胞・胚・進化――表現形変異と進化的適応の細胞生物学・発生生物学的理解に向けて』）に、八〇〇編にものぼる引用文献をもって実証的に提示されている。

最近、ゲルハルト教授とカーシュナー教授は新口動物に属す半索動物（半索という名称には、半分脊索動物の形質を持ち、脊索動物になりきれなかった動物の意味が込められている）の研究を始めた。半索動物と脊索動物の発生、とくに神経系とオーガナイザーに注目して比較することにより、われわれ人類までも生みだした新口動物の進化の仕組みを理解しようとしているのである。彼らはこの一〇年間に加速度的に進歩した発生生物学と多様な生物のゲノム情報を、前書までの情報に加えることにより、「促進的変異理論」の体系化に取り組んできた。すべての生物を貫く保存された分子構成要素、その生化学的機能、細胞活動、そしてより高次な発生システムの保存性があり、その一方で、膨大な生物多様性と、進化レベルでの形態学的、生理学的多様性が存在することは、一見すると逆説のように見える。DNA塩基配列の突然変異と生物の表現型の変異・多様性の間には大きなギャップがあり、ダーウィンのジレンマの根本原因となっていた。このギャップをつなぐことができるのが「促進的変異理論」であると彼らは主張している。

本書では、最新の分子生物学、細胞生物学と発生生物学、そして行動生理学の研究成果を裏づけとして、進化の仕組みを明快に解説している。保存されたコア・プロセスにもとづく探索的でロバストな適応が、塩基配列の変異による致死性を著しく引き下げ、遺伝的変異の蓄積を許容するとともに、表現型の変化をともなう進化の可能性を著しく高めるという「促進的変異理論」は、一般の読者のみならず生物学者にすら驚きをもって受け入れられるであろう。さらには、社会システムも進化理論の範疇にあるとの考えがある中、「促進的変異理論」が及ぼす現代社会への影響にも言及している点はとくに注目に値する。

最後に、校正刷りに目を通していただき、ご意見を賜った東京大学大学院総合文化研究科の嶋田正和教授と、監訳の作業にあたり終始励ましていただいたみすず書房編集部の市原加奈子氏に感謝の意を表したい。

二〇〇八年六月

赤坂甲治

訳者あとがき

「英語は難しい。アメリカに生まれていればこんな苦労をしないですんだのに……」翻訳をしながらいつも溜息をつく。しかし今回は違った。英語が易しかったわけではない。むしろいままでに倍して手強かった。それでも、日本に生まれてよかったと思った。アメリカでは進化論を教えない学校もあるし、国民のおよそ半数が進化論ではなく創造説やインテリジェント・デザイン理論の方を信じていると聞く。だから、学校で進化論をきちんと教えてくれる日本に生まれたことは幸せだったと改めて思ったのだ。

しかし、大多数の日本人に当然のこととして受け入れられている進化論も完全無欠なわけではない。細菌に似た最初の生命が地球上に誕生してから、つぎつぎと変異が起き選択がかかり、ついには人間のように複雑な生物が進化してくるのに、果たして三〇億年は十分だったのだろうか？　新規性の起源、特に眼のように複雑なものは、方向性をもたないランダムな変異からは生じそうもないが、都合のよい変異が同時多発的にうまく起きるものだろうか？　一度に大きな変異が起きれば生命が危うくなりそうだが、小さな変異では選択上それほど有利になりそうもないし、積み重ねに時間がかかりすぎる。化石の記録も穴だらけだ……。インテリジェント・デザイン理論の信奉者達も好んでこれらの弱点を攻撃の的とする。痛いところを突いてくるのだ。

著者らはこれらの弱点を補強して、ダーウィンの進化論を完成の域に近づけている。進化の歴史の所々で突然導入されては保存されるコア・プロセス、生理的な変異を追いかけるようにして安定化させる突然変異、融通のきく弱い連係による転写の調節、一見むだとも思われる探索的な挙動を利用した血管や神経の配線、見えない区画と選択遺伝子、などが説明される。読み進むうちに、選択条件に適合した変異は思ったより楽に起こりそうなこと、既存のプロセスや物質を時・場所・量・組み合わせを変えて利用し、少々改作して多目的に再利用するという効率のよい方法で新規性を生み出すこと、探索的挙動のお蔭で同時多発的変異の必要性がかなり回避できること、それぞれの区画内で別々の進化が可能なことなどがわかってくる。

生物は、原核生物から受け継いだ少ない遺伝子資産をもとに、重複させ、改良し、連結し、繋ぎ換え、さまざまな手を使って資産を着々と増やして、新規な形質に必要な遺伝子を調達してきた。また、DNAに起きる変異はランダムでも、表現型の変異はすでに存在するものからの改変によって生じるので偏ったものになり、そこに選択がかかれば進化は速い。歯車のサイズが一つ違うと動かなくなる時計とは異なり、生物自体の作りは案外融通がきいて致死性を和らげるため、集団内に変異の大きな蓄積ができる。コア・プロセスが拘束されると、ほかの部分の変異が拘束解除されて自由度が増す。なるほど、生物の多様性はこうして生み出されてきたのかと納得させられる。

圧巻は図40の「ヘッケルの図の再考」だろう。数十年前、私の子供時代、ヘッケルの図（眼を閉じたブタ、大きな眼をしたニワトリとカメ、サンショウウオと魚の、発生の初期から生まれる直前までの図が同じようなポーズで順番に並べられていた）をはじめて見た時の強烈な印象は忘れられないが、残念ながらこの図はあまり正しくなかったらしい。しかし「ヘッケルの図の再考」では、魚、カエル、ニワトリ、マウスの選択遺伝子の発現区画地図は、まったく同一である（インテリジェント・デザイン理論を論破するには、この図だけで十分なように思われるくらい見事だ）。

さらに著者らは、脊椎動物の鰭から手足や翼への進化についても、詳しく解説している。肢の最初の骨格変化が起きた後、筋肉も神経も血管も遺伝的変化によって改変を受ける必要はなく、探索的挙動によってきちんと配置されるのだ。

最近、ナメクジウオのゲノムが解読され、その結果、脊椎動物の起源はいままで考えられていたようにホヤの仲間ではなく、ナメクジウオの仲間であることがわかったという。およそ五億二〇〇〇万年前までに脊索動物の共通の祖先からナメクジウオが分岐し、その後、脊椎動物に進化したそうだ。ヒトの遺伝子の大半がナメクジウオにもあり、その並び順まで似ていることがわかった。生物の形態はさまざまでも、基本となる塩基配列や遺伝子配列は思った以上に共通らしい。そうなると進化も案外簡単だったのではないかと思えてくる。最近の科学の進歩を思えば、きっとダーウィンのジレンマが完璧に解決されるのも間近だろう。

翻訳に当たっては、理学博士であり翻訳者でもある中塚公子さんにお手伝いいただきました。また、監訳の赤坂甲治先生、校正刷りを読んでくださった嶋田正和先生、編集の市原加奈子さんには一方ならぬお世話になりました。心から感謝いたします。

二〇〇八年六月

滋賀陽子

索　引

BMP4　288
engrailed遺伝子　228–231, 233, 235, 236
FtsZ　306, 307
Hox遺伝子　219, 232, 233, 247, 248, 261
　——による区画化　233, 234, 237–239, 254
　ショウジョウバエの——　236
　——群の保存　237–241, 244
Hoxタンパク質
　——の改変　270, 290
Hsp90　103, 104, 292
Poeciliopsis　291
Rasタンパク質　165, 166, 170
SF-1タンパク質　118, 119

ア

アカミミガメ
　性決定　118
アクチン　184, 306
肢(脊椎動物の)の進化　181, 182, 194, 209–213
アホロートル　109
アロステリー　159–167
アロステリックタンパク質　162–164, 170
異時性　262
異常形態形成　99, 100, 102, 105, 107, 282, 286
遺伝子
　ヒト——　15
　変異速度　38
　出現時期　55
　保存性　60
遺伝子型　20–23, 271
　表現型との関連　21–23, 33, 46, 87, 88, 100, 107, 268
遺伝子(発現の)調節
　細菌の——　139, 144–146, 149
　真核細胞の——　147–150
　胚発生における——　151, 152
　→転写調節
遺伝的同化　101–103
遺伝的変異　16, 20
　ランダムな——　8, 10, 17, 20, 21, 24, 28, 31, 32, 37, 39, 43–46, 86, 101, 210, 294
　方向づけられた——　22, 28, 29, 37, 38
　　→獲得形質の遺伝
　——と突然変異　47
　生理的変異との関連　91
　——の新たな組み合わせ　98, 101, 103, 133, 176, 275–277, 281
　——と弱い調節的な連係　176
　——の量　292
イトヨ　292
　——の骨盤縮小　289, 290
イヌ
　交配による形態進化　251, 278, 279
イノシトール五リン酸　127, 130
イモリ
　胚の誘導　152, 153, 156
インスリン　137, 138, 170, 171
インテリジェント・デザイン　319–322, 324–326
ヴァイスマン，アウグスト　Weismann, August　29–31, 92
ヴィーシャウス，エリック　Weischaus, Eric

233
ウィリアムズ，ジョージ　Williams, George
「ランダムな系統発生（random phylogeny）」説　257, 258
ウィルソン，E・B　Wilson, E.B.　115
ウエスト＝エバーハルト，メアリー・ジェーン　West-Eberhard, Mary Jane　104, 114, 132, 282, 286
ウェーバー，ブルース　Weber, Bruce　300
ウォディントン，コンラッド　Waddington, Conrad　101－105, 114, 132, 231, 273, 282
遺伝的同化　101–103
ウォルパート，ルイス　Wolpert, Lewis　227
ウニ
変態と発生経路の変更　110, 275
変異の蓄積　292
エキソン－イントロン構造　269, 309
エクジソン　108
エルドリッジ，ナイルズ　Eldredge, Niles　61, 80
オオガラパゴスフィンチ　288
オーガナイザー　153–157, 226, 228
オズボーン，ヘンリー　Osborn, Henry　299

カ

改変をともなう継承　274, 302
カエル
表現型多型　108
胚細胞の移植実験　227, 228
獲得形質の遺伝　25–28, 31, 98　→遺伝的変異，パンゲネシス
化石記録　52, 54, 60, 61, 231
ガルシア＝ベジード，アントニオ　Garcia-Bellido, Antonio　229, 230, 232, 233
カワスズメ群
表現型可塑性　113, 114
環形動物　75, 77–79
幹細胞　220
多能性——　251
カンブリア紀
形態の多様化　74, 75, 77, 78, 81, 86, 89
吸虫類
表現型多型　275
教示的相互作用　193
共通の祖先　54, 57, 62, 66, 68
左右相称動物の——　238–241, 242
真核生物と原核生物の——　307
→原核生物
許容的（選択的）相互作用　193
区画化と——　271
真核細胞における——　71, 166
多面発現と——　246, 248, 258, 263, 272
——による初期発生の拘束解除　252–256
細胞タイプ（分化）と——　260, 261
生活環（時間的——）　261, 262
——と拘束解除　248, 262, 263
区画地図（遺伝子発現の）　221–224, 243, 262
ショウジョウバエの——　222, 233, 234
——の保存　224, 236–241, 244, 245, 322, 323
——の発見　225–230
——の役割　231, 232
ボディプランと——　233, 234, 236, 243, 248, 257–259
——と形態の多様化の促進　244–249, 256, 258, 260
——の導入　254, 255
——の選択　257, 258
嘴の発生　288, 289, 292　→フィンチ嘴の形態変化
組換えDNA技術　63, 225
クラゲ
生殖細胞の隔離　29, 30
グラント，ローズマリーとピーター　Grant, Rosemary & Peter

『フィンチの嘴（*The Beak of the Finch*）』 279
クリック，フランシス Crick, Francis 66, 161
グルコース濃度の制御 170
グールド，スティーヴン・ジェイ Gould, Stephen J. 40, 43, 61, 80
ケアンズ，ジョン Cairns, John 38
形態の新規性 177, 179, 273, 275
系統関係
遺伝子の異同と—— 54–60
系統図（系統樹） 54, 55, 57, 58
系統典型段階 242, 246, 249, 252, 253, 256, 257, 322, 323
血管芽細胞 206
血管内皮細胞増殖因子 207–209, 212
ゲノム
情報源としての—— 12, 15, 16, 33, 39, 56, 58–60, 66
ヒト—— 15, 70
大きさ 70
表現型可塑性と—— 96, 109, 205
——と転写の制御 150, 261
→転写調節
——構造と進化 173–175
細胞分化と—— 218, 260
区画化と—— 223
原核生物 67, 306–308, 311
——の出現 309, 310
減数分裂 70
コア・プロセス
定義 48
——の融通性 48, 299
保存された—— →保存されたコア・プロセス
——の保存 136, 313 →保存されたコア・プロセス
——の導入 61, 88
——の進化の平衡静止期 61, 62, 66, 80, 88
——の革新 61, 64, 65, 71–74, 83, 268, 308
調節的なプロセスとの違い 121
保存と節約の両立 136, 137
——の調節的な連係 140, 175 →弱い調節的な連係
——の起源 305–308, 295, 305–310
光合成 71
後生動物 72, 74, 173, 305, 311
区画地図 221
——における保存 268, 288
酵素
——の系統関係 59
機能と構造の保存性 59, 87
触媒部位の拘束と調節部位の改変 161, 165, 167
局所化による制御 166, 167
拘束 5, 44, 89, 132
——解除 164, 165, 167, 176, 267, 312, 319, 322, 325；神経細胞の設計と—— 173；神経系のパターン形成と—— 203；区画化と—— 224, 246, 248, 259, 263, 264 →区画地図；初期発生と—— 252, 253
酵素阻害 160
フィードバック—— 161
酵素適応（酵素合成の生理的適応） 142, 143, 145 →酵素誘導
酵素誘導 143–146, 151, 152, 154, 158, 159
酵母 47, 57, 70
互換性
生理的（環境）制御と遺伝的制御の—— 114, 115, 117, 131, 133, 182, 197
生理作用と胚発生の制御の—— 205
古細菌 67
骨形成 220, 223, 238, 318
昆虫
付属肢の進化 84–86
翅の進化 85, 231
階級分化 96
変態 108
コンラッド，マイケル Conrad, Michael

138

サ

細菌　67
真核細胞との比較　68-70
細菌の代謝　139, 141-146
細胞間情報伝達　72, 73
→シグナル伝達
細胞骨格　69, 70, 179, 184, 185, 187, 188, 214, 306, 311
細胞死
神経系のパターン形成と――　193, 194
細胞小器官　68
細胞接着　72, 73, 309
細胞の形　183-185
細胞の適応的な挙動　50, 52, 53, 61, 89, 139
細胞分化と細胞タイプ　217, 219, 220, 222, 223, 242, 244, 258
――の進化　73, 74
遺伝子発現のモジュールとしての――　261
左右相称動物
――の進化　75-79
(Hox遺伝子などの) ツールキットの保存　232, 290, 291
区画の保存　236, 238-240, 242
サンショウウオ
――の変態　109, 275
→アホロートル
シアノバクテリア　67, 74
シェーレ, カール・ヴィルヘルム　Scheele, Karl Wilhelm　122
シグナル伝達
――の進化　72, 73, 312, 324-326
発生経路における――　139, 216-228, 221, 226-228, 234-236
転写と――　148, 168
許容的シグナルによる――　155-158, 162, 163　→探索的プロセス
――経路の設計原理　169, 170, 270
神経細胞の――　171-173
シス調節配列　275, 276, 290
シス調節モデル　275-279
自然選択(説)　9, 19, 23, 46
――における変異の重要性　9, 10, 28
安定化させる――(安定化選択)　101, 132　→突然変異
――と促進的変異理論　279, 294, 297-300
始祖鳥　40
視物質　324
社会性昆虫　110　→ミツバチ
社会ダーウィン主義　314, 315, 318
ジャコブ, フランソワ　Jacob, François　138, 155
細菌の代謝について　139, 149, 151
アロステリーの概念について　161
シャペロン　103, 104
集団遺伝学　40, 52
シュペーマン, ハンス　Spemann, Hans　152, 153, 156, 225, 227, 228
シュマルハウゼン, イヴァン・イヴァノヴィッチ　Schmalhausen, Ivan Ivanovich　97, 99, 101, 105, 107, 114, 131, 132, 269, 274, 282, 294
『進化の要素(英訳題：*Factors of Evolution*)』　99
――の仮説　99-101, 105, 131
シュリヒティング, カール　Schlichting, Carl　104
ショウジョウバエ　14, 47, 137, 155, 168
モーガンの実験　36, 37, 115
異常形態形成　99
ボールドウィン効果の実験と――　101-106, 106
――の区画地図　222, 234, 236, 254
胚発生の実験　227-236；翅原基細胞の分化　229, 230；体節の発生　230-232

情報伝達
　許容的(選択的)な——　155–158, 163, 164
　教示的な——　155, 163
　→シグナル伝達
初期発生　234, 242, 260
　——の拘束解除　252–256
シロイヌナズナ　104
進化
　——の速度　22, 45, 46, 60–62, 89, 284, 329
　——の収斂　59, 60, 290, 291
　——の革新　61, 64, 65, 68, 71–74, 83, 86
　——の放散　303
進化可能性　265, 266, 274, 300, 301, 304, 305, 313, 318
真核生物
　——の誕生　67, 68, 70, 295, 306
　——における革新　67–70, 148, 149, 306–308, 311
　細胞内の区画化　70, 71, 166, 308
　コア・プロセスの保存　268, 306
進化的適応　9, 181
　生理的適応との制御の互換性　51
　→互換性
　生理的適応との関連　91, 92, 122, 131, 132, 204　→体細胞適応
進化の総合説　22, 23, 39–44, 105, 106, 283, 284　→ネオダーウィニズム
新規性
　ダーウィンの考え　9, 10, 11, 27, 28, 43
　——の創出　44–46, 53, 110, 165, 241, 272, 328
　——の進化史　54–86, 293, 309
　——の進化の段階　104, 105, 311–313
　——の潜在　133, 177, 179
　表現型の——　132, 139
　——と探索的プロセス　181, 182, 188, 205, 209
　インテリジェント・デザインと——　320, 321, 327
神経冠細胞　249–251, 258, 273, 285, 288, 314
シンプソン，ジョージ・ゲイロード　Simpson, George Gaylord　105, 272, 281
スターン，カート　Stern, Curt　227, 228, 229
スティーヴンス，ネッティー　Stevens, Nettie　115
スプライシング　174, 175, 269, 285, 309
　区画の制御と——　248, 263
生化学的経路
　——の保存　59
性決定　133
　環境による——　114–121, 134；温度依存性の——　96, 115–118；社会的な——　119
　遺伝による——　115, 121
　染色体と——　119, 120
　——のコア・プロセス　121
生合成経路　66, 160, 161
生殖細胞
　獲得形質と——　27, 28, 92
　——の隔離　29–31, 74
生理的適応　29, 274, 281　→体細胞適応
　生理的な可塑性と——　96
　探索的プロセスが関与する——　180, 214
脊索動物門
　ボディプランの進化　75, 77–79, 238–241, 260, 268
　区画の保存と——　242–244
　——の卵のつくり　253
石炭紀　86
脊椎動物(亜門)
　——の進化　81
　——の性決定　119, 120
　——のヘモグロビン　96, 122
　肢の発生　210–212, 268, 314
　——の区画地図　222, 237, 238, 259
　——と神経冠細胞　249–251, 268, 314

——系統典型段階の類似性　321-323
肢の相同　325, 326
染色体マッピング　36
選択遺伝子　232-240, 246, 254, 258 260, 322, 323
——の保存　238, 239, 243-245, 248
→Hox遺伝子
創造主　7, 8, 11, 12, 16, 328
創造説　11, 319-321　→インテリジェント・デザイン
促進的変異　293, 299, 314
——の検証　287-292
——の選択　301-305
促進的変異理論　3, 265-272
——と遺伝的変異　47, 271
——と保存　47
——と保存されたコア・プロセス　48-50, 268-271
——と弱い調節的な連係　49, 270
——と細胞の適応的な挙動　50
——とロバストさ　272, 273
シス調節モデルと——　275-279
自然選択説と——　279, 294, 297-300
フィンチの嘴の変化と——　284-286
——の検証　287-292
進化可能性と——　301-305
工学的モデルとしての応用　315, 316
人間社会システムへの応用　317

タ

体細胞適応　106
進化的適応との関連　92-95, 97, 121, 122, 131-133, 184, 280, 281　→進化的適応
遺伝的変異による安定化　98, 100, 103, 106, 275
探索的プロセスが関与する——　182, 184
遺伝的変異との相関　292
大脳新皮質
——の発生　314　→探索的プロセス
胎盤発生の進化(魚類の)　290, 291
ダーウィン，チャールズ　Darwin, Charles　1, 2, 8-11, 19, 21, 210
——のジレンマ　1, 24, 204, 212, 213
→新規性
『種の起源(*On the Origin of Species*)』　10, 26
獲得形質の遺伝について（パンゲネシス）　26-29
『飼育動物と栽培植物の変異（*The Variation of Plants and Animals under Domestication*)』　27
表現型変異の性質について　43, 88, 90
眼の進化について　181, 197
ダーウィン進化論　8, 11, 17-21, 24, 31, 32, 39, 40, 98, 183, 213, 272, 296, 298, 299, 328, 329
→ダーウィン，自然選択(説)
多細胞生物
——の出現　56, 71-74, 295, 306, 309
タビン，クリフォード　Tabin, Clifford　288
多面発現　246-248, 258, 271
ターンオーバー(解離再集合)
微小管の——　185-188
探索的プロセス
探索的な系　101, 316
定義と意義　178, 180-182, 270, 272
——における変異と選択　184, 186-188, 191, 194-196, 214, 274
微小管の重合　184-188, 191, 211
アリの餌探し　189-191, 208
神経系のパターン形成　192-204, 211, 214；——の可塑性　203, 204
マウスの頬髯の発生　198-200
バレルの形成　198-201, 203, 204
血管系の形成　205-209, 212, 214
肢(脊椎動物の)の発生　211-213
胚発生と——　219
区画化と——　224, 258
神経冠細胞の——　249, 251, 258

「単純化できない複雑さ(irreducible complexity)」 323, 324
断続平衡説 61, 80
タンパク質
ドメイン構造の意義 162
——の進化 55, 269, 309, 311, 312
→酵素，ヘモグロビン，翻訳配列
致死性(変異の) 214, 267, 270, 271, 274, 292, 294, 298
チューブリン 306–308
調節変異 49, 101, 247, 273, 286, 287, 313
椎骨の発生 220
定向進化説 299
適応－同化仮説 104
——への疑念 105, 106
デピュー，デイヴィッド DePew, David 300
デボン紀 82
転写調節(機構) 134, 168, 275–278, 290
→シス調節モデル
転写調節因子 148–150, 233, 234, 247, 254, 261, 262, 276
Pitx1 290
転写調節領域 150, 168, 276
——の進化 277
ド・フリース，ユーゴー de Vries, Hugo 34–36, 40
ドイル，ジョン Doyle, John 315
動的不安定性 185, 186 →探索的プロセス
ドーキンス，リチャード Dawkins, Richard 303
突然変異
——と進化的変化 11, 16, 17, 20, 47, 213, 269–275, 283–287
ランダムな—— 87, 88, 176, 260, 264, 267, 273, 274, 276, 329
安定化する—— 95, 98, 100, 114, 133 269, 281
——の役割 105, 132, 298
——と生理的適応の例 129–134
シス調節配列と—— 275, 276
致死性と—— 292, 298, 304
ドリューシュ，ハンス Driesch, Hans 225

ナ

ニュスライン＝フォルハルト，クリスティアーネ Nüsslein-Volhard, Christiane 233
ネオダーウィニズム 97, 295, 296, 299
→進化の総合説
ネオボールドウィニズム 282, 286
→シュマルハウゼン，ウェスト＝エバーハルト，異常形態形成
熱ショックタンパク質 103 →Hsp90
熱耐性 103, 104

ハ

バイソラックス 231
胚発生 50, 54, 80, 139, 151, 216–220, 224, 242, 265, 276, 294, 314, 322, 323
ボールドウィンの体細胞適応と—— 80, 101
胚の誘導 152–158
——と調節配列の変化 167
——制御と生理作用 205
——の実験 225–236
——における生理的変異と選択 226, 227
ハーヴィー，ウィリアム Harvey, William 122
ハタネズミ
——の性決定 120
爬虫類
温度依存性の性決定 96, 115–118, 134
——の卵のつくり 253, 256
発生の可塑性 107–114, 133
パンゲネシス（汎成説） 27–29
半索動物 241, 244

繁殖適応度　42, 97, 281, 282
反応規準　99, 100, 107, 114, 224, 275
反応の範囲　100, 101, 274
ハンバーガー，ヴィクター　Hamburger, Victor　194
ピグリウッチ，マッシモ　Pigliucci, Massimo　104
ヒトの生理的適応
　温度に対する——　93
　トレーニングに対する——　94
　低酸素状態に対する——　126, 298
表現型
　選択式の——　107, 108, 110, 114, 133
　逐次的な——　107, 109, 110, 114
　——の新規性　132, 139
　——の放散　313
表現型可塑性　110–114　→発生の可塑性
表現型多型　107, 113, 134
表現型変異　20, 21, 32
　遺伝子型との関連　21–23, 33, 46, 49–50, 46, 87, 88, 268, 297
　選択との関連　21, 22
　遺伝可能な——　23
　——の性質　43, 298
　拘束と——　43, 86–87, 89, 297, 298
　保存と——　86–90
　——の促進　89, 90, 95 267
フィッシャー，R・A　Fischer, R.A.　52
フィッシャー，エミール　Fischer, Emil　160
フィンチ嘴の形態変化　46, 251, 279
　ボールドウィンの体細胞適応と——　280–291
　異常形態形成と——　282, 283
　進化の総合説と——　283, 284
　促進的変異理論と——　285, 286
複合突然変異　31, 34–36, 40, 213
プリーストリー，ジョゼフ　Priestley, Joseph　122
ブルーヘッド　119
ブレンナー，シドニー　Brenner, Sydney　227
分子進化　56
平均棍　231, 236, 247
並行進化
　コウモリと鳥の翼の——　59, 60
ベイトソン，ウィリアム　Bateson, William　31–33, 231, 244
　『変異研究のための材料（*Materials for the Study of Variation*）』　32
ペイリー，ウィリアム　Paley, William　7–9, 11–16, 20, 21, 210, 328
ベータ-ガラクトシダーゼ
　——の誘導　143, 144, 146, 155, 156
ヘッケル，エルンスト　Haeckel, Ernst　321–323
ヘッブ，ドナルド　Hebb, Donald O.　203
ヘッブの法則　203
ベーへ，マイケル　Behe, Michael　324, 325
ヘモグロビン　96, 134, 275
　生理的役割　121–123
　——の二状態平衡と調節　123–127, 130, 132, 162
　——の進化的改変　128–131, 133
　霊長類の胎児の——　128, 129
　インド雁の——　129
紡錘体　184, 187, 306, 307
星鼻　200–203
ホシバナモグラ　200–203
ホスホグリセリン酸　127–130, 163
保存(性)　47
　——と多様化　61, 62, 86, 91, 134, 297, 298
　——の起源　87
　→保存されたコア・プロセス
保存されたコア・プロセス　48–50, 52, 64, 65, 87, 106, 268
　——の弱い連係　49, 236　→弱い調節的な連係
　定義　53

生化学的・分子生物学的――　62, 63, 66
――の創出　90, 310-314；遺伝的・細胞生物的な――　67-71；多細胞性と発生の――　71-74；ボディプラン関連の――　77-81；モジュール構造の発生の――　83-85
――と適応能力　134
真核生物の遺伝子調節　148
――の進化　293
――の起源　295, 305-310
ボディプラン　77-80, 240
――の起源　75-77
――の保存　77, 80, 88, 89, 241, 243, 244, 248
――の革新　78-81, 88
――と区画地図　→区画地図
――と系統典型段階　242
――の選択　258
ホメオーシス　32, 231, 232, 262
ホメオティック変異　32
ホヤ類
表現型多型　107
ホールデン，J・B・S　Haldane, J.B.S.　52
ボールドウィン，J・マーク　Baldwin, James Mark　97, 114, 131, 132, 269, 294
――の仮説　97, 98, 100,
ボールドウィン効果　97, 105, 106, 177, 273, 281
――の実験　101-104
翻訳配列　174, 175, 277-279, 290, 311, 312

マ

マイアー，エルンスト　Mayr, Ernst　105
マスター調節遺伝子　261
マスター調節タンパク質　261-263
マツヨイグサ　34-36
マンゴルト，ヒルデ　Mangold, Hilde　152, 153, 227
ミシシッピワニ　115, 116
ミツバチ
表現型可塑性　110-113, 133, 134
ミトコンドリア　306
眼の形成　10, 11
眼の進化　181, 197, 290, 291, 324, 325
メンデル，グレゴール　Mendel, Gregor　31, 33
「植物雑種に関する研究（Versuche über Pflanzen-Hybriden）」（論文）　32
モーガン，トーマス・ハント　Morgan, Thomas Hunt　34, 36, 115, 152, 244
染色体マッピングと――　36
モジュール構造　81-85, 246, 316, 318
モノー，ジャック　Monod, Jacques　138, 155, 159
細菌の代謝について　139, 141-146, 149, 151
アロステリーの概念について　160, 161, 163, 164

ヤ

有糸分裂　187, 306, 308
有性生殖　70, 71, 73, 115
幼若ホルモン　108
抑制と抑制解除　158
酵素の――　144-145, 149, 159
→酵素誘導
弱い調節的な連係　49, 140, 317, 318
定義と意義　137, 138, 168-171, 270
“弱める”仕組み　147-150
タンパク質の構造と――　162-166
→アロステリー
神経細胞の設計と――　172, 173
遺伝子進化の促進と――　173, 174
探索的プロセスと――　179
胚発生と――　219
区画化と――　224, 272
Hox遺伝子による制御と――　233

ラ

ライト，スウォール　Wright, Sewall　50, 52, 139
ラヴォアジェ，アントワーヌ　Lavoisier, Antoine-Laurent de　122
ラクトース　143–147, 155, 159, 163,
ラマルク，ジャン＝バティスト　Lamarck, Jean-Baptiste　24, 26–29, 38, 39, 92, 98
　『動物哲学（*Philosophie zoologique*）』　24
卵のつくり　252, 253
リプレッサー　143–146, 149, 156, 157, 159, 163
両生類
　初期の——　82, 83
リンキスト，スーザン　Lindquist, Susan　103, 105, 273, 282, 292
ルイス，エドワード　Lewis, Edward　231, 233
ルイセンコ，トロフィム　Lysenko, Trofim D.　99
レヴィ＝モンタルチーニ，リタ　Levi-Montalcini, Rita　194
ロバストさ　134, 272, 273, 316–318
　生理的——　134, 139
　区画化と——　255, 258–260, 264
　保存されたコア・プロセスの——　292, 301–304, 311–313

原　注

序章　ヒース荒野の時計

1. W. Paley, *Paley's natural theology*（London: C. Knight, 1836）, 1.
2. *Ibid.*, 55.
3. C. Darwin, *On the origin of species by means of natural selection, or the preservation of favoured races in the struggle for life*（London: John Murray, 1859）; S. B. Carroll, J. K. Grenier, and S. D.Weatherbee, *From DNA to diversity: Molecular genetics and the evolution of animal design*（Malden, Mass: Blackwell Science, 2001）; L. B. Radinsky, *The evolution of vertebrate design*（Chicago: University of Chicago Press, 1987）.
4. D. Sobel, *Longitude: The true story of a lone genius who solved the greatest scientific problem of his time*（New York: Walker, 1995）.
5. S. Panda, J. B. Hogenesch, and S. A. Kay, "Circadian rhythms from flies to human," *Nature* **417**（2002）: 329.

第 1 章　変異の起源

1. J. B. Lamarck, "Zoological philosophy: An exposition with regard to the natural history of animals" in A. S. Packard, *Lamarck, the founder of evolution*（New York: Longmans, Green, 1901）, 316.
2. *Ibid.*, 351.
3. J. B. Lamarck, *Zoological philosophy: An exposition with regard to the natural history of animals*（Chicago: University of Chicago Press, 1984）, 127.
4. C. Darwin, *The variation of animals and plants under domestication*, vol. 2（London: John Murray, 1868）, 367.
5. A. Weismann, *The germ-plasm: A theory of heredity*（New York: Scribner, 1893）, 5.
6. W. Bateson, *Materials for the study of variation treated with especial regard to discontinuity in the origin of species*（London: Macmillan, 1894）, 6.
7. A. H. Sturtevant, "Thomas Hunt Morgan, September 25, 1866 – December 4, 1945," in *National Academy of Sciences*（*USA*）, *biographical memoirs*（New York: National Academy of Sciences, 1959）, 283.
8. I. Shine and S. Wrobel, *Thomas Hunt Morgan, pioneer of genetics*（Lexington: University Press of Kentucky, 1976）.
9. J. Cairns, J. Overbaugh, and S. Miller, "The origin of mutants," *Nature* **335**（1988）: 142.
10. S. J. Gould, *The structure of evolutionary theory*（Cambridge, Mass.: Belknap Press of Harvard

University Press, 2002), 503; J. Huxley, *Evolution: The modern synthesis* (London: Allen and Unwin, 1942); T. G. Dobzhansky, *Genetics and the origin of species* (New York: Columbia University Press, 1982).

11. Gould, *Structure of evolutionary theory*; A. C. Milner, *Dino-birds: From dinosaurs to birds* (London: Natural History Museum, 2002).
12. V. Hamburger, in *The evolutionary synthesis: Perspectives on the unification of biology*, ed. E. Mayr and W. B. Provine (Cambridge, Mass.: Harvard University Press, 1980), 96.
13. Gould, *Structure of evolutionary theory*, 60.
14. S. Wright, "Evolution in Mendelian populations," *Genetics* **16** (1931): 147.

第2章　保存された細胞，多様な生物

1. M. Spencer *et al.*, "Analyzing the order of items in manuscripts of *The Canterbury Tales,*" *Computers and the Humanities* **37** (2003): 97.
2. N. Eldredge and S. J. Gould, "Punctuated equilibria: An alternative to phyletic gradualism," in *Models in Paleobiology*, ed. T. J. M. Schopf (San Francisco: Freeman, Cooper, 1972), 82.
3. J. M. Peregrin-Alvarez, S. Tsoka, and C. A. Ouzounis, "The phylogenetic extent of metabolic enzymes and pathways," *Genome Research* **13** (2003): 422.
4. F. Crick, *Life itself: Its origin and nature* (New York: Simon and Schuster, 1981), 141.
5. C. R. Woese, "Bacterial evolution," *Microbiological Review* **51** (1987): 221.
6. D. E. Canfield and A. Teske, "Late Proterozoic rise in atmospheric oxygen concentration inferred from phylogenetic and sulphur-isotope studies," *Nature* **382** (1996): 127.
7. J. W. Valentine and D. Jablonski, "Morphological and developmental macroevolution: A paleontological perspective," *International Journal of Developmental Biology* **47** (2003): 517.
8. A. Adoutte *et al.*, "The new animal phylogeny: Reliability and implications," *Proceedings of the National Academy of Sciences (USA)* **97** (2000): 4453; S. Conway-Morris, "The Cambrian 'explosion' of metazoans and molecular biology: Would Darwin be satisfied ?" *International Journal of Developmental Biology* **47** (2003): 505.
9. Eldredge and Gould, "Punctuated equilibria."
10. N. H. Shubin, "Origin of evolutionary novelty: Examples from limbs," *Journal of Morphology* **252** (2002): 15.
11. J. G. Kingsolver and M. A. R. Koehl, "Selective factors in the evolution of insect wings," *Annual Reviews of Entomology* **39** (1994): 425.

第3章　生理的な適応能力と進化

1. D. J. Depew and B. H. Weber, *Darwinism evolving: Systems dynamics and the genealogy of natural selection* (Cambridge, Mass.: MIT Press, 1995); M. J. West-Eberhard, *Developmental plasticity and evolution* (Oxford: Oxford University Press, 2003), 535.
2. West-Eberhard, *Developmental plasticity*, 116.
3. J. A. M. Baldwin, "A new factor in evolution," *American Naturalist* **30** (1896): 441; H. F.

Osborn, *A mode of evolution requiring neither natural selection nor the inheritance of acquired characters* (*organic selection*) (New York: New York Academy of Science, 1896); C. L. Morgan, *Habit and instinct* (London: E. Arnold, 1896).

4. I. I. Schmalhausen, *Factors in evolution: The theory of stabilizing selection*, ed. T. Dobzhansky (Chicago: University of Chicago Press, 1986).
5. C. H. Waddington, "Genetic assimilation of an acquired character," *Evolution* **7** (1953): 118.
6. S. L. Rutherford and S. Lindquist, "Hsp90 as a capacitor for morphological evolution," *Nature* **396** (1998): 336.
7. C. Queitsch, T. A. Sangster, and S. Lindquist, "Hsp90 as a capacitor of phenotypic variation," *Nature* **417** (2002): 618.
8. West-Eberhard, *Developmental plasticity*, 151; C. D. Schlichting and M. Pigliucci, *Phenotypic evolution: A reaction norm perspective* (Sunderland, Mass.: Sinauer, 1998), 315.
9. G. G. Simpson, "The Baldwin effect," *Evolution* **7** (1953): 115; Schlichting and Pigliucci, *Phenotypic evolution*, 315.
10. H. F. Nijhout, "When developmental pathways diverge," *Proceedings of the National Academy of Sciences* (*USA*) **96** (1999): 5348.
11. A. Meyer, "Morphometrics and allometry in the tropically polymorphic cichlid fish, *Cichlasoma citrinellum*: Alternative adaptations and ontogenetic changes in shape," *Journal of Zoology* (*London*) **221** (1990): 237.
12. A. Huysseune, "Phenotypic plasticity in the lower pharyngeal jaw dentition of *Astatoreochromis alluaudi* (Teleostei: Cichlidae)," *Archives of Oral Biology* **40** (1995): 1005.
13. West-Eberhard, *Developmental plasticity*; M. J. West-Eberhard, "Phenotypic plasticity and the origins of diversity," *Annual Review of Ecology and Systematics* **20** (1989): 249.
14. E. B. Wilson, *The cell in development and inheritance* (New York: Columbia University, 1900), 144; N. Stevens, "Studies in spermatogenesis II. A comparative study of the heterochromosomes in certain species of Coleoptera, Hemiptera and Lepidoptera with especial reference to sex determination," *Carnegie Institution of Washington Publication* (1906): 1; E. B. Wilson, "Studies on chromosomes III. The sexual differences of the chromosome group in Hemiptera with some considerations of the determination and inheritance of sex," *Journal of Experimental Biology and Medicine* **3** (1906): 1. S. F. Gilbert, "The embryological origins of the gene theory," *Journal of the History of Biology* **11** (1978): 320.
15. P. S. Western *et al.*, "Temperature-dependent sex determination in the American alligator: Expression of SF_1, WT_1 and DAX_1 during gonadogenesis," *Gene* **241** (2000): 223.
16. D. Crews, "Sex determination: Where environment and genetics meet," *Evolution and Development* **5** (2003): 50.
17. K. Semsar and J. Godwin, "Social influences on the arginine vasotocin system are independent of gonads in a sex-changing fish," *Journal of Neuroscience* **23** (2003): 4386.
18. J. J. Emerson *et al.*, "Extensive gene traffic on the mammalian X chromosome," *Science* **303**

(2004): 537.
19. J. A. Graves, "From brain determination to testis determination: Evolution of the mammalian sex-determining gene," *Reproduction, Fertility, and Development* **13** (2001): 665.
20. W. Harvey, *The circulation of the blood and other writings* (London: J. M. Dent, 1990), 92; J. W. Severinghaus, "Fire-air and dephlogistication: Revisionisms of oxygen's discovery," *Advances in Experimental Medicine and Biology* **543** (2003): 7.
21. M. Nikinmaa, "Haemoglobin function in vertebrates: Evolutionary changes in cellular regulation in hypoxia," *Respiration Physiology* **128** (2001): R317.
22. R. M. Wells, "Evolution of haemoglobin function: Molecular adaptations to environment," *Clinical and Experimental Pharmacology and Physiology* **26** (1999): 591.
23. N. B. Terwilliger, "Functional adaptations of oxygen-transport proteins," *Journal of Experimental Biology* **201** (1998): 1085.
24. Nikinmaa, "Haemoglobin function."
25. West-Eberhard, *Developmental plasticity*.

第 4 章　弱い調節的な連係

1. J. C. Gerhart and M. W. Kirschner, *Cells, embryos, and evolution: Toward a cellular and developmental understanding of phenotypic variation and evolutionary adaptability* (Boston: Blackwell Science, 1997); M. Kirschner and J. Gerhart, "Evolvability (perspective)," *Proceedings of the National Academy of Sciences* (*USA*) **95** (1998): 8420.
2. A. Lwoff and A. Ullmann, eds., *Origins of molecular biology: A tribute to Jacques Monod* (New York: Academic Press, 1979).
3. F. Jacob, in *ibid.*, 100.
4. U. Alon, "Biological networks: The tinkerer as an engineer," *Science* **301** (2003): 1866.
5. C. B. Harvey and G. R. Williams, "Mechanism of thyroid hormone action," *Thyroid* **12** (2002): 441.
6. J. Monod and F. Jacob, "Teleonomic mechanisms in cellular metabolism, growth, and differentiation," *Cold Spring Harbor Symposium on Quantitative Biology* **26** (1961): 389.
7. T. H. Morgan, *Embryology and genetics* (New York: Columbia University Press, 1934), 10.
8. H. Spemann, *Embryonic development and induction* (New Haven: Yale University Press, 1938).
9. *Oxford English Dictionary* (Oxford: Oxford University Press, 2000).
10. E. M. De Robertis *et al.*, "Molecular mechanisms of cell-cell signaling by the Spemann-Mangold organizer," *International Journal of Developmental Biology* **45** (2001): 189.
11. A. Lwoff, in Lwoff and Ullmann, *Origins of molecular biology*, 14; J. Monod, J. Wyman, and J.-P. Changeux, "On the nature of allosteric transitions: A plausible model," *Journal of Molecular Biology* **12** (1965): 85.
12. R. U. Lemieux and U. Spohr, "How Emil Fischer was led to the lock and key concept for enzyme specificity," *Advances in Carbohydrate Chemistry and Biochemistry* **50** (1994): 1.
13. H. F. Judson, *The eighth day of creation: Makers of the revolution in biology* (Plainview, N.Y.:

Cold Spring Harbor Laboratory Press, 1996), 579.

14. T. Pawson and P. Nash, "Assembly of cell regulatory systems through protein interaction domains," *Science* **300** (2003): 445.
15. M. Z. Ludwig, N. H. Patel, and M. Kreitman, "Functional analysis of eve stripe 2 enhancer evolution in *Drosophila*: Rules governing conservation and change," *Development* **125** (1998): 949.

第 5 章　探索的挙動

1. J. C. Gerhart and M. W. Kirschner, *Cells, embryos, and evolution: Toward a cellular and developmental understanding of phenotypic variation and evolutionary adaptability* (Boston: Blackwell Science, 1997), 146.
2. C. Darwin, *On the origin of species by means of natural selection, or the preservation of favoured races in the struggle for life* (London: John Murray, 1859), 186.
3. M. Kirschner and T. Mitchison, "Beyond self-assembly: From microtubules to morphogenesis," *Cell* **45** (1986): 329.
4. C. Detrain, J. L. Deneubourg, and J. M. Pasteels, eds., *Information processing in social insects* (Basel: Birkhäuser, 1999).
5. A. Chisholm and M. Tessier-Lavigne, "Conservation and divergence of axon guidance mechanisms," *Current Opinion in Neurobiology* **9** (1999): 603.
6. J. Yuan and H. R. Horvitz, "A first insight into the molecular mechanisms of apoptosis," *Cell* **116** (2004): S53.
7. V. Hamburger, "History of the discovery of neuronal death in embryos," *Journal of Neurobiology* **23** (1992): 1116; R. Levi-Montalcini *et al.*, "Nerve growth factor: From neurotrophin to neurokine," *Trends in Neuroscience* **19** (1996): 514.
8. N. Kasthuri and J. W. Lichtman, "The role of neuronal identity in synaptic competition," *Nature* **424** (2003): 426.
9. B. L. Schlaggar and D. D. O'Leary, "Patterning of the barrel field in somatosensory cortex with implications for the specification of neocortical areas," *Perspectives in Developmental Neurobiology* **1** (1993): 81.
10. K. C. Catania, "Barrels, stripes, and fingerprints in the brain-implications for theories of cortical organization," *Journal of Neurocytology* **31** (2002): 347.
11. E. Foeller and D. E. Feldman, "Synaptic basis for developmental plasticity in somatosensory cortex," *Current Opinion in Neurobiology* **14** (2004): 89.
12. D. O. Hebb, *The organization of behavior: A neuropsychological theory* (New York: Wiley, 1949); Y. Goda and G. W. Davis, "Mechanisms of synapse assembly and disassembly," *Neuron* **40** (2003): 243.
13. N. Ferrara, H. P. Gerber, and J. LeCouter, "The biology of VEGF and its receptors," *Nature Medicine* **9** (2003): 669.
14. C. J. Schofield and P. J. Ratcliffe, "Oxygen sensing by HIF hydroxylases," *Nature Reviews: Molecular Cell Biology* **5** (2004): 343.

第 6 章　見えない構造

1. M. Kieny, A. Mauger, and P. Sengel, "Early regionalization of somatic mesoderm as studied by the development of axial skeleton of the chick embryo," *Developmental Biology* **28** (1972): 142.
2. H. Driesch (1892), "The potency of the first two cleavage cells in echinoderm development: Experimental production of partial and double formations," in *Foundations of experimental embryology*, ed. B. H. Willier and J. M. Oppenheimer, (New York: Hafner Press, 1974), 38.
3. H. Spemann, *Embryonic development and induction* (New Haven: Yale University Press, 1938).
4. L. Wolpert, "Positional information and the spatial pattern of cellular differentiation," *Journal of Theoretical Biology* **25** (1969): 1; *idem*, "Positional information and pattern formation," *Current Topics in Developmental Biology* **6** (1971): 183.
5. S. E. Fraser and R. M. Harland, "The molecular metamorphosis of experimental embryology," *Cell* **100** (2000): 42.
6. A. Garcia-Bellido, "The engrailed story," *Genetics* **148** (1998): 539.
7. A. Garcia-Bellido and P. Santamaria, "Developmental analysis of the wing disc in the mutant engrailed of *Drosophila melanogaster*," *Genetics* **72** (1972): 87.
8. E. B. Lewis, "A gene complex controlling segmentation in *Drosophila*," *Nature* **276** (1978): 565.
9. J. J. Stuart *et al*., "A deficiency of the homeotic complex of the beetle *Tribolium*," *Nature* **350** (1991): 72.
10. P. A. Lawrence, *The making of a fly: The genetics of animal design* (Oxford: Blackwell Scientific Publications, 1992).
11. J. M. Slack, P. W. Holland, and C. F. Graham, "The zootype and the phylotypic stage," *Nature* **361** (1993): 490.
12. D. Duboule and P. Dolle, "The structural and functional organization of the murine HOX gene family resembles that of *Drosophila* homeotic genes" *EMBO Journal* **8** (1989): 1497.
13. E. Boncinelli, M. Gulisano, and V. Broccoli, "Emx and Otx homeobox genes in the developing mouse brain," *Journal of Neurobiology* **24** (1993): 1356.
14. J. C. Gerhart and M. W. Kirschner, *Cells, embryos, and evolution: Toward a cellular and developmental understanding of phenotypic variation and evolutionary adaptability* (Boston: Blackwell Science, 1997).
15. C. J. Lowe *et al*., "Anteroposterior patterning in hemichordates and the origins of the chordate nervous system," *Cell* **113** (2003): 853.
16. G. Pangaiban *et al*., "The origin and evolution of animal appendages," *Proceedings of the National Academy of Sciences USA* **94** (1997): 5162.
17. Gerhart and Kirschner, *Cells, embryos, and evolution*, 379.
18. G. Von Dassow and G. M. Odell, "Design and constraints of the *Drosophila* segment polarity module: Robust spatial patterning emerges from intertwined cell state switches," *Journal of*

Experimental Zoology **294** (2002): 179.

19. G. C. Williams, *Natural selection: Domains, levels, and challenges* (New York: Oxford University Press, 1992).
20. G. Ruvkun and J. Giusto, "The *Caenorhabditis elegans* heterochronic gene lin-14 encodes a nuclear protein that forms a temporal developmental switch," *Nature* **338** (1989): 313; N. A. Moran, "Adaptation and constraint in the complex life cycles of animals," *Annual Review of Ecology and Systematics* **25** (1994): 573.

第7章　促進的変異

1. M. J. West-Eberhard, *Developmental plasticity and evolution* (Oxford: Oxford University Press, 2003); G. G. Simpson, "The Baldwin effect," *Evolution* **7** (1953): 115.
2. L. W. Ancel and W. Fontana, "Plasticity, evolvability, and modularity in RNA," *Journal of Experimental Zoology* **288** (2000): 242.
3. West-Eberhard, *Developmental plasticity*.
4. J. C. Gerhart and M. W. Kirschner, *Cells, embryos, and evolution: Toward a cellular and developmental understanding of phenotypic variation and evolutionary adaptability* (Boston: Blackwell Science, 1997), 580.
5. S. B. Carroll, J. K. Grenier, and S. D.Weatherbee, *From DNA to diversity: Molecular genetics and the evolution of animal design* (Malden, Mass: Blackwell Science, 2001).
6. J. W. Fondon and H. R. Garner, "Molecular origins of rapid and continuous morphological evolution," *Proceedings of the National Academy of Sciences* (*USA*) **101** (2004): 18058; M. Ronshaugen, N. McGinnis, and W. McGinnis, "Hox protein mutation and macroevolution of the insect body plan," *Nature* **415** (2002): 914.
7. P. R. Grant, *Ecology and evolution of Darwin's finches* (Princeton: Princeton University Press, 1986); J. Weiner, *The beak of the finch: A story of evolution in our time* (New York: Knopf, 1994).
8. I. I. Schmalhausen, *Factors in evolution: The theory of stabilizing selection*, ed. T. Dobzhansky (Chicago: University of Chicago Press, 1986);West-Eberhard, *Developmental plasticity*; C. H.Waddington, "Genetic assimilation of an acquired character," *Evolution* **7** (1953): 118; S. L. Rutherford and S. Lindquist, "Hsp90 as a capacitor for morphological evolution," *Nature* **396** (1998): 336.
9. A. Abzhanov *et al.*, "Bmp4 and morphological variation of beaks in Darwin's finches," *Science* **305** (2004): 1462.
10. M. D. Shapiro *et al.*, "Genetic and developmental basis of evolutionary pelvic reduction in three-spine sticklebacks," *Nature* **428** (2004): 717.
11. Fondon and Garner, "Molecular origins"; Ronshaugen, McGinnis, and McGinnis, "Hox protein mutation."
12. D. N. Reznick, M. Mateos, and M. S. Springer, "Independent origins and rapid evolution of the placenta in the fish genus *Poeciliopsis*," *Science* **298** (2002): 1018; M. Kirschner and J. Gerhart, "Evolvability (perspective)," *Proceedings of the National Academy of Sciences*

(*USA*) **95** (1998): 8420.
13. P. Dehal *et al*., "The draft genome of *Ciona intestinalis*: Insights into chordate and vertebrate origins," *Science* **298** (2002): 2157.
14. H. L. True, I. Berlin, and S. L. Lindquist, "Epigenetic regulation of translation reveals hidden genetic variation to produce complex traits," *Nature* **431** (2004): 184.

第8章　進化論の合理性

1. D. J. Depew and B. H. Weber, *Darwinism evolving: Systems dynamics and the genealogy of natural selection* (Cambridge, Mass.: MIT Press, 1995), 485.
2. R. Dawkins, in *Artificial life: The proceedings of an interdisciplinary workshop on the synthesis and simulation of living systems*, ed. C. G. Langton (Redwood City, Calif.: Addison-Wesley, 1989), 201; J. C. Gerhart and M. W. Kirschner, *Cells, embryos, and evolution: Toward a cellular and developmental understanding of phenotypic variation and evolutionary adaptability* (Boston: Blackwell Science, 1997), 580.
3. J. Lowe, F. Van Den Ent, and L. A. Amos, "Molecules of the bacterial cytoskeleton," *Annual Review of Biophysics and Biomolecular Structure* **33** (2004): 177.
4. B. Jungnickel, T. A. Rapoport, and E. Hartmann, "Protein translocation: Common themes from bacteria to man," *FEBS Letters* **346** (1994): 73.
5. R. F. Doolittle, "The origins and evolution of eukaryotic proteins," *Philosophical Transactions of the Royal Society of London. Series B* **349** (1995): 235.
6. H. Hegyi and P. Bork, "On the classification and evolution of protein modules," *Journal of Protein Chemistry* **16** (1997): 545.
7. H. Kitano, "Systems biology: A brief overview," *Science* **295** (2002): 1662; D. E. Goldberg, *Genetic algorithms in search, optimization, and machine learning* (Reading, Mass.: Addison-Wesley, 1989).
8. M. E. Csete and J. C. Doyle, "Reverse engineering of biological complexity," *Science* **295** (2002): 1664.
9. "Evolution," in *The Catholic encyclopedia*, ed. C. G. Herbermann *et al.* (New York: Appleton, 1909), **5**: 654.
10. P. E. Johnson, *Darwin on trial* (Downers Grove, Ill.: InterVarsity Press, 1993), 72–73.
11. M. J. Behe, *Darwin's black box: The biochemical challenge to evolution* (New York: Free Press, 1996), 22, 39.
12. J. Wells, *Icons of evolution: Science or myth ?* (Washington, D.C.: Regnery Publishing, 2000), 244.
13. *Ibid.*, 77.

用語解説

DNA 塩基配列（DNA base sequence）：DNA 鎖の四つの構成要素 A，T，G，C の配列順序．鎖はヒトではおよそ 30 億塩基，ショウジョウバエでは 1 億 4000 万塩基の長さがある．（「ゲノム」「遺伝子型」の項も参照）

engrailed 遺伝子：ショウジョウバエで最初に発見された選択遺伝子であり，転写因子 engrailed タンパク質をコードしている．昆虫では，この遺伝子は各体節の後半の区画で発現する．engrailed タンパク質は後半区画の多くの遺伝子をオンあるいはオフにするので，この遺伝子の発現により後半区画は前半区画とは異なる発生をするようになる．engrailed 遺伝子がはたらかないと，後半区画は前半区画と同じような発生をする．

Hox 遺伝子群（Hox genes）：区画のアイデンティティーを規定する選択遺伝子．多くの動物の頭の後部と体幹で発現する．通常これらの遺伝子は染色体上でクラスターを形成している．

アロステリー（allostery）：1 つのタンパク質が表面に 2 種類の部位，すなわち機能的部位とその機能を調節する部位をもつことを指す．具体的には，アロステリックタンパク質が機能部位と調節部位の活性の程度の異なる 2 つの構造あるいは状態をもつことを指す．高機能の構造を安定化する調節シグナルは活性化因子，低機能の構造を安定化するシグナルは阻害因子である．

安定化選択（stabilizing selection）：環境が安定しているときあるいは標準値付近で上下しているときの選択（およびそのような選択にかかる突然変異の発生）．このような変異と選択の過程は表現型の変動の原因を減らし，安定化をもたらす．（「遺伝的同化」の項も参照）

異常形態形成（morphosis）：ストレスの多い状況下での生物の表現型の変化であるが，生物がそのストレスに適応する役には立たない．表現型の変異は，それを引き起こした選択条件以外の条件にたまたま適応することがあり，その場合には遺伝性の変異によって安定化されることもある．

一倍体（haploid）：染色体を 1 セットもっている状態．減数分裂後の精子と卵の染色体の定数．細菌のような無性生殖生物では，通常は一倍体が正常な状態である．

遺伝（heredity）：生物の性質の一つ．生物の固有の性質についての情報が，高精度で次世代に渡されること．

遺伝可能な表現型変異（heritable phenotypic variation）：ダーウィンの説によれば，遺伝可能な表現型の変異が生物集団中に必然的に生じ，それらのうち，その場の環境状況下で他より繁殖に適した変異が最終的には集団を乗っ取るという．（「等方的変異」，「表現型変異」の項も参照）

遺伝子型（genotype）：個々の生物の遺伝子の構成のこと．ただしこの用語は，同一の遺伝的構成をもつ一群を一つの範疇として指す場合にも用いられる．ほぼ同じ遺伝子型で括られる集団のメンバーであっても遺伝子配列は，集団内の遺伝的多様性のためにわずかに異なる場合がある．

遺伝子発現（gene expression）：遺伝子の DNA 塩基配列の情報が，活性のあるタンパク質や機能をもつ RNA に変換される一連の段階．真核細胞では次のような複数の段階が含まれる．すなわち，DNA 配列から RNA コピーへの転写，RNA のスプライシングとトリミングによるメッセンジャーRNA の作製（「エキソン」の項参照），メッセンジャーRNA のポリペプチド鎖への翻訳，鎖が折り畳まれてタンパク質になる過程，タンパク質の活性化．

遺伝的同化（genetic assimilation）：コンラッド・ウォディントンによる造語で，体細胞応答の遺伝的安定化を指す．体細胞の応答（反応）は環境からの刺激の条件に適応している場合もそうでない場合もある．しかし適応的な応答を安定化する遺伝可能な変化が起きると，適応度が向上し，選択される．したがって同化の最終段階では，生物は環境からの刺激がなくても体細胞の応答を生み出すことができるようになる．

遺伝的変異の新たな組み合わせ（genetic reassortment）：有性生殖による遺伝的組み換えや染色体の再組み合わせから生じる遺伝子型の変異．この用語は，個体の生存期間中に起きる突然変異についてではなく，集団中にしばらく存在していた DNA 塩基配列の変化について使われることが多い．〔本邦訳では意訳しているが，reassortment は再集合と訳される場合がある．〕

イントロン（intron）：真核生物の遺伝子の一部をなす塩基配列．RNA のこの部分はスプライスされて捨てられるので（「エキソン」の項参照），メッセンジャーRNA にはならない．しかしイントロンには遺伝子の調節に重要な配列が含まれることがある．

エキソン（exon）：真核生物の遺伝子の一部をなす塩基配列．タンパク質に翻訳される配列は，すべてエキソンにコードされている．DNA から転写された RNA は，イ

ントロンが切除されてエキソンだけがつなぎ合わされること（スプライシング）で，メッセンジャーRNAとなる．

改変をともなう継承（descent with modification）：祖先から世代を重ねるにしたがって，生物が形態・生理・挙動に変化を蓄積して行くことを示す，ダーウィンによる用語．変化はまったく新しいものではなく，すでに存在していた構成要素やプロセスの改変であることを暗に指している．

可塑性（plasticity）：同じ遺伝子型をもつ動物が，環境条件の違いによって異なる表現型を示す能力．あるいは，神経系の神経回路やシナプスが，経験や傷害に応答して古いものを除去し，新たな回路やシナプスを形成することによって変化する能力を指すこともある．さらに広義には，生物の環境変化や遺伝的変化に反応する体細胞適応の能力を指す．

基質（substrate）：酵素タンパク質の表面で化学的に変化を受ける分子．細胞内の小さな分子の大部分は，細胞の複雑な代謝を担うさまざまな酵素の基質である．

キナーゼ（kinase）：標的タンパク質にリン酸基を付加して，活性やその他の機能を調節する酵素．

教示的シグナル伝達と許容的シグナル伝達（instructive and permissive signaling）：許容的シグナル伝達は，受容側に完全な応答（反応）機構が組み込まれており，それが内的に抑制されていることを意味する．シグナルが抑制を解除すると，受容側は既存のパターンに従って応答をする．教示的シグナル伝達では，応答は前もって組み込まれておらず，シグナルは応答を生み出す情報を提供する必要がある．

共通の祖先（common ancestor）：2つ以上の生物の系統の進化の出発点となった祖先．

許容的シグナル伝達（permissive signaling）：「教示的シグナル伝達と許容的シグナル伝達」の項を参照．

区画（compartment）：1つあるいは少数の選択遺伝子が特有の発現をする胚の一領域．その領域内では1つあるいは少数のシグナルタンパク質がつくられる．動物の胚は，発生の中期までにこれらの区画の地図を確立させる．

区画化（compartmentation）：保存されたさまざまなコア・プロセスを生物の異なる場所で別々に活動させる能力．実際に，それらの区画をつくりだす能力を指す．

区画地図（compartment map）：ある動物体内の区画の空間配置．地図は，複雑な解剖学的構造の位置決めと建設のための足場や土台として働く．各動物門は特有の地図をもつ．地図はその上に組み立てられる形態や生理よりもよく保存されている．

組換え（recombination）：減数分裂の際の姉妹染色分体の交差，ウイルスが介在する

転座，染色体の切断と再結合などのいくつかの方法のうちのいずれかによって，新たな配列が作り出されるようなDNAの再配列．本書では，「遺伝的変異の新たな組合わせ」は，さまざまな方法によって生み出される遺伝的変異を指すこともあるが，通常は，減数分裂によって生殖細胞が形成される際に，母方と父方の染色体がランダムな選択を経て組み合わされることを指す．

系統樹（phylogeny）：祖先からの生物の系統を示す，枝分かれした樹．

系統典型段階（phylotypic stage）：門のボディプラン（選択遺伝子の発現と分泌シグナルタンパク質の区画地図を含む）が初めて現れる発生の中間段階．区画化によって規定された特定の部位に分化した器官や細胞型（タイプ）が発生する前なので，一つの動物門に属するさまざまな綱の胚は，この段階では同じように見える．脊索動物では，系統典型段階になると区画地図のほかに，新たに発生した中空の背部神経索・鰓裂・初期の尾・脊索が現れる．

ゲノム（genome）：ある生物の全DNA塩基配列（四種類の要素，A，T，G，Cの配列のすべて）．同じものが遺伝子型と呼ばれることもあるが，ゲノムは種内の個体を引き合いに出すのではなく，「ヒトのゲノム」というように一つの種の塩基配列を指す，より一般的な意味の用語である．

原核生物（prokaryotes）：自由生活をする最も小さな生物である真正細菌と古細菌が属す．これらはすべて，核と，膜で囲まれた細胞小器官を欠き，ゲノムは環状DNAとして細胞質に含まれている．無性生殖で分裂し，20分に1回という速さで分裂するものもある．DNA・RNA・タンパク質・利用可能なエネルギー・細胞構成成分を作るプロセスは，多細胞生物を含む真核生物の過程と基本的に同じである．

原生生物（protist）：アメーバやゾウリムシのような単細胞真核生物．最初の原生生物は20億年前に現れたらしい．原生生物の種類は桁外れに多い．これらは以前には原生動物と呼ばれていたが，現在ではその祖先は，動物に対しては植物や菌類に対するよりも縁が薄いと認められている．

原腸形成（gastrulation）：胚の表面の多くの細胞が内側へ移動し，卵の最初の構成を幼生や幼若体や成体の構成に変形させる発生の過程．原腸形成と神経管形成（これにより神経系が内側に配置される）の完成によって，動物のボディプランが形成される．

後生動物（metazoa）：動物界を表す科学用語．後生動物はすべて多細胞で，できあいの，さまざまな要素からなる食物を必要とする．細胞には堅い細胞壁がない．後生動物の30の門は，形態的にも生理的にも非常に異なり，カイメン類から昆虫類，貝類，人類にまで及ぶ．

酵素活性（enzyme activity）：化学反応を，触媒（反応で消費されずに，反応速度を増加させる物質）であるタンパク質が促進すること．およびその促進の程度を指す用語．

拘束（constraint）：原理的に可能と思われるあらゆる遺伝可能な表現型変異のうち，ある特定の方向の変異は，それが致死的であるために実際には生物界に出現せず，結果として表現型に偏りが生じることを概念的に指す用語．

拘束解除（deconstraint）：拘束と対を成す語．コア・プロセスの活動の拘束と引き換えに獲得される．コア・プロセスとその構成要素は，プロセス間およびプロセス内部の新たな調節的連係の進化に対する拘束を低下させるようにつくられていると，筆者らは主張している．

酵素誘導（enzyme induction）：酵素をコードしている RNA 合成の速度が，誘導物質に応答して増加すること．

互換性，制御の（interchangeability of cues）：生物は発生と生理において，注意深くバランスを取った二者択一スイッチを使うことが多い．これらのスイッチは，温度などの環境のキュー（合図）あるいは遺伝子にコードされた内部の要素によってオンにされる．近縁の生物は環境的制御と遺伝的制御をしばしば相互交換してきた．

細胞外マトリックス（extracellular matrix）：動物の細胞により分泌され，細胞間に沈着する不溶性の物質（タンパク質）の層．細胞はマトリックスに接着したり，その上を移動したりする．

細胞骨格 (cytoskeleton)：細胞に形を与え，方向性のある細胞内物質移送の足場となる構造．広範囲に整列したタンパク質繊維からなる．真核細胞では広汎に見られるが，原核細胞では見られない．

細胞質（cytoplasm）：真核細胞では，細胞の形質膜と内部の核との間の流動性の部分．原核細胞では，形質膜と内部の DNA 鎖との間の流動性の部分．

細胞タイプ（cell types）：多細胞生物における，分化した細胞の種類．分化した細胞はすべて同一の遺伝子型（genotype）を共有しているが，発現する遺伝子，細胞に含まれているメッセンジャーRNA やタンパク質，細胞の機能は異なる．

シグナル伝達（signal transduction）：細胞表面でシグナルを受け取り，制御された一連の化学変化を細胞内部に引き起こすことによって，細胞質を通してシグナルを中継する過程．最終的に，そのシグナルに対する細胞応答の引き金が引かれる．

シス調節，遺伝子の（*cis*-regulation of genes）：さまざまな転写因子が結合する DNA 配列をシス配列という．遺伝子に隣接したシス配列を介して，遺伝子の転写が制御される．

シス調節モデル，進化の（*cis*-regulatory model of evolution）：極端なモデルでは，多細胞生物の表現型変化にはほとんどの場合に遺伝子のシス調節領域の変化が関与するとしている．それによって遺伝子発現の時期・場所・量は変わるが，翻訳配列は変わらないとする．

自然選択（natural selection）：異なる遺伝可能な表現型をもつ生物集団に対して，環境がもたらす効果の概念．すなわち，環境下での繁殖適応度の低い個体が除かれるという効果である．ダーウィンが提出した．

収斂，進化の（convergence, evolutionary）：複数の生物が同様な機能を果たす同様な構造をもっているが，それらの構造が独立に進化してきた場合に，そのことを指す用語．

進化（evolution）（「ダーウィンの進化論」の項も参照）：共通の起源から遺伝可能な表現型の変化のプロセスを経て，種（しゅ）ができていくこと．神による創造に対比させた語．

進化可能性（evolvability）：広義には，進化する能力．変異の要素と選択の要素の両者を含む．本書では変異の要素，すなわち，生物が遺伝的変異に応答して生存可能な表現型変異（特に，適応度を高める変異）を生み出す能力を強調している．

真核生物（eukaryotes）：単細胞の原生生物と，多細胞の植物・菌類・動物が含まれる．すべての真核細胞は，核・分泌小胞・ミトコンドリア（あるいはその痕跡）・葉緑体（植物）などの膜で囲まれた細胞小器官を内部にもち，線状の DNA を染色体内にもつ．すべての真核細胞は細胞骨格をもち，これが細胞の形，細胞の構成，方向性のある細胞内物質輸送にかかわる．

進化的適応（evolutionary adaptation）：環境下での繁殖適応度の向上に寄与することで選択された，生物の表現型の遺伝可能な変化（または，それが起こること）．

進化の総合説，（modern synthesis）：1940 年代に提出され，ダーウィンの変異と選択の理論をメンデルの理論と統合した一つの見解．進化的適応の概念を最も重要であるとした．表現型変異が生ずる説明として，自然選択が主役となり，体細胞適応（獲得形質）の遺伝の考えは排除された（「ネオダーウィン説」の項も参照）．

新規性（novelty）：「表現型の新規性」の項を参照．

神経冠細胞（neural crest cell）：神経冠細胞は脊椎動物の胚発生の間に，中枢神経系の縁に生じる．そして体内を移動してさまざまな部位に落ち着き，そこで増殖・分化する．骨・軟骨・神経・腺細胞・色素細胞・心臓を構成する部分など，さまざまなものに分化する．何に分化するかは，神経冠細胞が定着した部位が発するシグナル

や，神経冠細胞の種類（神経冠細胞が生じた部位に由来する）に依存する．

生殖系列（germ line）：多細胞生物の卵や精子をつくりだす特殊な細胞集団．一方，体細胞は，子孫に受け継がれることはない．

生理的適応（physiological adaptability）：体細胞の適応能力のうちの一つ．環境変化に対する発生応答とは区別され，生理的な応答が関与する．通常，この応答は可逆的で，刺激がなくなると数分から数週間で元に戻る．

生理的変異（physiological variation）：不利な環境に対する個々の動物の反応の差．この差はその環境にさらされた時間の違いや動物のもつ異なる感度に起因するが，これはまた個々の動物の，それ以前に同様な環境にさらされた経験や遺伝的な差，あるいはその両者を反映するらしい．

脊索動物（chordates）：動物門の一つで，脊椎動物・頭索動物（ナメクジウオ類）・尾索動物（ホヤ類，被嚢動物）を含む．すべてが，脊索・背側の神経管・鰓裂（あるいは鰓弓）・肛門より後ろに突き出た尾をもつ．

節足動物（arthropods）：動物門の一つで，外骨格，関節肢，体節，腹神経索，無尾によって特徴づけられるボディプランをもつ．昆虫類，甲殻類，クモ類，ムカデ類，三葉虫類（絶滅）などが含まれる．

選択（selection）：「自然選択」の項を参照．

選択遺伝子（selector genes）：転写因子をコードしている遺伝子で，動物のボディプランの区画内で発現されて，それぞれの区画を特徴づける働きをする．各区画の選択タンパク質は，保存されたコア・プロセスを構成する標的遺伝子群を活性化あるいは抑制してその区画内でのコア・プロセスのオン・オフをつかさどり，また選択遺伝子自体を活性化し，発現を継続させる．たとえばHox遺伝子は選択遺伝子である．

促進的表現型変異（facilitated variation）：生物が少数のランダムな遺伝的変異から複雑な表現型変化を生み出すことの説明として，本書で筆者らが提示する概念．すなわち，遺伝子型に含まれる保存された要素は，（主として要素の新たな組み合わせによる再利用や，機能の適応可能な範囲の別の領域を再利用することで）表現型の新規性を生み出すために必要な遺伝的変化の量を減らし，それによって進化を大いに促進しているという説明．

体細胞（somatic cells）：体を構成する細胞．環境からのストレスを受けると，体細胞適応によってそれに反応（応答）する．体細胞には，筋・神経・骨・皮膚など，胚発生によって生じたすべての分化した細胞が含まれるが，遺伝子を次世代に伝えられる唯一の細胞である生殖細胞は含まれない．

体細胞適応（somatic adaptability）：環境変化に対して生物がおこなう反応．環境の好ましくない影響を弱めたり，不利な条件下での生物の機能を高めたりする．

ダーウィンの進化論（Darwinian theory of evolution）：地球上の多様な生物種の起源を説明するためにチャールズ・ダーウィンによって1859年に提唱された説である．生物は天地創造時に同時に創造されて以来変わらないのではなく，祖先から改変を重ねながら連綿と続く系統によって生じてきたとする．ダーウィンの考えを現代の言葉で言い換えると，集団内の生物は遺伝的に多様であり，したがって形質のうえでも相違がある．その形質が，与えられた環境下で繁殖する能力に影響する．互いどうしの競争，あるいは環境中の他の圧力に立ち向かうなかで，よりよく適応する生物が繁栄し，あまり適応しないものは衰退する．この選択によってよりよく適応した仲間が残る．置き換わった集団は，遺伝的変異に基づいて，選択のもとで進化したといわれる．

多面発現（pleiotropy）：ある遺伝的変化が胚の異なる領域や生活環の異なる時期に対して，相反する影響をもつこと．すなわち，ある状況では良い変化が，別の状況では悪い変化となること．区画ごとに選択遺伝子を発現させることにより，多数の場所で標的遺伝子の発現を一様に変化させるのではなく，胚の異なる部位で発現を別々に変化させることができるので，胚の区画化は多面発現の影響を軽減する．

探索的挙動／探索的プロセス（exploratory behavior）：細胞のコア・プロセスや発生のコア・プロセスが示す，ある種の適応的な挙動．これにより（無数ではないにしても）非常に多くの異なる状態が生み出され，それらはいずれも別の種類の作用によって選択的に安定化されうる．例としては，有糸分裂時の染色体に接触する微小管の挙動，遠距離にある標的細胞や器官に接続する神経の軸索の挙動などがあり，食物を探すアリの挙動もこれに類する．

致死突然変異（lethal mutation）：生物の生存力を失わせる遺伝的変異．保存されたコア・プロセスの構成要素の機能の喪失によることが多い．

調節変異（regulatory mutation）：遺伝子の翻訳配列あるいは非翻訳配列に起きる遺伝的変異であり，コア・プロセスを異なる時期や領域で，異なる組み合わせで働かせる．また，これらのプロセスの機能を適応範囲の別の部分で働かせることもできる．調節DNAの変化（「遺伝子のシス調節」の項を参照），スプライシングの変化，翻訳制御，タンパク質の活性化，タンパク質の分解などが含まれる．

低酸素症（hypoxia）：酸素の不十分な状態．動物は低酸素症に対して，酸素の利用効率を高めるために多くの生理的な反応をする．ヘモグロビンから酸素の解離を促進する物質や，血管の発達を促す物質を作ることもあり，また呼吸を速めたり，肺活量や心拍数を増加させたりすることもある．

適応的な細胞の挙動（adaptive cell behavior）：細胞のコア・プロセスが局所的な環境や細胞間シグナルに反応して出力を調整すること．生物の進化にともない，これらのプロセスは組み合わせや量を変え，現在のような表現型を生み出してきた．

適応度（fitness）：将来に子孫を残せる能力．

デザイン／設計（design）：本書では機能に関連した構造という意味で使われており，デザイナー／設計者の存在を示唆してはいない．

転写（transcription）：DNA 塩基配列を RNA にコピーすること．保存されたコア・プロセスの一つ．真核細胞では，さらに RNA はイントロン配列が取り除かれて（スプライシング），メッセンジャーRNA になる．

転写因子（transcription factor）：遺伝子の調節領域の DNA 配列に結合し，その遺伝子の発現を増加または減少させるタンパク質．

同化作用（assimilation）（「遺伝的同化」の項も参照）：遺伝的変化による体細胞適応の安定化．新たな突然変異によって起きることもあり，集団中に既存の多様な遺伝的変異の新たな組み合わせによって起きることもある．

等方的変異（isotropic variation）：生物の適応のための，方向性をもたない遺伝可能な表現型変異．変異が真に等方的であれば，選択がすべての適応を形作る創造的な力であるにちがいないと信じている生物学者もいる．

突然変異（mutation）（「ランダムな突然変異」の項も参照）：DNA の A，T，G，C 塩基の配列の変化．原因は，化学物質や放射線による DNA の損傷，DNA 複製中に生じて修復されなかった誤り，DNA 鎖の組換えの誤り，ウイルス様 DNA 配列の新たな部位への移入，DNA 断片の挿入や欠失などである．これらの変化は DNA 配列にランダムに起きる．

突然変異体（mutant）：遺伝的変化を受けた生物．通常，その変化は目に見える結果をもたらす．

二倍体（diploid）：染色体を 2 セットもっている状態．高等生物では受精時に，父から 1 セット，母から残りの 1 セットが与えられる．

ネオダーウィン説／ネオダーウィズム（neo-Darwinian theory）：獲得形質の遺伝を強く否定したアウグスト・ヴァイスマンによって補強されたダーウィンの自然選択説と，進化の歴史の漸進主義的な見解をあわせ，メンデルの遺伝と集団遺伝学を組み入れた理論．

胚の誘導（embryonic induction）：他の領域からのシグナル（誘導物質）に応答して，胚の多能性領域の発生が変化すること．

発生生物学（developmental biology）：生物（通常は植物・菌類・動物）の胚発生だけでなく，幼生・幼若体・成体期を通した発生の研究.

バリアント（variants）：生物集団のメンバーで，遺伝的組成が異なるもの（遺伝的バリアント），あるいは表現型が異なるもの（表現型バリアント）.

パンゲネシス（pangenesis）：獲得形質の遺伝についてのダーウィンの説（後に誤りが証明された）．ダーウィンの提唱によると，体の各部の細胞は生理的利用に応じた量の情報粒子を作り，これらの粒子は生殖巣中の卵や精子の前駆細胞である生殖細胞に集まる．この生殖細胞から発生する胚では，これらの粒子が発生を指示するので，両親が使用した程度に応じて体の各部が発達するというものである.

反応規準（norm of reaction）：生物が温度・湿度・混雑度・食物の種類などの一定の範囲の環境条件に反応するときに発現されるさまざまな表現型の範囲．反応によっては適応的な利益を与えるが，他の反応（異常形態形成といわれる）は，環境ストレスに対して適応性はない．反応規準とは，生物が遺伝子型を変えずにつくりだせるすべての表現型変異に相当する.

微小管（microtubule）：細胞骨格をなす弾力性のある中空のタンパク質繊維．神経軸索，有糸分裂の紡錘体，繊毛，鞭毛の主たる構造成分である．細胞内で迅速に集合・解離し，それにより微小管の集合体はさまざまな空間に形成され，さまざまな配置で安定化されることが可能である.

表現型（phenotype）：生物のすべての目に見える特徴（形質）と機能的な特徴．形態・生理・発生・挙動，およびすべての保存されたコア・プロセスを含む．表現型のある面は遺伝性であり，ある面は環境の影響を受ける.

表現型多型（polyphenism）：同一の遺伝子型から発生し，択一的に，あるいは時間を追って採用される2種類以上の表現型を動物がもつ状態を指す．多くの動物では，幼生と成体は順次発生する表現である．ミツバチでは女王蜂と働き蜂は二者択一の表現である.

表現型の新規性（phenotypic novelty）：眼，手，嘴の進化，あるいは細菌からのヒトの進化などのように，表現型の変化が，既存の設計への少数の改変では到達できないほど大きく複雑であることを指す．新規性の起源は，進化における最も大きな未解決の問題だろう.

表現型変異（phenotypic variation）：生物集団の構成員の表現型の差（まったく同じ表現型の構成員はいないのが普通である）．差異によっては子孫に遺伝するものもあれば，環境に適応した非遺伝的なもので環境の変化に応じて変わる差もある．（「ダーウィンの進化論」，「遺伝可能な表現型変異」の項も参照）

標的遺伝子（target genes）：（選択遺伝子にコードされている）選択転写因子，あるいは（マスター調節遺伝子にコードされている）マスター調節因子によって活性化されたり抑制されたりする遺伝子.

複合突然変異（macromutation）：一段階での大きな進化的変化．ユーゴ・ド・フリースはオオマツヨイグサが突然新たな種を生み出したのでそのような変化を発見したと考えたが，後の研究により，この植物は異常な雑種不安定性をもつことが示された．複合突然変異は小さな進化的変化である微小突然変異の反対語である．大きな変化を得るには，連続した多くの微小突然変異が必要になる．ダーウィンの進化の考えは，微小突然変異による変化を含意する.

複製（replication）：古い DNA から新しい DNA を正確なコピーとして合成すること．コピー作業の間に，複製の誤りが起きる.

方向づけられた遺伝的変異（facilitated genotypic variation）：ストレスの多い環境に応答して DNA 塩基配列に方向性をもつ変化がもたらされ，ストレスに対抗して生存するのに有利な表現型変化が導かれるという仮説（この種の変異の証拠を得ようとたびたび試みられてきたが，見つけられることはなかった).

保存（conservation）：生物の系統が，ある遺伝子の塩基配列とタンパク質のアミノ酸配列を長期間にわたって維持すること．これらの配列も他の配列と同様に突然変異による変化を受けるのだが，ほとんどの変化はタンパク質の機能を損なうため，それらは致死的となって除かれ，変化しない配列が維持される.

保存されたコア・プロセス（conserved core processes）：生物の発生途上で形態・生理・細胞挙動を生み出し，生物の表現型を形成する（数百もの）プロセス．これらのプロセスが異なった組み合わせで，適応的に調節可能なさまざまな領域で働くことによって，さまざまな形質が生み出される．これらのプロセスには，何億年，あるいは何十億年間も変化しなかった（保存された）ものもある.

ボディプラン（body plan）：生物の形態と，（選択遺伝子が発現して作られた）選択タンパク質とシグナルタンパク質の区画地図からなる体全体の構成．動物門はそれぞれ特有のボディプランによって区別され，それらのほとんどすべてがカンブリア紀以来保存されてきた．ボディプランは，胚発生の中ほどで初めて形成される.

ホメオーシス（homeosis）：動物の欠けた部分を別の部分で置き換えること．その結果，同じ部分が重複する．ショウジョウバエのバイソラックス突然変異がその一例であり，2 枚の翅と 2 つの平均棍ではなく，4 枚の翅をもつ.

ボールドウィン効果（Baldwin effect）：ジェームズ・マーク・ボールドウィンが 1896 年に，生物が選択圧のある環境中で有利な遺伝可能な表現型変異を生み出すのはこの経路によるのだろうと提唱した．彼の主張によれば，動物は環境の変化に直面す

ると，その環境変化に耐えられるように体細胞適応によって反応する．彼らには依然としてストレスがかかっているが，少なくとも最小限の繁殖をすることはできる．その後の世代で，集団中の少数のメンバーに遺伝的変化が生じる．これらが適応を改善あるいは改変し，その動物の繁殖適応度を向上させる．この方式によれば，遺伝的変化が表現型変化に先行する必要はなく，変化をより良くするような選択がかけられている間に，突然変異が後から生じる．

翻訳（translation）：タンパク質分子の合成．タンパク質はアミノ酸が何百も，そのタンパク質に特有の配列でつながっている．メッセンジャーRNA が配列情報を提供し，その RNA に結合したリボソームがアミノ酸をつなげていく．

マスター調節遺伝子群（master regulatory genes）：分化過程にある細胞内において，一種類以上の転写因子を連続的に発現させる遺伝子群．これらの調節因子は，ボディプランの区画の選択タンパク質のように，多くの標的遺伝子を活性化あるいは抑制し，その細胞型の RNA とタンパク質の種類や量を決める．マスター調節遺伝子群は筋肉，神経，脂肪組織で知られている．

ミトコンドリア（mitochondrion）：真核細胞のエネルギーを生産する細胞小器官．初期の真核細胞の祖先に取り込まれた原核細胞に由来する．

メッセンジャーRNA（messenger RNA）：真核細胞において，タンパク質のアミノ酸配列情報をもつ遺伝子配列から核内でコピーされる RNA のこと．タンパク質の配列情報を担うメッセンジャーRNA は，メッセンジャーのようにその情報を細胞質に運び，そこで翻訳されてタンパク質が合成される．

モジュール（module）：大きなデザインを構成する（複数の）単位（のうちの一つ）．この単位自体が複雑で内的には強く統制されている場合もあるが，大きなデザインの中ではモジュールどうしが互いに緩く連係されており，個々の単位は大きなデザインを危険にさらすことなくたやすく取り替えられる．

モジュール方式（modularity）：総合的なデザインが，半ば独立した単位（「モジュール」の項参照）の編成によって構築される設計のこと．

門（phylum）：ボディプランを共有する動物のグループ．以前には独特の形態的特徴をもつグループとして定義されたが，現在では選択遺伝子とシグナルタンパク質に関する門に特有の区画地図を含めて定義されている．

誘導物質（inducer）：生物学では 2 つの意味をもつ．細菌に関わる場合は，誘導物質といえば通常は低分子の，酵素合成を引き起こす栄養物質である．細菌がその栄養物質の刺激を受けると，その栄養物質を分解する酵素タンパク質を合成し，増殖する．第二の語義は発生中の胚に関わる．この場合，誘導物質はある細胞から放出されるシグナルタンパク質であり，近隣の細胞を刺激して，その誘導物質がないとき

の発生とは別の方向の発生を引き起こさせる．どちらの種類の誘導物質も許容的である．すなわち細胞は一定の方向に応答するようにすでに準備がよく整っており，誘導物質は引き金にすぎない．

抑制解除（derepression）：抑制因子のはたらきを阻害することによる遺伝子の活性化．DNA に結合して転写を妨げている抑制タンパク質の働きを，低分子の代謝物が拮抗的に阻害する過程を指すことが多い．

弱い調節的な連係（weak regulatory linkage）：コア・プロセスを新たな組み合わせで連係させたり，それらが機能する適応範囲のある部分を選んだりする，調節の一形態．このような調節の仕組みは容易に作られ，また改変されうる．調節シグナルは結果についての情報をほとんど提供しないのに対し，受容側は情報を最大限にもっている．したがって，多くのコア・プロセスはオン・オフという 2 つの作用状態をもつように，また，シグナルに対する感受性をもつようにつくられている．シグナルは単に，片方の状態を安定化することによって作用状態を選択する．このようなシグナルによる調節は教示的ではなく，許容的な相互作用であると言われる．

ラマルクの獲得形質の遺伝（Lamarckian inheritance of acquired characteristics）：動物がストレスの多い状況に生理あるいは行動面で適応すると，その適応を子孫に伝え，その子孫は親よりもよく適応するようになるという，ラマルクの 1809 年の説．

ランダムな遺伝的変異（random genetic variation）：突然変異，組み換え，染色体の組み合わせや，ウイルスその他の生物の DNA の挿入による DNA 塩基配列の変化．この変異は環境とは無関係であり，選択とも独立している．

ランダムな突然変異（random mutation）：DNA の塩基配列（A，T，G，C の順序）の変化のうち，環境の選択条件によってゲノムの特定の領域が変化するように仕向けられてはいないもの．生物学者によっては，突然変異という用語を，個体の一生の間に起きた変化として用いている．というのは，有性生殖の間に DNA の組み換えと染色体の再組み合わせによって生じるような変異は，遺伝的変異といわれているからである．

ロバストさ（robustness）：環境の変化や遺伝的変化に対する表現型（形態・生理・挙動）の頑強性．

著者略歴

(Marc W. Kirschner)

ハーバード大学医学校，システム生物学部門の教授であり，部門長．物理化学と生化学を学び，細胞の形態における細胞骨格の役割を明らかにする研究で業績をあげた．また，細胞周期の制御や，胚の組織のパターン形成など，脊椎動物のボディプラン確立のメカニズムに関連する多角的な研究を進めている．ポスドク時代には共著のゲルハルト教授の研究室に勤めていた．のち，プリンストン大学准教授，カリフォルニア大学教授などを経てハーバード大学医学校へ移り，現在に至る．ゲルハルト教授とともに，米国科学アカデミー会員．

(John C. Gerhart)

カリフォルニア大学バークレー校，細胞・発生生物学部門名誉教授．生化学を学び，細菌のアロステリック酵素の調節機構の研究を経て，発生生物学に転じ，アフリカツメガエルの胚発生の研究に従事．卵の表層回転を発見し，オーガナイザー形成メカニズムの研究で成果をあげた．本書と同じくカーシュナー教授と共著で，*Cells, Embryos, and Evolution: Toward a Cellular and Developmental Understanding of Phenotypic Variation and Evolutionary Adaptability*（Blackwell Science, 1997）を著している．

訳者略歴

滋賀陽子〈しが・ようこ〉 東京大学理学系研究科生物化学専攻修士課程修了・理学博士．主な訳書に，カール・セーガン『百億の星と千億の生命』（共訳，新潮社，2004)，ブルース・アルバーツ他『Essential 細胞生物学』第2版（共訳，南江堂，2005)，ジェームズ・ワトソン他『ワトソン遺伝子の分子生物学』第5版（共訳，東京電機大学出版局，2006)，J. スコット・ターナー『生物がつくる〈体外〉構造』（みすず書房，2007）がある．

監訳者略歴

赤坂甲治〈あかさか・こうじ〉 東京大学大学院理学系研究科教授 附属臨海実験所所長．多様な海洋動物を対象に，ゲノム解析と発生生物学を基盤とする進化の研究を進めている．また，ウミユリ類の高い再生能力の背後にある分子機構の研究をおこなっている．著書に，『遺伝子科学入門』（裳華房，2002)，共著書に『生物学と人間』（裳華房，2000）ほか多数．共訳書に『ウィルト 発生生物学』（東京化学同人，2006）がある．

マーク・W・カーシュナー／ジョン・C・ゲルハルト
ダーウィンのジレンマを解く
新規性の進化発生理論
滋賀陽子訳
赤坂甲治監訳

2008年 8 月 19 日　第 1 刷発行
2008年 10 月 20 日　第 2 刷発行

発行所　株式会社 みすず書房
〒113－0033　東京都文京区 本郷 5 丁目 32－21
電話　03－3814－0131（営業）03－3815－9181（編集）
http://www.msz.co.jp

本文印刷所　シナノ
扉・表紙・カバー印刷所　栗田印刷
製本所　青木製本所

ISBN 978－4－622－07405－2
［ダーウィンのジレンマをとく］